Aldington / Stockmann **Vom Körperbau des Hundes**

Eric H.W. Aldington
Friederun Stockmann

Vom Körperbau des Hundes

**Erweiterte Neuauflage
von
Das Gangwerk des Hundes**

**Körperbau, Bewegungsformen
Wachstum, Krankheiten, HD
Rassebesonderheiten**

**Unter Verwendung eines Aufsatzes von Friederun Stockmann
überarbeitet, verbessert und erheblich ergänzt
von Eric H.W. Aldington
Mit einem Kapitel über HD und einem Register erweiterte Neuauflage**

mit vielen Zeichnungen und Übersichten

1993

Verlag Gollwitzer Weiden

Herstellung und Gestaltung des Buches: werkstatt igoll

3. überarbeitete und erweiterte
Neuauflage von »Das Gangwerk des Hundes«
1993

Printed in Germany
ISBN 3-923555-04-0

Inhaltsverzeichnis

ERSTER TEIL
Allgemeines von der Beurteilung der Hunde ... 9
Welcher Hund ist der geeignetste? ... 10
Sinnvolle Rassehundzucht ... 11
Rassehunde — Unterschiede in Gestalt und Leistung ... 11
Von den Leistungsunterschieden ... 12
Leistungserprobung — einst und jetzt ... 13
Von konsequenter Leistungszucht ... 14
Ursachen und Folgen negativer Entwicklung ... 15
Etwas zu den Standards ... 15
Große Unterschiede im Körperbau ... 17
Der Körperbau entspricht den Verwendungszweck ... 17
Der Standard — Ein Idealbild wird konstruiert ... 18
Standards mit vielen Wandlungen ... 19
Standard — ursprünglich überwiegend zweckmäßig ... 20
Am Beispiel der Bulldogge ... 21
»Sportarten« mit Hunden ... 23
Von der »Denkmalsanatomie« ... 24

ZWEITER TEIL
Betrachtungen zur Bewegung ... 27
Vom Vorführen im Ring ... 27
Einiges über Bewegung, Schwerpunkt und Gleichgewicht ... 28
Lage des Körperschwerpunktes ... 29
Von Körperbau und Bewegung ... 30
Architektur des Körpers ... 31
Etwas von Gliedmaßen und Bewegung ... 33
Die Vorwärtsbewegung ... 33
Etwas von den Bewegungsphasen ... 35
Kraftsparende Bewegungsweise ... 37
Die verschiedenen Gangarten des Hundes ... 38
Der Schritt ... 39
Der Trab ... 41
Der Paß ... 43
Der Galopp ... 44
Der Renngalopp ... 47

DRITTER TEIL
Vom Beobachten zum Beurteilen ... 49
Zuerst: Von Körperform und Leistung der Hunde ... 49
Vorzüge und Mängel ... 51
Erste Übersicht über das Skelett des Hundes ... 53

Unterschiedlicher Körperbau 54
Das Knochengerüst des Hundes 55
Die Lebensweise formt den Körperbau 56
Lebensbedingungen des »Fleischfressers« 57
Vom Skelett des Hundes 58
Die Knochen 58
Knochen: Form, Struktur, Zusammensetzung 59
Verschiedene Knochenformen 61
Der Schädel 62
Die Schädelknochen 63
Kopfformen 64
Das Gebiß des Hundes 65
Ursachen von Gebißfehlern 67
Das Gesamtskelett des Hundes (Rumpfskelett) 68
Die Wirbelsäule 69
Der Brustkorb 71
Brustkorbformen 73
Form des Schulterblattes 74
Natürliche und künstliche Selektion 75
Von den Gliedmaßen 76
Ein kleiner »Selbstversuch« 77
Allgemeiner Überblick 78
Von den Vorder- oder Schultergliedmaßen 79
Schulterblatt 80
Oberarm 81
Unterarm 81
Vorderfuß 82
Gliederung der Vorderhand 83
Von den Hinter- oder Beckengliedmaßen 84
Der Beckengürtel 84
Die Kruppe 85
Oberschenkel 85
Kniegelenk 86
Unterschenkel 88
Stellung der Hinterhand 89
Betrachtungen zu Winkelung und Hebelwirkung 90
Der berühmte 90°-Winkel 91
Rassenunterschiede beim Schulterblatt 92
Die tatsächliche Winkelung 93
Winkelung des Windhundes 94
Gliedmaßenproportionen und Winkelung 95
Körperbau entspricht Lebensweise 96
Von der Hebelwirkung bei der Skelettbewegung 97
Zusammenspiel von Muskeln und Knochen 99

Verhältnisse von Kraftarm zu Lastarm ... 100
Betrachtungen zu Muskeln und Nerven ... 101
Von den Muskeln und ihrer Arbeitsweise ... 101
Wirkungsweise der Muskeln ... 103
Von Nervenfasern und Muskeltonus ... 104
Grundbedingungen für Höchstleistungen ... 105

VIERTER TEIL
Beobachtungen an der äußeren Erscheinung ... 107
Eine erste Orientierung nach Ausgangsrassen ... 108
Von den Stammformen ... 109
Einteilung nach Körperformen ... 110
Von der praktischen Beurteilung ... 111
Vom ersten Eindruck ... 113
Von optischen Täuschungen ... 115
Grundformen — leicht zu erkennen ... 116
Veränderungen des Formtyps verändern auch den Charakter! ... 116
Körperbau und Wesensänderung ... 119
Unterscheidung nach »Laufleistung« ... 120
Die Galoppform ... 120
Die Traberform ... 122
Kraftform ... 123
Spitzform ... 123
Beobachtungen am Kopf ... 124
Beispiele zum »Kopfproblem« ... 127
Kopfform und übriger Körperbau ... 129
Beobachtungen an den Vordergliedmaßen ... 130
Schulterblatt und Bewegung ... 133
Die Bewegung des Vorderlaufs ... 134
Bewegungsablauf des Vorderbeines ... 135
Betrachtungen zur richtig ausbalancierten Vorderhand ... 138
Körperproportionen bestimmen den Schulterwinkel ... 139
Einzelne Punkte der Vorderhand ... 141
Verschiedene Bewegungsformen ... 143
Die Pfoten ... 144
Beobachtungen an der Hinterhand ... 145
Gesetzmäßigkeiten des Wachstums ... 147
Die Bewegungen der Hinterhand ... 149
Bewegungsstudien ... 151
Funktionelle Gestaltung ... 153
Einzelne Punkte der Hinterhand ... 154
Formen der Hinterhand ... 155
Beobachtungen an Wirbelsäule, Rücken und Lende ... 157
Von den Rückenformen ... 159

Wirbelsäule und Körperproportionen ... 161
Die »Bauchpartie« ... 163

FÜNFTER TEIL
Betrachtungen zu Riesen und Zwergen ... 165
Vom Urahn Wolf zu den modernen Hunderassen ... 167
Unterschiede bereits bei Welpen ... 169
Wie wächst ein Hund eigentlich?
Untersuchungen zu Wachstumsvorgängen ... 170
Beobachtungen an einem Kleinpudelwurf ... 170
Von den Wachstumsschüben ... 173
Wachstumsintensität der Extremitäten ... 174
Über das Wachstum einzelner Körperabschnitte ... 175
Beobachtungen am Barsoi ... 175
Beobachtungen am Dackel ... 176
Wachstumsstops des Dackels ... 176
Beobachtungen an verschiedenen Rassen ... 177
Wachstumsintensität und -zeit sind vererbt ... 179
Von Größen- und Proportionsunterschieden ... 179
Linearer- oder Langschädeltyp und Lateraler- oder Breitschädeltyp ... 180
Vom Körperwachstum vor und nach der Geburt ... 181
Typische Merkmale der beiden Grundformen ... 183
Von Größen und Proportionen ... 184
Kreuzungsversuche mit extremen Hunderassen ... 184
Entscheidende Phase vor der Geburt ... 187
Kreuzungsversuche mit »Riesen«-Hunden ... 189
Hinterhandlähmung bei Riesenrassen ... 191
Kreuzungsversuche zwischen Französischer Bulldogge und Whippet ... 192
Vom Entstehen der Kopfformen ... 193
Wichtige Erkenntnisse aus Kreuzungsversuchen ... 195
Anmerkungen zu den Klein- und Zwergrassen ... 196
Zwergrassen — Phänomen in der Hundezucht ... 197
Schädelentwicklung des Kleinhundes ... 199
Vermopsung und Verzwergung ... 201
Von den Wuchsformen ... 202
Die typische Verteilung der Gesamtkörpermasse ... 204
Proportionen der Wuchsform ... 205
Beobachtung der Wuchsform ... 207
Proportionsgewichtungen bei allen Rassen ... 208
Wuchsform — wichtiges Merkmal ... 209
Die Grenzen der Veränderbarkeit ... 210
Mögliche Größen-Variationen ... 211
Gesunde Hunde? Kranke Hunde? ... 213
Nachwort des Verlages zur ersten Auflage ... 215
Literaturhinweis ... 220

Erster Teil

Allgemeines von der Beurteilung der Hunde

Wer einen Hund anschaffen möchte oder besitzt, wer ausstellen oder züchten möchte, vergleicht seinen Hund mit anderen, um herauszufinden, ob er ein hochwertiger, typischer Vertreter seiner Rasse ist. Dies ist verständlich, weil man immer wieder davon hört, daß ein Hund ein »Reinfall« war.

Hat man gar selbst einmal einen solchen Hund, womöglich sogar aus »bester Abstammung« und mit »guten Papieren« gehabt, wird man besonders vorsichtig und auch etwas mißtrauisch. Niemals will man einen Hund wieder so »blindlings« nur aufgrund seiner guten Papiere nehmen, von denen man irrtümlich angenommen hat, diese wären für den Hund in etwa so zu verstehen, wie die TÜV-Plakette am Auto.

Überhaupt, je mehr man sich darum bemüht, stichhaltige Anhaltspunkte zu finden, nach denen man Mißgriffe ausschließen kann, umso komplizierter erscheint alles. Man vergleicht die Angaben in den Rassenstandards und besucht Hundeausstellungen. Hier wird man von einer Flut neuer Ausdrücke und Begriffe geradezu überwältigt; bei vielen kommt man, auch bei längerem Nachdenken, nicht hinter ihren tieferen Sinn. Bis man eines Tages Glück hat und endlich jemanden findet, der, statt mit den üblichen Schlagworten zu operieren, ganz einfach »nur« die grundlegenden Voraussetzungen erklärt.

Dabei stellt sich dann auch heraus, daß diese grundlegenden Voraussetzungen und Bedingungen unabhängig sind von einer speziellen Hunderasse, d. h. für Hunde aller Rassen gelten. Sie zu kennen, bedeutet, daß man Hunde mit ganz anderen Augen sieht und sich selbst ein Urteil zu bilden vermag. Man bemerkt aber auch, daß es *die* vollkommene Rasse ebenso wenig gibt, wie *den* vollkommenen Hund, daß es Sicherheit nicht gibt. Was es aber tatsächlich gibt, sind handfeste Anhaltspunkte, nach denen man selbst Vorzüge und Mängel, die jeder Hund hat, herausfinden und gewichten kann.

Wir werden auf den folgenden Seiten noch öfter darauf zurückkommen, daß der Beginn der Hundezucht überwiegend praktische Ziele verfolgte. Von Anfang an wurde daher großer Wert auf die richtige BEURTEILUNG des Hundes gelegt, weil man, mehr als heute, auf seine »Leistungen« tatsächlich angewiesen war.

Welcher Hund ist der geeignetste?

In der »Tierärztlichen Rundschau« beschäftigt sich z. B. der Reichsbahninspektor L. Langner 1935 ausführlich mit dem Problem, »welcher Hund der sechs Gebrauchshundrassen ist für den Dienst bei der Reichsbahn der geeignetste?«

Ich möchte einige wenige Sätze daraus zitieren, denn sie sind das Musterbeispiel einer sachgerechten, sinnvollen Beurteilung, bei der allerdings nicht der Wortlaut des Rassestandards, sondern die gestellte Aufgabe Richtschnur war.

Und doch, es gibt kein besseres Beispiel als das praktische: Hier zeigt sich, daß sinnvoll nur eine Hundezucht sein kann, in der Zuchtziel und Gebrauchszweck und Gebrauchseignung vollkommen übereinstimmen.

Das folgende hat also Herrn Langner damals dazu bewogen, dem »Schäferhund« in unserem Reichsbahndienst den Vorzug vor den anderen Diensthundrassen zu geben:

»In unserem Dienste gestattet sein anatomisches Gebäude dem Schäferhund größte Ausdauer; sein Trabergangwerk mit den elastischen Gängen auf der schwer zu begehenden Eisenbahnstrecke — bis zu 50 km in einer Dienstschicht, teils zu Fuß, teils neben dem Fahrrade — hat sich am standhaftesten erwiesen.

Weiter bietet er in gesundheitlicher Hinsicht durch sein gutes Haarkleid den Witterungseinflüssen am besten Trotz; selbst bei strömendem Regen sowie beim Durchstöbern von Wassergräben, nassen Gräsern und Sträuchern hält die Unterwolle seine Haut ganz trocken, was man bei den anderen Diensthundrassen vermißt.

Nicht nur bei nassem, auch bei trockenem, heißem Wetter, bietet sein dichtes Haarkleid Schutz gegen die brennende Sonne und verhindert Brandstellen auf der Haut.

Weiter hat uns sein ruhiges und zurückhaltendes Wesen im Verkehr mit den Reisenden, sei es auf dem Bahnsteig oder im Zuge, veranlaßt, ihm in unserem Dienst den Vorzug zu geben.

Trotz seines unauffälligen Benehmens im Verkehr hat er sich als der beste und folgsamste Begleiter bewährt, der im Falle der Gefahr seinen Führer mit rücksichtslosester Schärfe beschützt.

Außerdem ist die große Gelehrsamkeit unseres Schäferhundes bei seiner Abrichtung ausschlaggebend gewesen ...«

Rassehunde — Unterschiede in Gestalt und Leistung

Die Entwicklung der Rassehundezucht ist ebenso interessant wie erstaunlich: Immerhin haben wir heute etwa 400 sehr unterschiedliche Hunderassen. Auch Laien sind ohne Schwierigkeiten in der Lage, Chihuahua, Irish Wolfhound, Bulldogge, Schäferhund, Boxer oder Barsoi als Hunde unterschiedlicher Rassen zu erkennen; schwieriger wird es, in den verschiedenen Gruppen von ähnlichen Hunden bestimmte Rassen klar zu unterscheiden, so bei den Kleinhunden, den Terriern, den verschiedenen Schäferhundschlägen usw.

Jeder Besitzer eines Rassehundes wird »seinen« Hund auch in einer Gruppe vieler anderer Hunde der gleichen Rasse sofort als »seinen« Hund herausfinden, während der Laie Hunde der gleichen Rasse leicht verwechseln wird: Sie gleichen sich in Schulterhöhe, Länge, Farben, Fell, Ohren und Kopfform.

Rassehunde sind das Ergebnis jahrzehntelanger Züchterarbeit. Nur mit Tieren, die bestimmten vorgegebenen Vorschriften, den offiziellen »Rassestandards«, entsprechen, wurde und wird gezüchtet. Dabei entstanden dann Tiere, die sich sowohl in ihrem Äußeren, wie auch in gewünschten Wesenseigenheiten, sehr ähnlich sind.

Doch auch unter diesen wird der kundige Blick des Richters immer wieder gravierende Unterschiede, Fehler oder Vorzüge entdecken, die der Laie nicht wahrnimmt. Wir werden später noch auf diesen Punkt zurückkommen. Denn neben der erstaunlichen Rassenvielfalt sind sowohl die Varianten innerhalb einer Rasse, als auch die, in der Rasseentwicklung immer wieder veränderten, Rassestandards, ein wichtiges und außerordentlich interessantes Gebiet.

Selbstverständlich war und ist es der Wunsch jedes Hundezüchters und des späteren Hundebesitzers, daß die Hunde schöne und typische Vertreter ihrer Rasse sein sollen. Ebenso wird vorausgesetzt, daß sie auch charakterlich und gesundheitlich keine Mängel aufweisen sollen. Schließlich soll der Hund ja bestimmte Aufgaben in seinem Zusammenleben mit dem Menschen erfüllen ... und damit kommen wir nun zur Sache.

Leider zu oft werden Hunde heute nach ganz äußerlichen Gesichtspunkten ausgewählt und gezüchtet, und nur zu oft die Rasse nach ganz oberflächlichen Gesichtspunkten »verbessert«, und leider nur zu oft stellt sich dann, sogar bei den Gebrauchshunden, heraus, daß ihre körperliche Leistungsfähigkeit, ihre Ausdauer, ihr Temperament, ihre Gesundheit insgesamt sehr viele Mängel aufweisen. Aber — woran liegt das? Sie entsprechen doch, auf den ersten Blick, durchaus dem »Standard«?

Mir wurde einmal in einem Gespräch über dieses Thema entgegengehalten: »Ausdauer ist nur eine Sache des Trainings, alles andere ist Unsinn«.

Und diese weitverbreitete Ansicht ist ebenso falsch wie auch gefährlich. Sicherlich braucht ein Hund, um »Kondition« zu bekommen und zu erhalten, viel Bewegung und Training. Dazu ist aber die wichtigste Voraussetzung, daß ein Hund, gleich welcher Rasse, auch eine gute, gesunde »Konstitution« hat.

Von den Leistungsunterschieden

Auch dem Laien leuchtet es ein, daß Hunde unterschiedlicher Rassen unterschiedlich leistungsfähig sind. Mich hat dies, im Laufe meines Lebens immer wieder beschäftigt, und nach den Gründen fragen lassen, zumal ich auch bei mir, wie auch bei anderen Züchtern, beobachten konnte, daß auch innerhalb *einer* Rasse, innerhalb *eines* Zwingers sich die einzelnen Tiere ganz erheblich in ihrer »Konstitution« unterscheiden.

Vierzig Jahre lebe ich auf dem Lande und habe immer Hunde als Begleiter besessen, wie auch Hunde gezüchtet. Unter meinen vielen Boxern waren aber sowohl Tiere, die spielend und ausdauernd dem Rad und dem Wagen folgen konnten, als auch solche, denen dies sichtlich schwerfiel. Bestimmt spielt hierbei regelmäßiges Üben, wobei sowohl die Muskeln, wie auch Herz und Lunge trainiert werden, eine große Rolle. Aber ich mußte auch feststellen, daß sich auch bei meinen Hunden durchaus nicht alle gleicherweise anstrengen ließen, und die Ergebnisse oft weit auseinander lagen.

Es ist ein großer Fehler in der Hundezucht, daß man sich viel zu wenig mit den tieferliegenden anatomischen Unterschieden und Bedingungen beschäftigt und diese nicht ausreichend berücksichtigt.

Für Pferdezüchter ist dies das wichtigste Grundwissen überhaupt. Sie wissen: Niemals wird man durch Training einen Ackergaul zu einem Rennpferd machen können! Versucht man es doch, wird man erstaunt feststellen, daß er zusammenbricht und zwar auf der Vorderhand.

Was Pferdezüchter wissen, gilt auch, wenn es auf Schnelligkeit und Ausdauer ankommt, für den Hund: die Vorderhand ist maßgebend! Leider wurde dies in den letzten Jahren aus Unkenntnis viel zu wenig beachtet.

Wie schlecht es im ganzen mit der Bewegungsaktion vieler Hunde steht, kann man täglich auf den Übungsplätzen und auf den Ausstellungen bei nahezu allen Rassen beobachten. Besonders fiel es mir auch immer wieder am Beispiel der vielen Boxerhündinnen auf, die im Laufe der Jahre zu mir zum Decken geschickt wurden.

Wir leben fünf Kilometer von der Bahn entfernt und holen meist die Hündinnen mit dem Rad ab. Wie viele waren aber dabei, die diese kurze Strecke, auch im langsamen Tempo, neben dem Rad nicht schafften.

Die Besitzer der Hunde ahnen oft selbst nicht, wie wenig leistungsfähig ihre Tiere sind. In der Großstadt, wo der Hund fast nur an der Leine die Wohnung verlassen kann und ihm häufig nur auf dem Übungsplatz einige Anstrengung abgefordert wird, hat man kaum die Möglichkeit, zu erkennen, zu welchen natürlichen Leistungen Hunde fähig sein können und sollten, wenn sie ausreichend trainiert werden.

Infolgedessen hat der Hundehalter heute oft sehr unklare Vorstellungen darüber, woran man einen kraftvollen, gesunden und ausdauernden Hund erkennt, und verläßt sich daher meist auf die auf Ausstellungen oder Prüfungen erbrachten Bewertungen.

Leistungserprobung — einst und jetzt

In den Anfängen der Hundezucht und in früheren Jahren wurden Hunde, bevor mit ihnen gezüchtet wurde, unter sehr viel »natürlicheren« Bedingungen erprobt: Es wurde nur mit den Tieren weitergezüchtet, die sich bei der für sie vorgesehenen Aufgabe, sei es als Hütehund, als Kampfhund, als Wachhund usw., hervorragend bewährt hatten. Dafür wurden kleine Schönheitsfehler in Kauf genommen.

Diese natürliche Ausscheidung entfällt heute leider, zugunsten der Bewertung nach »Schönheit«, weitgehend. Man findet sie nur noch z. B. auf dem Field Trial in England, bei einzelnen Jagdhundrassen und bei gut organisierten Gebrauchshundeverbänden.

Die wichtigste *»Erprobung«* d. h. Beurteilung des Rasse- und des Gebrauchshundes findet heute also im *Ausstellungsring* oder auf dem *Übungsplatz* statt. Die Verantwortung der Richter für Gesundheit und Leistungsfähigkeit der Rassen ist daher heute größer denn je. Es bleibt ihnen, da sie die Hunde nur sehr kurze Zeit beobachten können, gar kein anderer Weg, als sich ausführlich mit ganz theoretischen und trockenen Dingen, wie es Anatomie, Bemuskelung, Bewegung nun einmal sind, zu befassen. Aber auch der einfache Hundebesitzer kann hier viel dazulernen und manchen Mißgriff vermeiden. Vor allem aber der Züchter muß bereit sein, hier viel hinzuzulernen, will er auf Dauer seine Rasse fördern und verbessern.

Wenn wir Züchter schon den Ehrgeiz haben, Spitzenhunde zu züchten, dann müssen wir auch alles Erdenkliche dafür tun. Ist ein Hund nicht geistig und körperlich wendig und rasch, kann er nicht einmal, wenn es nottut, eine größere Strecke in schnellem Tempo, auch bei etwas höherer Temperatur, durchhalten, hat er nicht die Energie zum Hoch- und Weitsprung, so fehlen ihm, sosehr er auch sonst dem Standard entsprechen mag, ganz entscheidende Merkmale.

Wenn wir Züchter schon den Ehrgeiz haben, daß z. B. Airedale, Boxer, Dobermann, Rottweiler, Schäferhund usw. zu den Gebrauchshunden zählen, dann müssen wir diese aber auch zu solchen machen. Größe und Schwere allein geben ebensowenig einen Gebrauchshund, wie es der Kampf- und Schutztrieb tun. Wenn auch häufig Gebrauchshunde wegen ihrer Eignung als Wächter für das Haus und Beschützer und Begleiter für den Herrn erworben werden, so sollten doch ihre typischen Gebrauchshunde-Eigenschaften deswegen nicht verloren gehen.

Von konsequenter Leistungszucht

Einmalig in der Geschichte der Hundezucht der ganzen Welt ist der »Aufstieg« des Schäferhundes in nur wenigen Jahrzehnten. Aus den vielen, stark unterschiedlichen Schäferhundschlägen, die man damals überall auf der Welt fand, führte das konsequente Züchten, das nur ein Ziel kannte, die *Leistungsform,* innerhalb weniger Jahre zu dem »Deutschen Schäferhund«, den überall auf der Welt jedes Kind sofort erkennt.

Wollen Sie Aufschluß über die Fähigkeiten anderer Gebrauchshunde, z. B. des Boxers haben, so ziehen Sie einmal einen Vergleich zwischen z. B. einem Schäferhund und ihm. Nehmen Sie nicht die Punkte, von denen wir wissen, daß der Boxer überlegen ist, sondern beobachten Sie, wie Schäferhunde den Weitsprunggraben und die Sprungwand nehmen. Gewiß, es gibt Boxer, die zur Not mittun können, aber es sind nur wenige. Und geht es einmal um Spitzenleistungen in diesem Fach, welche Boxer können da mithalten?

Haben Sie nie daran gedacht, daß dies eine Ursache haben muß? Sagen Sie nicht, daß der Schäferhund größer, aber nicht so schwer wie der Boxer ist; das stimmt nämlich nicht.

Ursachen und Folgen negativer Entwicklung

Negative Entwicklungen kann man bei nahezu allen Gebrauchshunderassen mehr oder weniger kraß erkennen, und selbst die Schäferhunde sind davon nicht ausgenommen, wo man auf einige bedenkliche Veränderungen nicht oft genug hinweisen kann. An dieser Entwicklung sind jedoch die Züchter selbst schuld. Jahrzehntelang haben es die Schäferhundzüchter vorgemacht, was es bedeutet, den leistungsstarken Hund zu züchten und verbissen z. B. an Gebäude und Gangwerk ihrer Hunde gearbeitet. Sie wußten schon warum, obgleich sie oft und oft mitleidig belächelt wurden.

Mit Training allein sind Kraft, Schnelligkeit und Ausdauer nicht zu erreichen. Im Gegenteil: Ein fehlerhaft gebauter Hund wird durch das Trainieren schwere gesundheitliche Störungen bekommen. Er wird früher oder später zusammenbrechen, weil entweder sein Kreislauf versagt oder aber er wird, ähnlich wie das Pferd, in der Vorderhand zusammenbrechen.

Manchen wird es verwundern, wenn er jetzt liest, daß nicht nur das Zusammenbrechen in der Vorderhand, sondern auch das Kreislaufversagen auf schwere Mängel im Körperbau des Hundes zurückzuführen ist.

Um dies zu verstehen, müssen wir uns aber gewisse anatomische Kenntnisse aneignen. Wir müssen sehen lernen, was bei den einzelnen Gangarten vor sich geht und auf welche Bedingungen es ankommt, um die Faktoren auszuschließen, die in erster Linie die Ermüdung und das Versagen des Hundes veranlassen. Ganz besondere Bedeutung hat dabei, daß der funktionsgerechten Vorderhand nicht genügend Beachtung geschenkt wird. Die Vorderhand stützt und trägt, sie führt beim Galopp, während die so oft besprochene Hinterhand nur die Schubkraft gibt.

Etwas zu den Standards

Vergleichen wir nur weniges aus den Standards von drei deutschen Gebrauchshunderassen, können wir erkennen, daß hierbei, sehr kompliziert verschlungen, bestimmte körperliche und charakterliche Merkmale beschrieben werden, die in einem Hund vereinigt werden sollten.

Beim Dobermann heißt es u. a.: »Er soll mittelgroß, kräftig und muskulös gebaut sein. Trotz aller Substanz, die unbedingt gewünscht wird, soll die Linienführung des Körpers Eleganz und Adel erkennen lassen. Die stolze und aufrechte Haltung, sein temperamentvolles Wesen und der Ausdruck von Entschlossenheit sollen zum Idealbild des Hundes beitragen ...«

Beim Schäferhund wiederum heißt es: »vermittelt dem Beschauer ein Bild urwüchsiger Kraft, Intelligenz und Wendigkeit; er hat in wohlproportionierter Abgewogenheit nirgends zu viel und nirgends zu wenig. Die Art, wie er sich bewegt und benimmt, muß unschwer erkennen lassen, daß in einem gesunden Körper auch ein gesunder Geist wohnt ... in allem ein harmonisches Bild natürlichen Adels und Achtung einflößender Selbstsicherheit bieten ...«

Wie man sieht, gilt für alle Gebrauchshunderassen, daß ihre Standards als Zuchtziel sowohl Schönheit wie Leistung anzustreben versuchen und gleichzeitig eine bestimmte Weltanschauung ausdrücken möchten, die sich in Erscheinung und Charakter der Hunde widerspiegeln soll. Dabei waren und sind außerordentlich zahlreiche, nahezu unvereinbare Faktoren in Einklang zu bringen, was den Züchtern nach wie vor ziemliches Kopfzerbrechen bereitet.

Am Beispiel will ich daher einige damit verbundene Schwierigkeiten zeigen und wie wichtig es ist, die anatomischen Voraussetzungen und Regeln zu kennen und zu beachten.

Auch wir Boxerzüchter hatten uns viel vorgenommen als wir im Standard des Boxers u. a. festlegten: »Das Wesen des Boxers ist eines der allerwichtigsten Rassemerkmale: Sein Mut und seine Unerschrockenheit, seine Anhänglichkeit und Treue, ohne Falschheit und Hinterlist auch im Alter ... werden wohl kaum von einer anderen Hunderasse übertroffen ...
Der Boxer vereinigt in sich die größte Kraft und Schnelligkeit«.

Es ist dieses ein außerordentlich hoher Anspruch. Er erfordert, wenn er überhaupt zu verwirklichen ist, die höchste Harmonie in der Struktur seines Gebäudes, die im Standard geforderte »adelige Erscheinung eines Boxers.« Eine hervorragend gewinkelte Hinterhand nützt uns nichts, wenn die entsprechende Winkelung in der Schulter fehlt, und umgekehrt ist es genauso. Es ist unmöglich, daß die einzelnen Körperteile harmonisch arbeiten, wenn ihr Bau nicht aufeinander abgestimmt ist.

Große Unterschiede im Körperbau

Vergleichen wir den Körperbau von Hunden, Katzen, Pferden, so werden wir erkennen, daß es in den Grundprinzipien erstaunliche Ähnlichkeiten gibt. Das hat dazu geführt, daß man z. B. wegen gewisser Gemeinsamkeiten in der Gangart, vielfach Beispiele aus dem Körperbau der Pferde verwendet, um bestimmte anatomische Regeln auch für den Hund festzulegen. Doch gibt es, zwischen Hund und Pferd, wie wir später sehen werden, neben Gemeinsamkeiten, ganz erhebliche Unterschiede.

Ebenso gibt es, wenn man die unterschiedlichen Hunderassen miteinander vergleicht, neben einer großen Zahl von Übereinstimmungen, ebenso große und erhebliche, rassebedingte Unterschiede. Es ist aber im Grunde schon erstaunlich, wenn man so gegensätzliche Rassen wie Bulldog und Windhund, Chihuahua und Irish Wolfhound vergleicht, daß sie zumindest in den Grundprinzipien ihres Körperskeletts, der Anzahl der Knochen und Muskeln übereinstimmen.

Die Abweichungen sind einmal augenfällige Größenunterschiede, die auf erhebliche Veränderungen des Skeletts, Verkürzung oder Verlängerung einzelner Knochen- oder Gliedmaßenteile hindeuten. Bei näherer Betrachtung findet man dann auch heraus, daß sich hinter diesen Merkmalen vielfache, sehr umfangreiche Änderungen verbergen: Nicht nur die Länge der einzelnen Knochen, auch ihre Stärke und Struktur haben sich verändert; die Bemuskelung, die Winkelung einzelner Gliedmaßen zueinander zeigen bemerkenswerte Abweichungen auf.

Die unterschiedlichen Hunderassen entstanden, weil man Hunde, zu vielerlei Anforderungen, zweckmäßig züchten wollte. Bei den Gebrauchshunden waren dabei die Faktoren, Kraft, Schnelligkeit und Ausdauer besonders wichtig.

Der Körberbau entspricht dem Verwendungszweck

So ergaben sich Hunde, die auch in ihrer stark abweichenden äußeren Gestaltung auf ebensolche Verwendungsunterschiede hindeuten.

Der Körper eines Hundes, der besonders geeignet ist für große Schnelligkeit, unterscheidet sich bedeutend von einem solchen, dessen Hauptmerkmal große Kraft ist. Als Beispiel können wir hier die Windhunde anführen und als Gegenstück die Bernhardiner, oder noch besser die Hunderassen, die früher in Deutschland und Holland zum Ziehen von Milch- und Metzgerwagen Verwendung fanden.

Eine andere Gruppe sind Jagdhunde, von denen die kurzläufigen vorwiegend für die Arbeit unter der Erde eingesetzt wurden, während Stöber- und Apportier- und Fährtenhunde wieder andere Merkmale aufweisen. Weiterhin finden wir die bulldog-ähnlichen Hunde, die Kleinhunde und zuletzt die Zwerghunderassen.

Generell kann man zunächst feststellen, daß Tiere, die vorwiegend für Schnelligkeit gebaut sind, lange Läufe und einen schlanken, schmalen Körper haben; Tiere, die schwere Arbeit leisten müssen, zeigen im Verhältnis zur ersten Gruppe kurze, kräftige Läufe bei breiter gebautem, schwerem Körper.

Von allen Typen aber wird eine gleiche Eigenschaft verlangt: Ausdauer! Ausdauer kann aber nur ein Hund mit ausgewogenem Körperbau, insbesondere mit einer korrekten Vorder- und Hinterhand aufweisen.

Hier sind wir nun bei einem sehr wichtigen Punkt angelangt. Während einerseits Hunde äußerlich nach ihrer Form, dem Typ, der Farbe, dem Fell beurteilt werden, ist es eine weitere und sehr wichtige Aufgabe der Kynologie, den Problemen bei der Beurteilung viel tiefer auf den Grund zu gehen. Sie sucht hinter dem Äußeren die Körperteile, welche die Arbeit schaffen müssen, sie lehrt, wie wichtig es ist, die anatomischen Grundregeln und Gesetze zu kennen und zu beachten, welche Schlüsse man aus der Beobachtung der Bewegungen ziehen kann.

Der Standard — Ein Idealbild wird konstruiert

Sie wissen, daß jede Rasse ihren anerkannten Standard hat: die Rassemerkmale. In diesen ist in erster Linie, wie Sie auch aus den kurzen Zitaten oben unschwer feststellen konnten, der Typ und der Rassecharakter mit seinen Eigentümlichkeiten wie: Größe, Farbe, Kopfform usw. festgelegt. Weiter bemühte man sich, feste Regeln für das Gebäude zu finden.

Obwohl bereits seit der Steinzeit Hunde Begleiter des Menschen waren, und er diese im Laufe der Jahrtausende zu unterschiedlichsten Verwendungszwecken züchtete, begann die Entwicklung der großen Vielzahl der Hunderassen und die zielstrebige Rassehundezucht erst um die Jahrhundertwende.

Ausgehend von England, wo bereits für die Pferdezucht entsprechende Vereinigungen waren, entwickelte man dort ein ähnliches System für die Hundezucht. Nach diesem Beispiel wurde dann in Deutschland am 14. April 1878 der erste deutsche Hundeverein gegründet unter dem Namen: »Verein zur Veredelung der Hunderassen«.

Als damals dann auch die einzelnen Rassekennzeichen festgelegt wurden, war das ein beachtlicher Schritt. Noch weniger als heute hatte man den »Idealtyp«, vielmehr zeigten die einzelnen Vertreter ihrer Rassen ein recht buntes Bild, waren wenig einheitlich und wenig durchgezüchtet.

Tatsächlich war es so, daß für die einzelnen Rassen ein Ideal- und Zukunftsbild buchstäblich *konstruiert* wurde, und daß man dann versuchte, diesen Zielen züchterisch möglichst nahe zu kommen. Einerseits wurde Wert darauf gelegt, Hunde mit bestimmten, unverkennbaren und typischen äußerlichen Merkmalen zu züchten. Andererseits waren, wo an den Gebrauchszweck der Hunde gedacht wurde, viele Probleme des zweckdienlichen Körperbaus zu ergründen.

Vorbild wurde zunächst der viel ältere Pferdesport. Er verfügte über Erfahrungen, von denen die meisten Hundezüchter noch überhaupt keine Vorstellung hatten. An erster Stelle stand die Anatomie, die Lehre vom Körperbau des Tieres. Pferde, während Jahrhunderten durchtrainiert und erprobt in allen Gangarten und Leistungen, lieferten den Beweis dafür, daß nur harmonisch gebaute Körper Spitzenleistungen vollbringen können.

Es zeigte sich außerdem, daß der harmonisch gebaute Körper auch immer schön ist. Aus solchen Überlegungen erwuchs bald die Erkenntnis, nach welchen Merkmalen Tiere gezüchtet werden mußten. In England wurden Hunderennen und »Field trials« veranstaltet, und es zeigte sich schnell, daß und warum Hunde dabei besondere Leistungen erbrachten, aber ebenso, daß sie da oder dort versagten.

Von den deutschen Züchtern wurden viele dieser englischen Erfahrungen übernommen, als man an die Entwicklung der ersten Standards ging.

Standards mit vielen Wandlungen

Wie unsicher und uneinig man in vielem war, kann man in der Geschichte aller Hunderassen nachlesen. Besonders findet man dies bei der Entstehung später völlig veränderter Hunderassen, wie es zum Beispiel die Entstehung des Boxerstandards zeigt. Lange Zeit wurde zum Beispiel sowohl die verkürzte Schnauzenpartie, ein markiertes Kinn, aber möglichst geringer Vorbiß, wenn möglich Aufbiß, als erstrebenswert gewünscht. Man befürchtete, daß die verkürzte Schnauzenpartie ein schwächeres Gebiß oder mindestens ein Kleinerwerden der Zähne zur Folge haben könne.

Nicht nur der Boxer, sondern zahlreiche Rassehunde, mußten Konzessionen an den Geschmack des Menschen machen und zeigen oft Rassenmerkmale, die lediglich als »Augenreiz« wirken. Im praktischen Gebrauch sind viele davon häufig nicht nur unnütz, sondern leider nur zu oft störend und ungesund. Wir kennen solcher eine ganze Menge. Der unkonstruktive Bau der englischen Bulldogge, die steile Hinterhand beim Chow-Chow, der lange Rücken vom Dachshund und andere mehr.

Der Begriff »Luxus- und Renommierhunde«, wie sie, wenn man in älteren Hundebüchern nachliest, früher so sinnvoll genannt wurden, zeigte an, daß ein Züchten auf die äußere Form hin eingesetzt hatte. Es spielte für jene Züchter (wie auch leider für einige heute!) keine Rolle, wenn z. B. der Bernhardiner hinten kaum stehen konnte, war nur der Kopf möglichst schwer und imponierend. Es ist auch gar nicht so lange her, wo Boxer »mit Löwenkopf« in den Geflügelbörsen-Zeitungen gesucht wurden. Alles andere war den Leuten gleichgültig.

Standard — ursprünglich überwiegend zweckmäßig

Sicherlich hatte es diese markanten Eigenheiten auch bei den Ursprungsrassen bereits gegeben. Aber erst, als das ausschließliche Züchten auf diese Merkmale auch viele negative Begleiterscheinungen immer deutlicher werden ließ, dämmerte es bei den Hundezüchtern, daß diese rassebedingten Eigenheiten ursprünglich auch irgendeinen sinnvollen Zweck gehabt haben mußten.

Die Chow-Chows, die in ihrer Heimat als Schlachttiere gezüchtet werden, sollten sich möglichst wenig Bewegung machen. Sie zeigten die erwünschte, wenig gewinkelte steile Hinterhand mit breiten Keulen. Der Spitz war in erster Linie Wächter für Haus und Hof, auf Rheinkähnen und Planwagen. So ein Hund sollte gar kein Läufer sein, man schätzte gerade sein Desinteresse am Jagen und Wildern besonders hoch ein. Ebenfalls wird es einem jeden einleuchten, daß z. B. der Dachshund und andere kurzbeinige Hunde für die Arbeit auf der Jagd unter der Erde besonders geeignet waren.

Leider wurde im Laufe der Rassehundzucht immer stärker an der markanten äußeren Erscheinung gearbeitet, und die Zeit

der »Luxus- und Renommierhunde« begann, während der Gebrauchswert der Hunde immer mehr in den Hintergrund trat ...

Am Beispiel der Bulldogge

Am traurigen Beispiel der Bulldogge kann man dies besonders eindringlich zeigen. Was wir heute sehen, ist nur noch eine Karikatur. Geblieben sind von dem einstigen Gebrauchshund die niedrige, lange, schwere, überbreite, hautige Gestalt, der flache, schwere Kopf, die gänzlich zurückspringende Nase.

Aber, der einstige Kampfhund, ist heute häufig ein schnaufender, nach Atem ringender Hundekoloß auf kurzen Beinen, der zudem so extrem wärmeempfindlich ist, daß im Sommer viele dieser Hunde nur nachts oder in den Abendstunden hinausgeführt werden können. In einem Buch über diese Rasse beschäftigt sich ein ganzes Kapitel damit, auf welche Weise man bereits bei den Welpen Vorsorge tragen muß, daß sie ausreichend kühl gehalten werden.

Dabei hatten die typischen Bulldogmerkmale zunächst durchaus einen Sinn und waren hervorragend geeignet, die Aufgaben der Bulldogge zu erfüllen. Die niedere, sehr hautige Gestalt der Bulldogge ermöglichte ihr bei den Bullenkämpfen das »Durchrollen« unter den Beinen des Stieres, der flache Kopf und die gänzlich zurückspringende Nase das Fassen der Stiernase dicht über dem Boden. Wer es nicht glaubt, versuche einmal so eine faltige, rollende Bulldogge mit den Händen zu halten, wenn sie kein Halsband trägt.

Lesen wir dazu bei Richard Strebel einmal nach: ... »war ein Hund von großem, kurzem und dickem Kopf und einer kurzen Schnauze. Seine hauptsächlichen Eigenschaften waren hoher Mut und seine Fähigkeit anzugreifen und festzuhalten. Die Charaktereigenschaften der Bulldogs waren immer und sind noch heute die gleichen, die eines Hundes, der mit dem Kopf kämpft ...«

Strebel schreibt weiter, daß der Sport des Bullenbeißens sehr alt und eine der beliebtesten Schaustellungen in England war. Es wird berichtet, daß William Earl Warren (1199—1216) einst vom Schloßwall von Stamford beobachtete, wie auf einer Wiese zwei Bullen um eine Kuh kämpften, bis alle Hunde des Fleischers einen von den tollgemachten Bullen durch die Stadt verfolgten. Dies bereitete dem Earl so großes Vergnügen, daß er seine Schloßwiesen den Fleischern zur Verfügung stellte, unter der Bedingung, daß sie jedes Jahr einen rasenden Bullen fänden und die Hunde mit ihm kämpfen müßten.

Dabei wurde von den Hunden verlangt, daß sie den Bullen bei seiner empfindlichen Nase zu packen und keinesfalls loszulassen hätten, wobei der Bulle dann völlig hilflos wird. Dazu wurden dann aber besonders gebaute Hunde benötigt: Sie mußten außerordentlich kräftig, mutig und ausdauernd sein, dabei aber ihren Kopf möglichst niedrig am Boden, unter dem Bullen halten können, um zu vermeiden, daß der Bulle sie auf die Hörner nehmen konnte.

Größere Hunde hätten dabei auf dem Bauche kriechen müssen und viel Kraft verloren, man suchte daher immer niedrige, aber kräftige Hunde für diese Aufgabe aus. Weiterhin mußten sie sich aber fest in den Bullen verbeißen.

Ein Hund mit »normalen«, langgestrecktem, schmalem Fang hätte nicht die ausreichende Muskelkraft entwickeln können. Überdies erwies es sich, daß die zurückgedrängte Nasenpartie ermöglichte, auch im Zustand des Verbeißens noch ausreichend Luft zu bekommen. Die tiefen Hautfalten rund um die Schnauze waren zudem besonders günstig, weil darin das Blut der angegriffenen Bullen abrinnen

Hunderennen in London im Jahre 1863

konnte, ohne daß es den Hunden die Nase verstopft hätte.

Ebenso mußten die Hunde von großer Kraft und großer Beweglichkeit sein, um, wie man auf alten Bildern von Bullenkämpfen sehen kann, einerseits dem rasenden Bullen zu entkommen und es andererseits auch aushalten zu können, wenn sie von den Bullem kräftig durch die Luft auf den Boden geschleudert wurden ... Damals wurde mit Hunden gezüchtet, die sich in den verschiedenen Kämpfen hervorragend bewährt hatten, und diese wiesen dann gleichzeitig auch äußerlich ganz bestimmte Merkmale auf.

»Sportarten« mit Hunden

Überhaupt war *England,* in dem die Pferdezucht blühte wie in keinem anderen Land, auch in der *Hundezucht weit voraus!* Leidenschaftlich beteiligte sich reich und arm beim Wetten auf dem Turf, und selbst der kleinste und ärmste Bürger begeisterte sich für Sport und die dazugehörigen Wetten.

Wo kein Geld für die teuren Pferderennen vorhanden war, entwickelten sich andere »Sportarten«, z. B. Hahnenkämpfe, Bullenbeißen, Hundekämpfe und Hunderennen. Der Greyhound wurde das »Rennpferd« der High Society.

Damals war auch die Geburtsstunde des *Whippet.* Die Haltung des Greyhound war Privileg der oberen Schicht. Der Whippet, eine reine Zweckzüchtung, wurde das kleine und daher mit geringen Kosten zu unterhaltende, aber feurige, drahtige, zähe Rennpferd des kleinen Mannes.

Dafür wurden kleinere Exemplare des Greyhound mit Hündinnen verschiedenster Rassen verpaart: Fox-terrier, Black-and-tan, White English, Old English oder Welsh, Irish, Bedlington u. a.

Bei allen diesen Veranstaltungen waren die von allen Hunden geforderten Eigenschaften Leistung, Schnelligkeit und Ausdauer. Auch der einfache Mann bekam bald, denn er wollte ja gewinnen!, sehr schnell einen sicheren Blick für die Gangaktion eines Tieres. Daran allein, so entdeckte man schnell, ließ sich der Wert eines Hundes und sein Rang sicher erkennen.

Freilich wurden fehlerhafte Aktionen oder Gebäude vorwiegend gefühlsmäßig aufgrund gemachter Erfahrungen erkannt und weniger in Kenntnis der Anatomie und vor allem der Funktion der einzelnen Knochen und Muskeln, sowie ganzer Gliederkomplexe.

Von der »Denkmalsanatomie«

Ich meine, erst die Photographie hat es ermöglicht, daß uns heute die Grundbedingungen unterschiedlich gestalteter und dennoch leistungsfähiger Hundekörper bewußt wurden. Bis dahin war man auf gezeichnete Wiedergabe angewiesen, die zwar typische Rassemerkmale, diese aber durchaus nicht exemplarisch, sondern oft überhöht wiedergaben.

Besonders deutlich wird dies, wenn wir die alten gemalten Pferdebilder, die Szenen auf der Rennbahn zeigen, betrachten. Wir sehen, daß die Darstellung der Pferde verzerrt ist. Entweder haben sie anomale dicke, gewölbte Hälse mit winzigen Köpfen und riesigen Augen oder unnatürlich lange, dünne Hälse und ebensolche Beine. Ganz abgesehen davon sind sie bei Galoppsprüngen oder beim Traben mit einer Beinstellung dargestellt, wie sie in Wirklichkeit gar nicht vorkommt. Mit unseren Denkmalspferden berühmter Kunstwerke verhält es sich auch nicht besser.

Das Seltsame ist nur, daß sich die Menschen ohne weiteres an diese falschen Bilder gewöhnt haben. Ich erinnere mich aus meiner Jugendzeit an das in ganz Deutschland bekannte Witzblatt »Die fliegenden Blätter«. Es enthielt künstlerisch ganz hochwertige Federzeichnungen oder Holzschnitte und auch sehr oft Pferdedarstellungen.

Darin wurde in einer Ausgabe auf zwei immer gegenüberliegenden Seiten gezeigt, wie früher ein Pferd beim Hindernisrennen dargestellt wurde und wie es »heute verzerrt und unschön durch die Photographie« gesehen wird. Das Urteil wurde dem Publikum überlassen.

Nun, heute, wo wir an Photographien gewöhnt sind, würde niemand, wie es damals geschah, ein solches Photo als unschön und unrichtig empfinden. Heute fallen uns die alten Pferdeabbildungen auf, und wir empfinden die mit gestreckten Beinen durch die Luft schwebenden, unproportioniert wiedergegeben Pferde zu recht als unnatürlich.

„Wie ein schönes Pferd gebildet sein soll." Nach Fig. 1 bei J. C. Zehentner, 1757/79.

Wir haben eben Sehen gelernt. Dennoch, mit diesem Sehen, das überwiegend noch gefühlsmäßig gedeutet wird, soll sich der Züchter nicht zufrieden geben. Er darf es auch nicht.

Um aber in der Lage zu sein, das Gesehene auch richtig zu deuten, Stand und Gangwerk zu erkennen, müssen wir uns mit den elementaren Grundregeln der Bewegung und der Anatomie vertraut machen.

Beginnen wir daher, weil dies etwas ist, was jeder an Hunden jederzeit und am einfachsten beobachten kann, mit dem Gangwerk und den Bewegungen des Hundes. Danach wollen wir versuchen herauszufinden, auf welche Weise der Körper des Hundes sie ausführt und welche Besonderheiten zu erkennen und bei den einzelnen Rassen zu beachten sind.

Zweiter Teil

Betrachtungen zur Bewegung

Dem geübten Auge wird eine harmonische Gehweise des Hundes, die gut ausbalanciert, schnell und federnd sein soll, im Gegensatz zu einer fehlerhaften, sofort auffallen. Auch der Laie bemerkt die harmonischen und ausgewogenen Bewegungslinien von Kopf, Hals, Vorder-, Hinterhand und Rücken, die den Hundekörper in leichten Bogenbewegungen nach vorn treiben.

Ein Rennpferdtrainer tat einmal den Ausspruch: Hänge deine Augen an eines Pferdes Widerrist, und du wirst genau sagen können, wenn es anfängt zu versagen. Kein Schaukelpferd gewann je ein Hindernisrennen.

Wie wir später erfahren werden, ist es unerläßlich, die einzelnen Phasen des Bewegungsablaufes und die sie bedingenden anatomischen Voraussetzungen »sehen« zu lernen. Sicherlich bekommt man, betrachtet man einen ruhig stehenden Hund, einen ersten Gesamteindruck. Aber erst, wenn man den Hund in der Bewegung sieht, kann man erkennen, ob er auch die richtigen, ausgewogenen inneren Voraussetzungen hat.

Vorerst wollen wir hier festhalten, daß der gesunde Hund einen korrekten Bau der Vorder- und Hinterhand haben muß. Die Hub- und Triebkraft der Hinterhand muß vollkommen mit der Hub- und Stützkraft der Vorderhand harmonieren. Ist dies nicht der Fall, wirkt der Gang des Hundes unausgewogen und fehlerhaft. Es ist wie bei einer Maschine, bei der die einzelnen Teile nicht übereinstimmen. Da der Hund aber ein lebendes Wesen ist, wird er versuchen, diese körperlichen Mängel durch verstärkte Muskelarbeit auszugleichen. Dies wird aber immer auf Kosten der Ausdauer und der gesamten Leistungsfähigkeit gehen und viel Kraft verbrauchen.

Vom Vorführen im Ring

In diesem Zusammenhang gleich noch ein Wort zu den Ausstellungen. Obwohl bekannt ist, daß bei der Beurteilung des Hundes im Ring das Tier in der Bewegung gezeigt werden muß, werden hier, vor allem aus Unkenntnis sowohl der anatomischen Grundlagen, als auch der Regeln der Bewegungsweise, beim Vorführen große Fehler gemacht.

Es ist dazu nötig, daß der Aussteller und sein Hund regelrecht üben, locker und leicht und ohne großen Zug der Leine »im Ring« zu laufen. Am besten sollte der Hundebesitzer sich dies von einem erfahrenen Vorführer zeigen lassen.

Es ist bemerkenswert, wie völlig anders sich ein und derselbe Hund zeigt, je nachdem, ob ein unerfahrener Führer den uninteressierten, gelegentlich sogar widerstrebenden Hund an der Leine im Kreis herumzerrt, oder ob ein geübter Vorführer den Hund durch rasche, lockere Bewegungen motiviert, so daß dieser aufmerksam und gespannt an der lockeren Leine trabt.

Selbst ein gut gebauter Hund kann, wenn er schlecht gezeigt wird, um seine eigentlich verdienten Punkte kommen. Nicht nur das! Es kann sogar passieren, daß ihm ein Hund mit gewissen Mängeln den Rang abläuft, nur weil dieser ausgezeichnet vorgeführt wurde.

Man muß sich immer darüber im klaren sein, daß bei jeder Ausstellung die Entscheidung über die vorgeführten Hunde nach der *Tagesform* gefällt wird, d.h. je nachdem, ob sie sich gut oder schlecht »zeigen«!

Sicherlich spielen hierbei auch die Gemütsverfassung des Hundes und eventuelle gesundheitliche Störungen, große Hitze oder starke Ermüdung eine große Rolle. Einem geübten Vorführer aber wird es meistens gelingen, allerlei Beeinträchtigungen des Hundes zu überspielen.

In dieser Hinsicht sind uns Engländer und Amerikaner weit überlegen. Bei uns fehlt es noch himmelweit an der richtigen Ringdressur der Hunde durch die Führer. Verlangt man im Ring ein Vorführen im Trab, so ist der Hundeführer zutiefst überzeugt, daß Schritt auch genügt, und wenn er sich dann endlich doch aufschwingt, mit seinem Hund zu laufen, so legt sich dieser mit seiner ganzen Kraft in die Leine und zieht nach links, so daß die Pfoten kreuzweise gestellt sind und das ganze Gewicht in den Schultern hängt. An eine Beurteilung des Ganges ist hier überhaupt nicht zu denken. Selbst wenn Aussteller verstehen, ihren Hund tadellos hinzustellen, ihn bewegen können die wenigsten.

Einiges über Bewegung, Schwerpunkt und Gleichgewicht

Aber — was geschieht eigentlich, wenn sich ein Hund »bewegt«? In unserem Falle interessieren uns die Bewegungen *mit* Ortsveränderungen. Bewegungen ohne Ortsveränderungen sind Hinlegen, Aufstehen, Absitzen usw.

Das Grundprinzip der Bewegung mit Ortsveränderung ist die Verschiebung des Schwerpunktes in Richtung der Bewegung.

Zunächst müssen wir also den Begriff *»Schwerpunkt«* klären, was im Lehrbuch-Deutsch so lautet: »Der Schwerpunkt ist

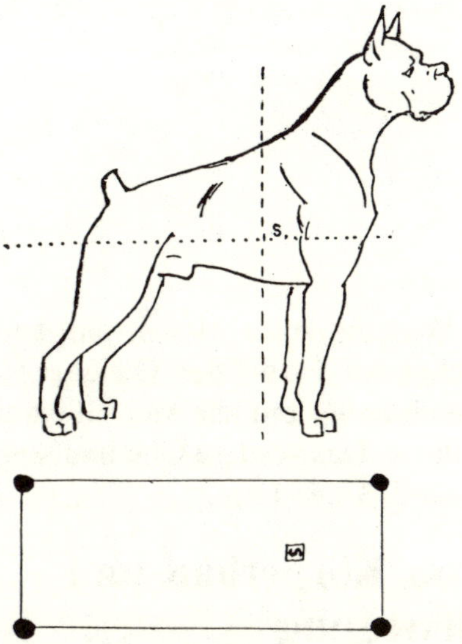

die Lage des Massemittelpunktes des Gesamtkörpers im Zustand der Ruhe«. Wobei noch hinzuzufügen ist, daß es sich hierbei um einen *gedachten* Schnittpunkt angenommener Linien handelt, der sich, bei Veränderung der Körperhaltung, entsprechend nach vorn, hinten oder seitwärts verlagert.

Wenn ein Hund gleichmäßig auf seinen vier Läufen steht, ergibt sich, wie die obenstehende Zeichnung der Fußungsfläche zeigt, folgendes Bild:

Der äußere Rand, der die Fußungsflächen umgibt, zeigt die Unterstützungsfläche, auf der der Hund im Gleichgewicht steht.

Ein breitgebauter Hund, wie z. B. der Bulldog, steht breit und sicher über viel Boden, während ein schmaler gebauter Hund, wie z. B. ein Windhund, eine verhältnismäßig erhebliche schmalere Grundfläche hat.

Untersuchungen an hochläufigen Hunden haben gezeigt, daß der

Körperschwerpunkt im Durchschnitt 43,72 % Rumpflänge hinter der Brustbeinspitze liegt.

D. h. etwa auf Höhe des 9. Zwischenrippenraumes und des Schultergelenkes, also mehr schwanzwärts, als beim Pferd, verschoben ist.

Auch bei den unterschiedlichen Hunderassen gibt es Abweichungen:

So hat man beim Bernhardiner etwa 38,38 % ermittelt, bei einem fettleibigen, kleinen Schäferhund ca. 57,57 %, bei verschiedenen Schäferhunden von 39,4 % bis 57,7 %, beim Greyhound 40—42 %.

Man braucht, um den Schwerpunkt am lebenden Hund abschätzen zu können, jedoch nicht die Rippen zu zählen, sondern kann diesen Punkt sehr leicht erkennen.

Die ersten neun Rippen, die Tragrippen, die steil unter der Wirbelsäule stehen, sind mit den Brustbein verbunden. Die an sie anschließenden vier, sogenannten Atmungsrippen stehen schräger zur Wirbelsäule, sind nicht direkt, sondern durch den von ihnen gebildeten Rippenbogen mit dem Brustbein verbunden. Sie können dies an der Form des Thorax ohne Schwierigkeiten leicht erkennen. Mehr davon erfahren Sie etwas später, wenn wir uns mit dem Körperbau beschäftigen.

Für uns hier ist wichtig, daß der Schwerpunkt, wenn man wissen möchte, wo er ist, etwa im Schnittpunkt der Waagerechten durch die Brustbeinspitze und der Senkrechten durch den 9. Zwischenrippenraum liegt.

Wenn Sie einen Bleistift auf einem Finger balancieren, so daß er nur an einer Stelle unterstützt waagerecht liegen bleibt, unterstützt der Finger den Bleistift genau an seinem Schwerpunkt. Verschieben Sie den Stift, gerät er aus der Balance und fällt herunter.

Auf ähnliche Weise verharrt der Körper des Hundes solange im Gleichgewicht, wie das Schwerelot (vom gedachten Schwerpunkt im Hundekörper senkrecht auf den Boden gefällt) die Unterstützungsfläche noch trifft.

Wird also der Hund durch eigene Bewegung oder durch Stoß zur Seite oder nach vorne oder hinten gedrückt, muß er, um nicht umzufallen, sofort geeignete Maßnahmen einleiten, dies zu verhindern. Sich Fortbewegen ist zuerst also auch Fallen; aber es ist ein bewußtes, kontrolliertes und harmonisches Fallen.

Wichtig ist zu wissen, daß bereits beim stehenden Hund das Gleichgewicht nicht gleichmäßig auf die vier Gliedmaßen verteilt ist. Das vordere Gliedmaßenpaar trägt etwa 2/3 der Last.

Von Körperbau und Bewegung

Wie wir später bei der Betrachtung des Hundeskeletts noch genauer feststellen werden, ist der ganze Körperbau, und keinesfalls, wie man es sich vielleicht vorstellt, nur die Extremitäten, auf Bewegung nach vorne eingerichtet.

Stellen Sie sich jetzt bitte einmal einen sich *bewegenden* Hund vor. Ob er einfach nur geht, ob er rennt oder springt, immer werden Sie sehen, daß diese Bewegung sich über den ganzen Körper, angefangen von Kopf und Hals, Rumpf, die Vorder- und Hinterbeine bis hin zum Schwanz erstreckt.

Der Hundekörper liegt also keinesfalls, wenn Sie sich dies Bild vor Augen halten, wie eine Walze auf den Beinen und wird nicht, selbst unbeweglich, durch deren Ausschreiten weiterbewegt, so, wie man es etwa bei einem Wagen sehen kann, der, selbst unbeweglich, auf den Achsen der Räder ruht und von deren Umdrehung weiterbewegt wird.

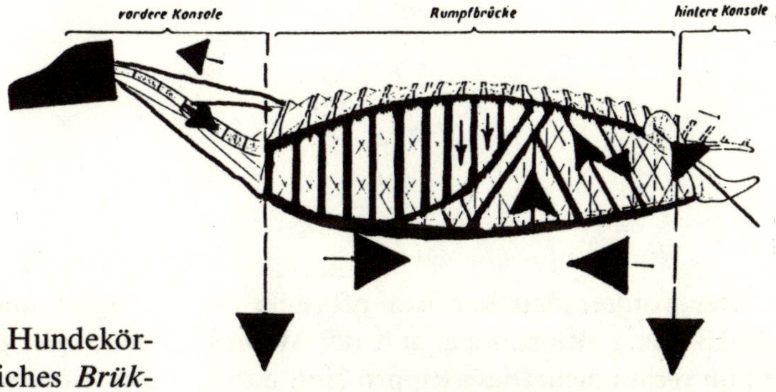

Vielmehr muß man sich den Hundekörper als elastisches und bewegliches *Brückensystem* vorstellen, das ich hier, sehr stark vereinfacht, im Prinzip erklären möchte. Der tragende Brückenbogen wird gebildet aus Brust- und Lendenwirbelsäule und Becken. Dieser Brückenbogen hat, ähnlich wie auch die Wirbelsäule des Menschen, eine Krümmung, die allerdings, im Gegensatz zu der des Menschen, beim Hund nach oben gewölbt ist. Die Wirbelkörper und die Zwischenwirbelscheiben bilden den Untergurt; die elastisch miteinander verbundenen Wirbelbögen mit ihren Bändern, Sehnen und Muskeln bilden den Obergurt.

Die Dornfortsätze, dies sei hier noch angefügt, haben keine statische Bedeutung, sondern sind Hebelarme für die an ihnen befestigten Muskeln. Ihre wechselnde Stellung entspricht daher nicht der Bogenkonstruktion, sondern den jeweiligen Muskelansatzverhältnissen.

Die beiden Enden dieses »Brückenbogens« werden verbunden durch das Brustbein und die Bauchmuskeln, die die verspannende »Sehne« bilden. Man darf sich diese nicht vorstellen als einen festgespannten, geraden Strang, sondern mehr als eine Art »Hängematte«, die am Thorax teilweise versteift (Brustbein, Rippen) und nicht nur an den Brückenenden, sondern am ganzen Brückenbogen befestigt ist.

Brustbein und Bauchmuskeln tragen die inneren Organe, Brust- und Baucheingeweide. Diese so belastete »Sehne« ist außerdem durch die Rippen und durch die schiefen und queren Bauchmuskeln am druckfesten Bogen aufgehängt.

Auf diese Weise wird nicht nur ein Teil des Eingeweidegewichtes direkt auf die Wirbelsäule übertragen, sondern auch noch teilweise der Brückenbogen, d. h. die Wirbelsäule, gestreckt, was andererseits durch die »Sehne« verhindert wird. Der andere Teil des Eingeweidegewichtes lastet direkt auf der Bauchdecke (Sehne) und tendiert, den Bogen zu krümmen. Diese widerstreitenden Belastungen werden ausgeglichen durch die Elastizität der Wirbelsäule und die aktive Arbeit der Rückenstrecker-Muskeln.

Die Natur hat hier in ihrer Weisheit eine Konstruktion geschaffen, in der sich die auftretenden Spannungs-, Zug- und Druckkräfte gegeneinander aufwiegen, so daß sie sich in keiner Form auf die den Körper tragenden Gliedmaßen auswirken.

Der vordere Teil der Rumpfbrücke ist durch das 1. Rippenpaar mit der Wirbelsäule verbunden. Diese Rippen sind daher kurz und relativ unbeweglich befestigt und zudem mit der Halswirbelsäule verspannt. Der hintere Teil der Rumpfbrücke ist am Becken fest an die Wirbelsäule gebunden.

Diese Bogen-Rückenkonstruktion erfährt durch die Bewegungen zahlreiche, wechselnde zentrifugale Schubkräfte, die ausbalanciert werden müssen. Dies geschieht im vorderen Teil durch Kopf und Hals, im hinteren Teil durch Kreuzbein und Schwanz.

Bei den normalen Vorwärtsbewegungen liegt die Hauptlast auf der Vorderextremität, daher ist diese stabiler gebaut und beweglich mit dem Rumpf verbunden. Die hintere Belastung ist geringer, daher ist die Hinter-Extremität entsprechend beweglicher konstruiert und stabiler befestigt.

Das Kreuzbein, die Ursprungsbasis der Muskelmassen der Hintergliedmaßen, ist mit dem letzten Lendenwirbel beweglicher, mit dem Becken fest verbunden. Daher setzt sich in der Kruppengegend die Bewegung des leicht nach oben gewölbten Brückenbogens fort und zeigt dies in der federnden Bewegung nach vorne-unten. Dies ist z. B. wichtig für das starke Vorgreifen der Hinterhand im Galopp!

Kopf und Halswirbelsäule verursachen durch Heben und Senken eine Verlagerung des Körperschwerpunktes, was nicht nur zur Herstellung des Gleichgewichtes wichtig ist.

Wie wir später sehen werden, wird der Vorwärtsschub des Schwerpunktes zwar durch die Hinterhand bewirkt, dadurch, daß sich aber Kopf und Hals zunächst anheben, heben auch sie den Schwerpunkt in Richtung oben und unterstützen so die Aufrichte-Arbeit der Vorderhand.

Indem sich Kopf und Hals dann nach vorn strecken und senken, »ziehen« sie auch den Schwerpunkt nach und verstärken so den Stoß der Hinterhand. Im umgekehrten Fall, wenn die Bewegung abgebremst wird, reißt der Hund Kopf und Hals nach oben und »stoppt« damit auch das weitere Vorschnellen des Schwerpunktes.

Dieser Brückenbogen ist mit den Vorder- und Hinterextremitäten verbunden. Darauf werden wir später noch ausführlich eingehen. Wichtig ist aber in diesem Zusammenhang, daß diese auf unterschiedliche Weise mit dem Rumpf verbunden sind.

Der Brückenbogen ruht *auf* den hinteren Gliedmaßen, er ist mit diesen gelenkig verbunden, d. h. er liegt mit der Pfanne des Beckens auf dem Oberschenkelkopf.

Im Gegensatz dazu ist der Brückenbogen aber mit den Vordergliedmaßen *nicht* gelenkig verbunden, sondern *ist zwischen den Vordergliedmaßen durch besondere Muskelkonstruktionen aufgehängt!* Wir werden auch diesen interessanten Gesichtspunkt später ausführlich besprechen.

Für die Bewegung stellen die Gliedmaßen nicht Säulen, sondern bewegliche, in bestimmter Weise gewinkelte Kraft- oder Gewicht-HEBELWERKE dar.

Etwas von den Gliedmaßen und der Bewegung

Auf die verschiedenen Funktionen von Vorder- und Hinterhand bei der Bewegung werden wir anschließend noch ausführlicher eingehen. Hier sei, um den Gesamtzusammenhang der Körperkonstruktion an einer Stelle zu erklären, folgendes vorweggenommen:

Die Vorderhand ist sowohl im Stand als auch in der Bewegung mehr belastet. Sie ist daher einerseits als *stützende Säule* und andererseits als *Auffanghebel* der ihr von hinten zugeschobenen Last konstruiert.

Die Hinterhand ist als *Stemm- und Wurfhebelwerk* gestaltet. Sie ist daher stärker gewinkelt und, da von ihr die Hauptschubkräfte der Vorwärtsbewegung kommen, auch stärker bemuskelt.

Bei der *Vorwärtsbewegung* wird der Schwerpunkt in die Höhe und nach vorne geschoben. Dies besorgen, je nach Gangart, eines oder mehrere Gliedmaßen, während eines derselben oder mehrere die Stütze übernehmen. Ich werde später versuchen, die einzelnen Phasen bei den verschiedenen Gangarten aufzuzeichnen, um den ganzen Vorgang verständlich zu machen.

Hier wollen wir erst einmal genau betrachten, *wie* diese Vorwärtsbewegung abläuft. Welche Voraussetzungen hierzu durch die unterschiedliche Gestaltung des Skeletts gegeben werden, wird noch eingehender bei der Skelettbesprechung gezeigt werden.

Zunächst werden in einem der Hinterläufe alle Gelenke gestreckt und das Bein gegen den Boden gestemmt. Da der Boden nicht nachgibt, wird die zunächst bodenwärts gerichtete Kraft in einen Schub umgewandelt, und, durch Vermittlung des Beckens, in Richtung Rumpf übertragen.

Dadurch erfährt der Schwerpunkt eine Veränderung in Richtung der diagonalen Vordergliedmaße, die sich nun hebt und nach vorne schwingt, um den Schwerpunkt

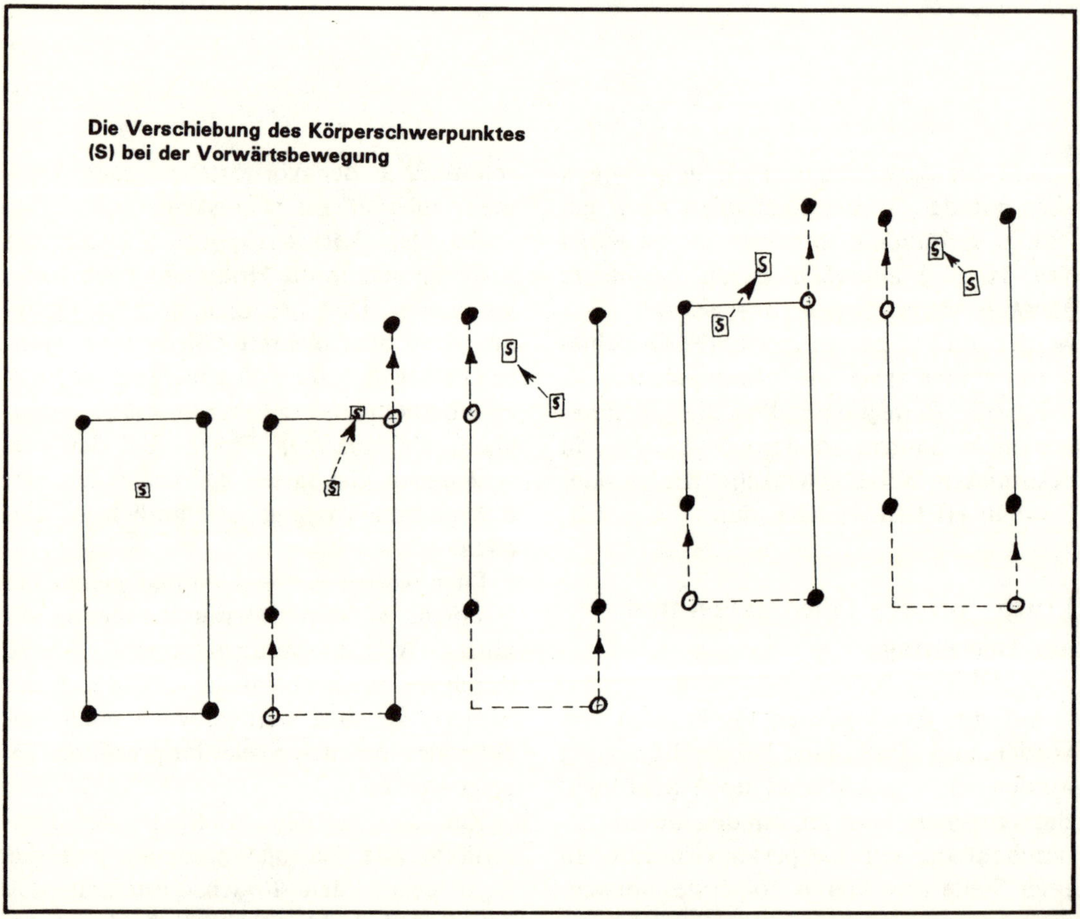

wieder aufzufangen, d. h. den Körper wieder im Gleichgewicht zu halten.

Jetzt strecken sich die Gelenke des anderen Hinterbeins wie oben beschrieben, wodurch nun der Schwerpunkt auf die andere diagonale Vorderhand geschoben wird, so daß diese nun sich hebt und nach vorne schwingt, um das Gleichgewicht wieder herzustellen.

Auf diese Weise ergibt sich ein Hin- und Herpendeln des Schwerpunktes, was mit rhythmischen Bewegungen von Kopf und Schwanz verbunden ist, die auch zur Gleichgewichtsregulierung dienen.

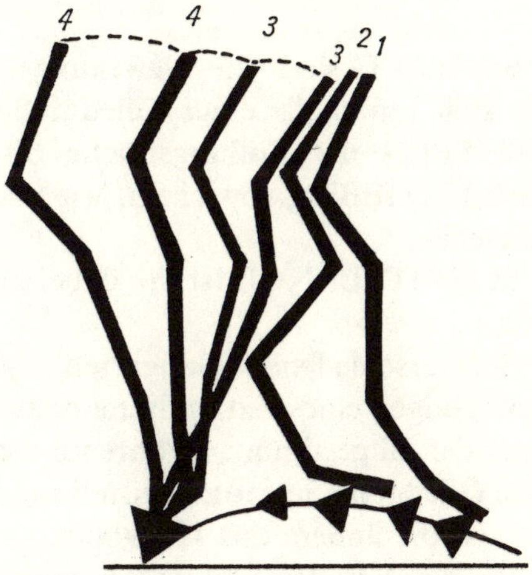

Etwas von den Bewegungsphasen

Zwischen Schulter- und Beckengliedmaßen lassen sich immer wieder vier zeitlich unterschiedlich lange Bewegungsphasen unterscheiden, die sich in ständig gleichbleibender Folge aneinanderreihen.

Bewegungsphase	**Gliedmaße ist jetzt**	**Vorgang:**
I HEBEN	Hangbein	Gliedmaße löst sich vom Boden und geht über in
II SCHWINGEN	Hangbein	erst Beugung, dann durch Streckung der Gelenke Gliedmaße vorführen und fußen. Dann:
III STÜTZEN	Stützbein	Gewicht des Rumpfes drückt die Gelenke etwas durch. Darauf erfolgt eine Muskelkontraktion und die Gelenke werden gestreckt. Jetzt folgt:
IV STEMMEN	Stützbein	Der Rumpf wird soweit nach vorne geschoben, bis sich die Fußungsfläche wieder vom Boden löst. Dann folgt wieder:
I HEBEN	Hangbein	und der ganze Ablauf folgt wieder wie oben.

SCHRITT sind die Bewegungsfolgen, die sich innerhalb einer Gliedmaße vom ABHEBEN der Fußungsfläche bis zum nächsten HEBEN abwickeln, wie eben beschrieben.

SCHRITTLÄNGE ist die dabei zurückgelegte Strecke.

Bei verschiedenen Gangarten sind die Bewegungen eines Extremitätenpaares aufeinander abgestimmt. Während sich die eine Gliedmaße in Stützbeinstellung befindet, ist die andere das Hangbein.

Bei den Hunden gibt es Bewegungsphasen, wo sich beide Vorder- und Hinterextremitäten gleichzeitig in verschiedenen Hang- oder Stützbeinphasen befinden.

Bei sehr langsamen Bewegungen werden sogenannte Dreibeinstützen gebildet.

Bei sehr schneller Bewegung wiederum ruht der Körper mit seinem Schwerpunkt zeitweise nur auf den Vorder- oder Hintergliedmaßen, oder auch nur auf einem Bein, oder aber, der Körper schwebt einen Moment lang, ohne jede Stütze frei über dem Boden.

Je besser der Körper ausbalanciert ist und je harmonischer die Hinter- und Vorderhand zusammenarbeiten, um so flacher wird der Bogen, den sie über dem Boden beschreiben, um so ruhiger wird der Gang.

Das Stütz-, Stemm- und Wurfhebelwerk der Gliedmaßen hat aber nicht nur die Aufgabe, den Körper mit seinem Schwerpunkt zu heben und ihn vorwärts zu schieben, sondern es muß auch, wenn der Körper sich wieder dem Boden nähert, diesen wieder — sanft — auffangen und den Stoß abmildern.

Man kann dabei den Körper mit einer Kugel vergleichen, die, schräg nach oben geschossen, einen Bogen beschreibt, um dann am höchsten Punkt des Bogens wieder die Richtung zum Boden zu nehmen. Wird sie beim Aufprall nicht abgefedert, schlägt sie hart auf den Boden auf.

Wie schon einmal gesagt: Je besser der Körper ausbalanciert ist und je harmonischer die Vorder- und Hinterhand zusam-

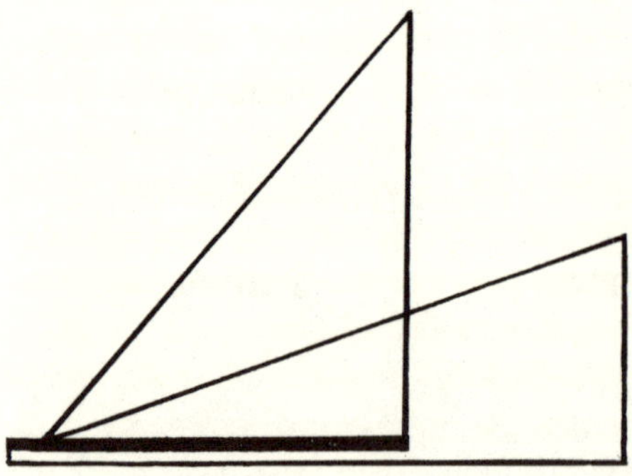

menarbeiten, um so flacher wird der Bogen, den der Körper bei der Vorwärtsbewegung beschreibt, um so ruhiger und kraftsparender wird der Gang.

Während die hinteren Gliedmaßen den Körper mit großer Kraft nach vorne schnellen, und dies so effektiv tun, wie ihre Winkelung gut gebaut ist, fällt der Vorderhand die erheblich schwerere Aufgabe zu. Sie muß nicht nur den Körper auffangen und weitertragen, sondern ihn in sanftem Bogen wieder zu Boden gleiten lassen und gleichzeitig die weiteren Bewegungen wieder einleiten.

Wir ziehen hierzu den Vergleich mit einer Flintenkugel. Es ist bekannt, daß eine Kugel, die ein unsichtbares Ziel erreichen soll, in einem einfachen Aufwärtswinkel geschossen wird. Wird der Winkel zu steil genommen, so verkürzt sich bei gleicher Hubkraft nicht die Länge der Flugbahn, sondern die Entfernung des Aufschlags.

Ähnlich ist es beim Gangwerk des Hundes. Ein zu starkes Hochreißen vom Boden vermindert die Leistungsfähigkeit und Schnelligkeit. Sie erfordert zu große Kraftanstrengung und bremst häufig auch noch die Bewegung vorzeitig ab.

Bei der Beurteilung des Ganges eines Hundes schenke man vor allem seine Aufmerksamkeit den Bewegungen von Kopf, Hals und Widerrist. Hier erkennt man, ob es sich um gutes oder um fehlerhaftes oder schlechtes Gangwerk handelt.

Je ruhiger das Ansteigen und Fallen des Widerrist erscheint, je weniger Kopf und Hals seitlich hin- und herpendeln, um so harmonischer und kraftvoller ist das Gangwerk. Jedes zu starke Hochreißen, jedes zu starke Fallen, jede zu starke Pendelbewegung des Körpers kostet Zeit und verbraucht unnütz die Kraft der Muskeln und Gelenke. Es löst Ermüdungsfaktoren aus, welche die Kraft des Hundes herabmindern.

Wenn wir uns mit den Gangarten der Hunde eingehender befassen, unterscheiden wir zunächst ganz grob in Schritt, Trab, Paß, Galopp und Sprung.

Zuvor müssen wir uns noch über einige weitere Begriffe klar werden. Die Abschnitte einer einzelnen Bewegungsphase haben wir bereits geklärt.

»Rechte Diagonale« oder »linke Diagonale« beschreiben die Stützpunkte eines Schrittes von einer Hinterpfote zur diagonalen Vorderpfote. Dabei wollen wir uns merken, daß immer die Vorderpfote entscheidend dafür ist, welche Bezeichnung verwendet wird. Die Vorderhand ist immer die leitende, daher heißt die Diagonale dann entsprechend der Vorderhand.

DER SCHRITT

Bild 1 und 2 zeigt die Stütze durch den rechten Vorder- und linken Hinterlauf. Wir nennen das die rechte Diagonale.

»Takt« verweist auf die Zahl der Phasen, welche im Wechsel der tragenden Stützpunkte — der Gliedmaßen — enthalten sind.

Wenn zwei Schenkel den Körper stützen und dann diese Arbeit direkt dem anderen Paar übergeben, dann ist das ganze ein »Zweitakt-Tempo«; drei getrennte Wechsel nennt man »Dreitakt-Tempo« und vier getrennte ein »Viertakt-Tempo«.

»Schweben« ist der Zeitraum, in dem alle vier Pfoten den Erdboden verlassen haben, währenddessen der Körper durch seine Schubkraft vorwärts schießt.

Die verschiedenen Gangarten des Hundes

Der **Schritt** ist die langsamste Bewegungsart. Am Rhythmus der Gliedmaßenbewegung und der Nickbewegung des Kopfes erkennt man den Viertakt-Gang. Der Kopf ist in der Schwingphase der Vordergliedmaßen gesenkt, wird beim Stützen wieder gehoben. Die Kruppe ist in der Schwingphase der Hintergliedmaße gehoben, die Lendenwirbelsäule aufgewölbt, beim Fußen senken sich diese wieder.

Beim Schritt bleibt der Hund am engsten mit dem Boden verbunden: die vier Gliedmaßen bewegen sich, eine nach der anderen, wobei dann zwei, wenn nicht drei Gliedmaßen den Körper unterstützen. Aus diesem Grunde ist auch der Schritt der am wenigsten ermüdende Gang der Hunde und Pferde. Beim Pferd, für welches das Gesagte genauso gilt, hört man dabei vier Hufschläge. Es ist also eine Vier-Takt-Gangart.

Beginnt der Hund den Gang mit dem rechten Hinterfuß, so ergibt sich nachstehende Folge: 1. rechter Hinterfuß. 2. rechter Vorderfuß. 3. linker Hinterfuß. 4. linker Vorderfuß.

Der linke Hinterfuß erhebt sich, sobald der rechte Vorderfuß das Vorschreiten zur Hälfte ausgeführt hat. Der linke Vorderfuß erhebt sich in dem Augenblick, wo der rechte Vorderfuß niedergesetzt wird. Der linke Hinterfuß tritt zur Stütze unter den Rumpf, sobald der linke Vorderfuß sich vom Boden löst. Der rechte Hinterfuß wird auf die Erde aufgesetzt, sobald der rechte Vorderfuß sich aufs neue erhebt.

Tritt der Hund mit dem linken Hinterfuß an, so ist die Folge: 1. linker Hinterfuß.

3 zeigt die linke Front und rechte Diagonale, 4 die linke einseitige Stützung, 5 und 6 die linke Diagonale,

2. linker Vorderfuß. 3. rechter Hinterfuß. 4. rechter Vorderfuß.

Jeder Fuß folgt dem anderen mit einem Intervall, der ungefähr dem zu einem Schritt erforderlichen Zeitraum entspricht. Hieraus ergibt sich nachstehende Folge des Auftretens: 1. linkes Fußpaar. 2. linke Diagonale. 3. rechtes Fußpaar. 4. rechte Diagonale.

Zu bemerken ist, daß der rechte Vorderfuß sich im Bruchteil einer Sekunde früher heben muß, bevor der rechte Hinterfuß auftritt, oder umgekehrt, der linke Vorderfuß, ehe der linke Hinterfuß auftritt.

Geschieht dies nicht, so ist der Hund gezwungen, die Hinterpfoten neben oder vor die Vorderpfoten zu setzen, um einen Zusammenstoß der Pfoten zu vermeiden. Bei Pferden nennt man es Schmieden, es führt zum Heruntertreten der Eisen und zu Hufverletzungen.

Je nach Körperbau, Rasse, Alter, Gewicht kann man bei Hunden unterschiedliche Schrittlängen und Gehweisen beobachten.

1. Kurze oder kraftvolle Schritte. Wir finden sie bei allen Zugtieren, Pferden, Zugochsen und auch bei den Zughundrassen, einzelnen Kampfhundrassen und anderen schwergewichtigen, kräftigen Hunden. Diese Hunde sind meistens, mit kurzem Hals und oft kräftigem Kopf, insgesamt breit und muskulös gebaut, tief zum Boden gestellt, mit muskulösen relativ kurzen Beinen, über einer entsprechend großen Standfläche.

Bei schweren Tieren, die vorwiegend für schwere Arbeit gebaut sind, ist der Knochenbau dafür entsprechend eingerichtet. Ihre Knochen dienen weniger als Kraft- sondern mehr als Gewicht-Hebel. Humerus (Oberarm) und Femur (Oberschenkel) sind im Verhältnis länger als Radius (Unterarm) und Tibia (Unterschenkel). Der Winkel zwischen ihnen ist größer, d. h. sie sind steiler gestellt.

Auch haben sie meist breitere, etwas kürzere und steiler gestellte Schulterblätter. Diese sehr interessanten Proportionsverhältnisse der Gliedmaßen werden später noch eingehender beschrieben werden.

Bei schweren, breiten Hunden dominieren die Dreibeinstützen, sie wechseln von »hintere Dreibeinstütze« zu »vordere Dreibeinstütze«.

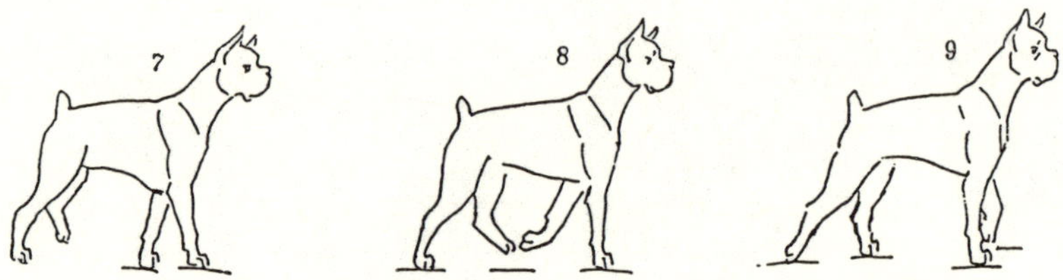

Bild 7 die rechte und linke Vorderhand, sowie die linke Hinterhand, 8 die rechtsseitige Stütze und Bild 9 das Ende des Schrittes.

Oft kann man bei diesen Hunden ein ausgeprägtes Hin-und-her-seitwärtspendeln des Rumpfes bemerken. Das kommt daher, daß sie die Zweibein-Stützphase gleichseitig entweder rechts oder links ausführen. Die »diagonale Stützphase«, die man bei anderen, leichteren Hunden feststellen kann, fehlt ihnen logischerweise, da bei ihnen, wie oben gesagt, Unterarm und Unterschenkel relativ kurz sind.

2. Der »normale« Hundeschritt: Bei 80 Prozent aller Hunderassen, insbesondere beim ruhigen Traben, zeigt die Fußspur, daß der Hinterfuß genau in die Fußspur der Vorderpfote tritt. Die Gliedmaßen befinden sich dabei diagonal immer in der gleichen Bewegungsphase.

Aber: die Vordergliedmaße fußt einen kurzen Augenblick vor der diagonalen Hintergliedmaße, und die andere Vorderextremität hebt sich ein weniges vor der diagonalen hinteren vom Boden. Folge: Die fußende Hinterpfote schiebt sich so unter die gerade anhebende, gleichseitige Vorderpfote, *daß die vorderen und hinteren Trittsiegel genau aufeinander zu liegen kommen.* Dies ist eine sehr ausdauernde, fließende und kraftsparende Gehweise.

Der zu wenig vorgreifende Schritt der Hinterhand wird verursacht durch zu langen Rücken, ungünstige Gliedmaßen- und Rumpfproportionen und ungünstige Winkelung der Gliedmaßen.

Das Übergreifen der Hinterpfoten vor die Vorderpfoten wird ebenso durch unproportionierten Körperbau hervorgerufen: oft sehr kurzer Rücken, bei steilen geraden Schultern und zu stark gewinkelter Hinterhand.

3. Der weitausgreifende Schritt muß ebenso ein Übergreifen der Hinterpfoten vor die Vorderpfoten ergeben, wenn die Körperproportionen unausgeglichen sind. Dabei ist meist der Rücken, proportional zu den Beinen kurz, bzw. umgekehrt, die Beine zu lang im Verhältnis zum Rücken.

Daher würden die weitausgreifenden Hinterläufe, wegen des zu geringen Abstandes, auf die Vorderfüße treten.

Um diesem auszuweichen, wird die Hintergliedmaße des Hundes etwas schräg zur Bewegungsrichtung gestellt, um jetzt mit der fußenden Hinterpfote auf der einen Seite innen, auf der anderen Seite außen, an den noch stemmenden Vorderpfoten vorbeigreifen zu können. Mehr darüber bei den verschiedenen Trabformen.

DER TRAB

In den vier Zeichnungen ist die rechte und die linke Diagonale beim Traben gezeigt und die zwei Stützpunkte (Bild 1 und 3). Die Bilder zwei und vier veranschaulichen das Schweben nach jeder Diagonale. Um diese forcierte Gangart länger durchzuhalten, muß der Hund einen eigens dazu gebauten Körper haben. Dieser muß länger als hoch sein, um eine korrekte Arbeit der Vor- und Hinterhand zu ermöglichen (siehe Deutscher Schäferhund).

Der Trab ist die beschleunigte Gangart, in der die Tiere am längsten aushalten, ohne zu ermüden. Der Trab ist ein Zwei-Takt-Gang und der einfachste von allen. Die Reihenfolge ist eine Diagonale nach der anderen, also: die linke Vorderhand und rechte Hinterhand bewegen sich gleichzeitig, bis sie von der rechten Vorderhand und linken Hinterhand abgelöst werden. Die diagonalen Gliedmaßen befinden sich in der Bewegungsfolge in annähernd der gleichen Phase. Der Schwerpunkt wird dabei ausschließlich von diagonalen Zweibeinstützen unterstellt.

Im Trab kann man, anders als beim Schritt, beim Hund *keine* pendelnden Seitwärtsbewegungen von Kopf oder Rumpf beobachten. Beim Schritt wird der Schwerpunkt in Richtung der jeweils ausgreifenden Gliedmaße nach vorne *geschoben*, während beim Trab der Schwerpunkt, durch kräftige Muskelkontraktionen der diagonalen Gliedmaßen, federnd in der Bewegungslinie nach vorne *geworfen* wird. Dieses ermöglicht trotz erheblicher Beschleunigung eine kraftsparende Vorwärtsbewegung.

Der Trab zeigt die Vorzüge oder Fehler des gesamten Hundekörpers mehr als jede andere Gangart. Die tragenden, schwebenden und vorgreifenden Aktionen der Vorder- und Hintergliedmaßen werden beim Trab von den Rückenmuskeln, die im einfachen Schritt ganz entspannt sind, noch zusätzlich unterstützt. Mit ihrer Hilfe wird sowohl das Heben des Vorderteils, wie der Schub der Hinterhand, verstärkt.

An der guten Trableistung erkennt man eine gute Schulter, kräftige, lange Kruppe und eine starke Lendenverbindung, gute Winkelung und Proportion der Gliedmaßen und die Qualität der Muskeln und Bänder.

Alle Gangarten ergeben einen Stoß auf die Vorderhand. Nur die richtig gelagerte Schulter vermag den Stoß federnd aufzufangen und ermöglicht so eine stoßfreie, störungsfreie, fließend anschließende Weiterbewegung. Wie ich schon sagte, läßt sich dieses sehr leicht ablesen an den Bewegungen des Widerristes. Wenn er sich gleichmäßig und ruhig bewegt, ist dies nicht nur ein Zeichen für gute Körperkonstruktion und eine gut gebaute Schulter, sondern auch und vor allem ein Zeichen für einen ausdauernd laufenden Hund.

Der geworfene Trab ist eine Trabform, die häufig bei Rassen von quadratischem Format, mit steiler Gliedmaßenstellung z. B. Terrier, Pinscher vorkommt. Hierbei bewegen sich zwar die Gliedmaßen wieder diagonal, aber zwischen dem kräftigen Abstoßen des einen Gliedmaßenpaares und dem Auffangen durch das andere, befindet sich eine freie Schwebephase.

Der kräftige Gang wirkt steppend und wird von vielen als besonders reizvoll empfunden. Tatsächlich ist diese Trabform aber sehr anstrengend für das Tier. Wenn die vorderen Gliedmaßen steil gestellt sind, wird, um mit möglichst weitausgreifendem Schritt den Schub der kräftiger gewinkelten Hinterhand auszugleichen, das Hangbein stechschrittartig möglichst hochgehoben und weit ausgreifend nach vorne geführt. Da hierbei die Schulter weniger elastisch ist, ermüdet der Hund unter der Anstrengung sehr schnell. Auch kann es vorkommen, daß der Hund sich nach vorn überschlägt, weil die Schubkraft der Hinterhand vorn nicht mehr aufgefangen werden kann.

Der geschwungene Trab wird von Hunden mit größerer Schrittlänge bevorzugt. Wieder arbeiten die Gliedmaßen diagonal synchron, die freie Schwebephase fehlt; während das eine Beinpaar fußt, steht das andere noch mit dem Boden in Berührung. Die weit nach vorn ausholende Hintergliedmaße führt einerseits dazu, daß der Hund etwas schief zur Bewegungsrichtung läuft, bewirkt aber auch einen beträchtlichen Vorwärtsschub. Das führt aber auch zu einer stärkeren Belastung der Vordergliedmaßen und zeigt sich oft im starken Durchtreten des Vorderfußwurzelgelenkes besonders bei schweren und überbauten Hunden.

Der übereilte Trab, z. B. die forcierten Trabaktionen der Schäferhunde, ist eine schnelle Trabform, die aber sehr stark ermüdet. Ihre Besonderheit ist, daß die Hintergliedmaße etwas früher als die diagonale Vordergliedmaßen fußt und für einen kurzen Augenblick den Körper allein unterstützt. Man könnte darin eine Vorstufe des Schwebens sehen, wo der Körper dann eine Zeitlang ohne jede Unterstützung mit dem Boden ist.

Der Paß ist eine ganz abweichende Zwei-Takt-Gangart, über die häufig diskutiert wird. Man erkennt Hunde, die »Paß« gehen, sofort daran, daß ihr Körper beim Gehen hin- und herschwingt, was zumindest ungewohnt aussieht und nicht bei allen Rassen erwünscht ist.

Anders, als bei den anderen Schrittarten, arbeiten nämlich die Gliedmaßenpaare *nicht* diagonal, sondern das *gleichseitige Gliedmaßenpaar* arbeitet annähernd oder vollkommen phasengleich zusammen. D.h. daß Vorder- und Hintergliedmaße rechts gemeinsam vorschwingt, dann die gleiche Aktion auf der anderen Seite.

Dabei wird der Körperschwerpunkt nicht diagonal sondern einseitig gestützt und daher über die Mittellinie hin- und hergeschoben.

Allerdings ist der Paß aber eine Gangart, die wenig ermüdet. Napoleon bevorzugte Paßgänger vor allen anderen Pferden, und er hatte auf seinen langen ausgedehnten Märschen bestimmt Zeit und Gelegenheit, zu vergleichen.

Früher galt der Passer als ausgesprochenes Damenreitpferd. Wohl deshalb, weil diese Gangart ein weiches, wiegendes und vor allem stoßfreies Bewegen des Körpers verursacht.

Im Pferde-Rennsport wurde diese Gangart viel diskutiert. Man fand bald heraus, daß Passer, die mit Normaltrabern liefen, diesen in jeder Weise überlegen waren. Argumente wurden dann gesucht, und es erwies sich, daß junge Tiere, ehe sie noch richtig Herr über ihre Glieder sind, im Paß gehen. Es läßt sich also feststellen, daß der Paß eine Gangart ist, die den Körper des Tieres entlastet. An ihm wäre also nichts auszusetzen, wohl aber an den möglichen Ursachen des Paßganges.

Man beobachtete den Paßgang auch bei Trabern, die unter dem Rennen lahmten oder stark ermüdeten. Deshalb wurden die Pferde, die in Paß verfielen, disqualifiziert. Man glaubte annehmen zu müssen, daß diese Gangart Mängel im Bau des Körpers, z. B. zu starke Winkelung der Hinterhand im Verhältnis zur Vorderhand, oder andere, wie mangelhafte Herz- und Lungentätigkeit, verdecke.

Bei einigen Hunden ist der Paßgang ein typisches Rasse-Merkmal. Aber auch, wenn Hunde sehr langsam dahintrotteln, bei ermüdeten oder älteren Hunden, kann man ihn, zeitweise oder dauernd, beobachten.

Paßgang führt bei Ausstellungen oft dazu, daß Hunde, die nicht rassebedingt Paßgänger sind, weniger gut bewertet werden. Wohl aus der Überlegung heraus, daß dies ein Zeichen für schlechte Kondition sei, da der Hund den Paßgang nur bei größerer Erschöpfung wählt. Eine Auffassung, der man in England und Amerika huldigt.

Ich bin auf diese Gangart länger eingegangen, als mancher für nötig halten wird. Das kommt daher, daß ich bei meiner Richtertätigkeit häufig bei Hunden regelrechten Paßgang feststellen konnte. Aber: dies waren Hunde, deren Führer es nicht verstanden, ihr Tier aus der Lethargie zu wecken. Wurden diese Hunde, wie es sein soll, zügig und rasch vorgeführt, wechselten sie augenblicklich vom Pass in einen ordentlichen Trab.

Überhaupt kann man bei Hunden beobachten, daß sie, ohne große Überlegungen, »ganz nach Lust und Laune«, fließend von einer Gangart in die andere überwechseln.

Nicht jeder Hund ist nach seiner Bauart ein Traber oder ein Galopper, was wiederum nicht sagen will, daß er sich deshalb nicht zeitweise im zügigen Trab oder Galopp, wie auch gelegentlich im Paßgang weiterbewegt.

Der Galopp, bei dem wir hier verschiedene Varianten besprechen, ist die schnellste Gangart überhaupt. Hierbei wird der Körper nicht mehr nach vorn geschoben oder geworfen, sondern mit großer Kraft und Schnelligkeit *vorwärtsgeschleudert*, wobei die Gliedmaßen und der ganze Körper zusammenarbeiten.

Der langsame oder ***kurze Galopp***, ist der langsamste von allen, gelegentlich noch langsamer als der Trab. Man findet ihn vor allem bei revierenden Vorstehhunden, beim Stöbern, bei der Folge auf dem Rad. Er ermüdet wenig, gibt aber dem Tier immer Gelegenheit, in eine schnellere Gangart überzuwechseln, ohne daß es ihm viel Mühe macht.

Ebenso ermöglicht er auch, bedingt durch eine Gehweise mit zahlreichen Abstützungen, bei rauhem, unebenen Boden sicher und ohne große Anstrengung das Gleichgewicht zu halten. Auf die hintere Einbeinstütze folgt die hintere Zweibeinstütze und dann, durch Fußen der inneren Vordergliedmaße, eine Dreibeinstütze, die aber nun nicht in die Mitteldiagonale übergeht, sondern, durch Heben des äußeren Hinterbeins, in eine innere Zweibeinstütze übergeht.

Langsamer Galopp

Es ist ein Dreitaktgang. Er beginnt mit dem Erheben von drei Pfoten, der rechte Hinterfuß ist die einzige Stütze. In der zweiten Stellung kommt die rechte Diagonale ins Spiel. Im dritten Bild übernimmt sie allein die Stützung. In der vierten Position stützt die rechte Diagonale und die linke Front. In Bild fünf trägt die linke Front allein das ganze Gewicht. In der letzten Zeichnung stützt wieder der rechte Hinter- und linke Vorderfuß.

Normaler Galopp

Er gehört zu den Viertaktgangarten. 1, 2, 3, zeigen die Stützung durch den linken Hinterschenkel, bei 4 tut es die rechte und die linke Hinterhand, 5 und 6 die linke Diagonale, 7 die linke Front, 8 und 9 die rechte und linke Front. In 10 und 11 stützt die rechte Front. 12 zeigt das Abschnellen zum Schweben oder Fliegen und 13, 14, 15 zeigt den Flug. Von 16 an würde sich die Reihenfolge wiederholen. Der hier gezeigte Galopp ist ein Rechtsgalopp, weil der rechte Vorderlauf führt.

Renngalopp

Er ist ebenfalls eine Viertaktgangart. Charakteristisch ist das zweimalige Abschnellen vom Boden und das zweimalige Fliegen. Die Stützung in der ganzen Bewegungsserie besorgt nur eine Pfote.

Der normale Galopp des Hundes ist meist ein Sprunggalopp. Hierbei wird der Körper mit enormer Schwungkraft von den Hinterbeinen auf die Vorderbeine vorwärtsgeschleudert. Charakteristisch ist die aktive Mitbeteiligung des Rumpfes, der jetzt auch dynamische Funktion hat. Dazu gehören eine bewegliche Wirbelsäule und ausgezeichnete Bemuskelung.

Bis auf die Windhunde, deren Renngalopp noch eigens beschrieben wird, setzen Hunde diese schnelle Gangart nur für kürzere Strecken ein, erreichen jedoch niemals die Geschwindigkeiten wie die Windhunde. Dabei springt der Hund gewissermaßen von der Nachhand auf die Vorhand, d. h. die Hinterbeine schleudern die Rumpfbrücke mit großer Wucht nach vorne.

Die Vorderextremität, nachdem sie die ganze Wucht des Körpers federnd aufgefangen hat, streckt sofort anschließend alle Gelenke, geht vom Stützen in das Stemmen über und bringt den Körper so weiter nach vorne.

Wenn der Hund im Rechtsgalopp über die rechte oder im Linksgalopp über die linke Vordergliedmaße »hinweggerollt« ist, tritt die Schwebephase ein, indem die Brust- und Lendenwirbelsäule maximal gekrümmt werden und die hinteren Gliedmaßen weit nach vorne ausholen. Je nach Schnelligkeit und Länge der Hintergliedmaßen fußen diese hinter oder neben den vorderen, oder aber sie greifen sogar seitlich an den Vorderextremitäten vorbei und setzen *vor* ihnen auf dem Boden auf!

Dabei werden hohe Anforderungen an den gesamten Körper gestellt! Das Körpergewicht, durch die Schwungkraft noch erhöht, wird beim Aufkommen nur von

Renngalopp
bei
Greyhound
Dackel
Bernhardiner

Zwei- oder sogar nur von Ein-Beinstützen aufgefangen. Bei schweren Tieren wird die, den Schwerpunkt zeitweilig allein unterstützende, Vordergliedmaße gelegentlich überbelastet, so daß man ein Durchtreten im Karpalgelenk bemerken kann, was oft zu nachfolgenden Lahmheiten und Humpeln führt.

Der Renngalopp der Windhunde ist die schnellste Bewegungsart überhaupt. Hetzhunde erreichen ca. 60 km/h. Wenn man ihnen zusieht, bemerkt man, daß der Grund ihrer großen Schnelligkeit ist, daß sie *zwei* Schwebephasen haben.

Nachdem sie bei der einen, unter extremer Muskelanspannung, die Brust- und Lendenwirbelsäule maximal gekrümmt haben, *fliegen sie durch die Luft wie eine Kugel.* Die zweite Schwebephase entsteht, indem die langen Rückenstrecker ihre volle Wirkung entfalten. Während der Stütz- und Stemmphase der Hintergliedmaßen strecken sie, durch gleichzeitig maximale Streckung des Rückens, den vorher gespannten Bogen. So entsteht eine zweite, freie Schwebephase.

In maximal gestreckter Haltung, die Gliedmaßen sowohl nach hinten wie nach vorne ausgestreckt, den Rücken entgegengesetzt durchgebogen, *fliegt der Körper jetzt frei durch die Luft wie ein Pfeil,* um erst von der einen, dann von der anderen Vordergliedmaße aufgefangen zu werden.

Wie auf der Zeichnung zu erkennen, wird der Körper viermal und jedesmal von einem anderen Lauf gestützt. Die Stützung erfolgt: Rechte Hinterhand, linke Front; rechte Front, linke Hinterhand. Beim Abschnellen vom Boden sind alle vier Gliedmaßen ausgestreckt und diese beim zweiten

Bewegungen des Wolfes

Zwei, die sich jagen

Im Galopp

unter dem Körper versammelt. Ein Glied, das seine Arbeit beendet hat, bewegt sich zurück und schneidet das kommende.

Diese Gangart ist unweigerlich die schnellste, aber auch die ermüdendste. Die Tiere müssen dafür aber auch einen besonderen Körperbau haben. Die Gliedmaßen müssen im Verhältnis zum Rücken lang sein und kräftig bemuskelt, der Körperbau aber schmal und trotz der Größe nicht schwer.

Windhunde haben, wie wir später sehen werden, neben schlanken und harten Knochen, auch eine ganz besonders ausgeprägte Bemuskelung. Der Brustkorb, von vorne gesehen, ist zwar schmal, dafür aber besonders tief und lang, damit darin das für Windhunde typische, besonders große Herz und die Lungen ausreichend Platz haben.

Auch bei den Windhunden gibt es bemerkenswerte Unterschiede. Der gewölbte Rücken des Barsois z. B. wurde gefördert, um besonders weites Vorgreifen der Hinterhand zu ermöglichen. Dieses Merkmal hat man allerdings übertrieben herausgezüchtet; der Greyhound, im Gegensatz dazu nahezu geradrückig, erzielt die höchsten Geschwindigkeiten. Die Besonderheit des Greyhound ist wiederum die stark abfallende, schräge Kruppe.

Manchem Leser wird es überflüssig erscheinen, daß ich den Gangarten so viel Zeit und Raum gewidmet habe. Aber ich bitte Sie zu bedenken, daß Bewegung im Leben des Hundes alles ist; daß das Äußere des Hundes sogar sehr genau widerspiegelt, wie es »in« ihm tatsächlich aussieht, werden wir im nächsten Kapitel noch ausführlicher erfahren.

Dritter Teil

Vom Beobachten zum Beurteilen

Zuerst: Von Körperform und Leistung der Hunde

»Im Prinzip können Hunde so ziemlich alles, außer Fliegen und mit Messer und Gabel essen« bemerkte einer meiner Freunde einmal ebenso treffend wie humorvoll. Als er angefangen hatte, sich mit den Bewegungsarten des Hundes zu beschäftigen, ging es ihm so, wie es Ihnen vermutlich jetzt auch gelegentlich geht:

Ob es Ihr eigener Hund ist oder ob Ihnen fremde Hunde begegnen, dauernd ertappen Sie sich dabei, daß Sie versuchen, herauszubekommen, welchen »Gang« der eben beobachtete Hund nun wohl gerade »eingelegt« hat. Sie merken, es ist gar nicht so einfach, dies immer richtig zu erkennen. Denn, wie Sie bereits im letzten Kapitel lasen, ist der Hund, ohne größere Vorbereitungen, nicht nur theoretisch jederzeit in der Lage, von einer Gangart in die andere überzuwechseln, sondern er tut dies auch fortlaufend.

Aber, und das ist ganz besonders wichtig: Sie haben soeben, ohne daß es Ihnen so recht zum Bewußtsein gekommen ist, nicht nur angefangen, Hunde zu *beobachten,* sondern die ersten Versuche unternommen, Hunde zu *beurteilen*!

Natürlich haben Sie schon vorher gewußt, daß z.B. Windhunde besonders schnell laufen können. Natürlich haben Sie ebenso einen Bernhardiner, einen Mastino oder einen Rottweiler richtig in die Gruppe der kraftstrotzenden Hunde eingeordnet. Sicherlich würden Sie, auch ohne dahingehend instruiert zu werden, einen Foxel kaum vor einen Schlitten spannen wollen, und eine dicke, schnaufende Bulldogge würden Sie sich kaum als Gefährten für lange Wanderungen auswählen.

Andererseits haben Sie vielleicht auch schon — wenig erfreut — zugeschaut, wie Ihr Teckel hinter einem Hasen herflitzte oder ist es Ihnen noch immer nicht gelungen, Ihrem kleinen Yorkshire abzugewöhnen, Sie mit aller Kraft an der Leine mitzuziehen oder aber: der dicke Bernhardiner aus dem Nachbardorf besuchte, nach kühnem Sprung über den Gartenzaun, höchst unerlaubt Ihre hochzeitsbereite Pudelhündin ...

Und rein gefühlsmäßig haben Sie, wenn Sie diese Überlegung anstellen, bereits den zweiten Schritt vom Beobachten zum Beurteilen getan. Denn, obwohl Sie wissen, wie schnell Ihr Teckel rennen, wie kräftig Ihr Yorkshire ziehen kann, welche Hindernisse ein Bernhardiner gelegentlich überspringt ... werden Sie doch immer »wissen«, welcher Hundekategorie die einzelnen Rassen zuzurechnen sind.

Sie sagen z. B.: »daß *der* so rennen ... ziehen ... springen kann, hätte ich niemals für möglich gehalten ...« Und damit haben Sie den dritten Schritt vom Beobachten zum Beurteilen getan, denn Sie haben richtig beobachtet, daß eine gelegentliche Spitzenleistung eine Ausnahme ist, die der Hund nicht *ausdauernd* über einen längeren Zeitraum erbringen kann.

Jetzt versuchen Sie abzuschätzen, worin sich Hunde, trotz dieser zeitweise ganz ähnlichen Leistungen und Fähigkeiten, doch ganz grundlegend unterscheiden, und Sie stellen fest, daß Sie hierbei mit dem Betrachten rein äußerlicher Rasse- oder Körperformen nicht mehr weiterkommen.

Nur zu oft werden bei besonderen Leistungen die Kraft und die Schnelligkeit gelobt, und viel zu selten wird der wichtigste Bewertungspunkt auch gleichzeitig mit ins Spiel gebracht: Die AUSDAUER. Ganz gleich, welche Vorzüge Ihr Hund zeigen *kann*, entscheidend ist, daß er sie zuverlässig und ausdauernd erbringt. Dies ist grundsätzlich der entscheidende Maßstab zur Beurteilung der, wie auch immer gearteten, Leistung eines Hundes.

Ausdauer, Kraft und Schnelligkeit sind nicht nur praktisch zu erproben, sondern sind, wenn man sich die betreffenden Hunde »richtig« ansieht, das Ergebnis ganz bestimmter körperlicher und rassespezifischer Gegebenheiten.

Also werden Sie nun, um der Sache auf den Grund zu gehen, die Standards verschiedener Rassen studieren: Dort ist dann von feurigem Blick, gemeißelten Muskeln, Adel der Bewegung, kurzem Rücken usw. die Rede, und Sie müssen erkennen, daß Ihnen das auch nicht viel nützt, weil es auch wieder nur die Beschreibung dessen ist, was man außen am Hund sehen kann.

Bei der Beurteilung des Hundekörpers werden wir immer bemerken, daß eine Bauart, die insgesamt zweckmäßig und leistungsfähig ist, auch für unser Auge immer die schönste ist.

Der Hund strahlt etwas, für seine Rasse Eigentümliches, aus: Er wirkt feurig oder drahtig, wachsam und neugierig oder gelassen, seine Bewegungen zeigen sich ausgewogen und selbstsicher.

Je mehr Sie sich damit beschäftigen, werden Sie Unterschiede zwischen den einzelnen Hunden entdecken und herausbekommen, daß der Gesamteindruck, durch hier und da auffallende »Schönheitsfehler«, gestört sein kann. Leider aber sind »Schönheitsfehler«, geht man ihrer Ursache auf den Grund, in Wirklichkeit meist Zeichen tieferliegender, ernsthafter Mängel, die der Laie zunächst nicht »sieht«, weil er die Zusammenhänge nicht kennt.

Daher darf man auch bei der *Bewertung* nicht so verfahren, daß man einem Hund, der einen gravierenden Mangel zeigt, trotzdem gut bewertet, weil er in anderen, aber weniger wichtigen Punkten, sehr gut abschneidet. Auch ist es falsch, in der *Wahl der Zuchttiere* so zu verfahren, daß man einen gravierenden Mangel durch einen Vorzug, schlimmer noch: durch einen entgegengesetzten Fehler, auszugleichen versucht, denn dies schafft noch mehr Disharmonie und macht das Übel größer.

Ich will versuchen, dies an einigen Beispielen zu erklären. Wenn ein, im Rücken und den Gliedern einwandfrei gebauter, Hund keinen genügend breiten und tiefen Brustkorb hat, um den inneren Organen Herz und Lunge genügend Raum zu geben, so wird dieser Hund, trotz einiger unbestreitbarer Vorzüge, immer in Leistung und Ausdauer enttäuschen.

Ich erinnere mich noch sehr gut an die Prüfungen während des Krieges, in denen die Hunde erst zehn Minuten revieren und dann verbellen mußten. Wie viele Hunde brauchten eine geraume Zeit, bis sie Atem zum Verbellen hatten. Hier versagten die inneren Organe, die sich, trotz wahrhaft ausdauernden Trainings, nicht entwickeln konnten, weil einfach nicht genügend Platz für sie da war. Wir werden später noch genauer sehen, wie das zu verstehen ist.

Als weiteres Beispiel fällt mir dazu aus der Boxerzucht ein Stamm ein, der auf »Saxonias Assan« zurückgeht. Bei allen Hunden war der Brustkorb ganz »vorschriftsmäßig«, und Herz und Lunge waren gut. Aber: die Hinterhand war zu wenig gewinkelt und leer in den Keulen.

Viele Hunde mit dieser Blutlinie hatten blendende Brust und Vorhand, die Hinterhand jedoch zeigte immer wieder den gleichen Mangel. Eine Anzahl von ihnen ist nach Sprüngen über Hindernisse zusammengebrochen. Bei anderen stellten sich in kürze Hüftgelenksentzündungen und Lahmgehen ein. Es leben heute noch Nachkommen in sechster und siebenter Generation nach diesem Rüden, bei denen sich dieser Fehler erhalten hat.

Dies zeigt, daß ein Vorzug allein für eine gute Bewertung nicht ausreicht, und wie wichtig ein insgesamt ausgewogener, harmonischer Körperbau ist. Denn der Sinn der Bewertung ist ja nicht in erster Linie darin zu sehen, daß ein bestimmter Hund so und so viele Urkunden heimbringt, sondern letztlich nur darin, die für die Rassenerhaltung oder Verbesserung geeignetsten Tiere herauszufinden und die weniger geeigneten möglichst nicht zur Zucht zuzulassen.

Heute gibt es, neben den Freunden der Rassehundzucht, noch eine andere Gruppe, die an den Bemühungen und Zuchtzielen der Rassehundzucht kein gutes Haar läßt. Vielfach haben diese Leute einen guten, gesunden, leistungsfähigen Hund, dessen Abkunft sich allerdings nicht klären läßt.

Sie sagen — und in ihrem Falle mit Recht — daß *dieser* Hund alle an ihn gestellten Erwartungen voll erfüllt, sogar besser, als mancher Rassehund. Aber, ein Hundeleben ist kurz, und wenn dann eines Tages ein neuer Hund ins Haus soll, geht die Schwierigkeit los: Es soll wieder ein genau so guter Hund sein, wie es der alte war — aber: Woran erkennt man das?

Ähnlich war auch der Beginn der Rasse-Hundezucht. Zunächst wurde mit Hunden, die sich bei bestimmten Aufgaben besonders bewährt hatten, weitergezüchtet, in der richtigen Überlegung, daß sie diese Eigenschaften auch auf ihre Nachkommen weitervererben würden.

Sehr bald beobachtete man, daß bestimmte *körperliche Merkmale* zugleich mit bestimmten *Fähigkeiten* zu verzeichnen waren und suchte nun Hunde nach ihrem Äußeren für die Zucht aus. Auch wurde es reizvoll, neue Rassen mit noch besseren Qualitäten zu züchten.

Das wichtigste aber war, zumindest die gleichbleibende oder sogar möglichst noch bessere Qualität der Rasse zu erreichen! Zu diesem Zweck wurden die bevorzugten und bewährten Wesens- und Körpermerkmale dieser Hunde in den Standards festgelegt. Damals waren es zunächst *praktisch erprobte* körperliche Eigenheiten, es wurde vorwiegend auf »Leistung« gezüchtet.

Dann aber ging man leider zunehmend dazu über, Hunde mit immer ausgeprägteren rassespezifischen Merkmalen zu züchten, weil ja der Laie zunächst annahm, ein Hund, der die Merkmale einer Rasse ganz besonders hervorstechend zeigte, müsse eben durch und durch besonders geartet sein. Man züchtete auf »Schönheit« — und leider hat dies, oft aus Unkenntnis dessen, was dabei angerichtet wurde, heute in viele Rassen große Mängel hereingebracht.

Wie ist das möglich? Die Frage kann man nur beantworten, wenn man sich etwas mit dem Körperbau des Hundes vertraut macht. Dabei müssen wir davon ausgehen, daß, trotz der großen Unterschiede zwischen den einzelnen Rassen, das Knochengerüst, die Bemuskelung, die Organe nach dem gleichen Grundprinzip angelegt sind. Ein Chihuahua und ein Bernhardiner haben die gleiche Anzahl Knochen, Muskeln, Nerven, Organe. Daß die Hunde trotzdem nicht nur so unterschiedlich aussehen, sondern auch ganz erhebliche Leistungsunterschiede zeigen, liegt einzig und allein an den stark veränderten *Proportionen und Größenunterschieden* sowohl der Knochen wie auch der inneren Organe.

Erste Übersicht über das Skelett des Hundes

Wenn Sie die auf den folgenden Seiten abgebildeten Skelettzeichnungen von Greyhound, Schäferhund, Boxer und Dackel betrachten, wollen wir weniger die Unterschiede, sondern zunächst den allen gemeinsamen allgemeinen Aufbau des Skeletts betrachten.

Am Körper jedes Hundes erkennen wir verschiedene Abschnitte: Kopf, Rumpf und Gliedmaßen. *Das Skelett schützt und stützt*: Es ist das innere knöcherne oder knorpelige Gerüst, an dem die Muskeln und Sehnen befestigt sind und umhüllt außerdem in seinen Höhlen (Schädel, Brust, Augenhöhle usw.) empfindliche Organe; außerdem sind die wichtigen Organe Gehirn und Rückenmark schützend in das Innere der Knochen selbst eingelagert.

Das Skelett ist, da das Tier sich bewegen muß, nicht starr, sondern aus vielen einzelnen Teilen, den Knochen, zusammengesetzt. Diese Knochen sind entweder fest oder mit Gelenken und durch Muskeln und Sehnen miteinander verbunden.

Die Wirbelsäule, eine große Knochensäule, die den Körper des Hundes vom Kopf bis zum Schwanz der Länge nach durchzieht, bildet, in mehrfacher Hinsicht, die Hauptachse des Körpers.

Die Wirbelsäule besteht aus einer größeren Anzahl von Knochen, die, beweglich miteinander verbunden, aneinander gereiht sind.

In der Mitte des Wirbelbogens erhebt sich der obere Dornfortsatz, der den Muskeln zur Anheftung dient, die seitlichen Fortsätze heißen Querfortsätze. Von dem Wirbelkörper aus erheben sich nach der Rückenseite je zwei Bogen, die miteinander verschmelzen und einen Ring bilden. Die

Vom Schäferhund (Normalhund) abweichende Skelettveränderungen verstärkt gezeichnet.

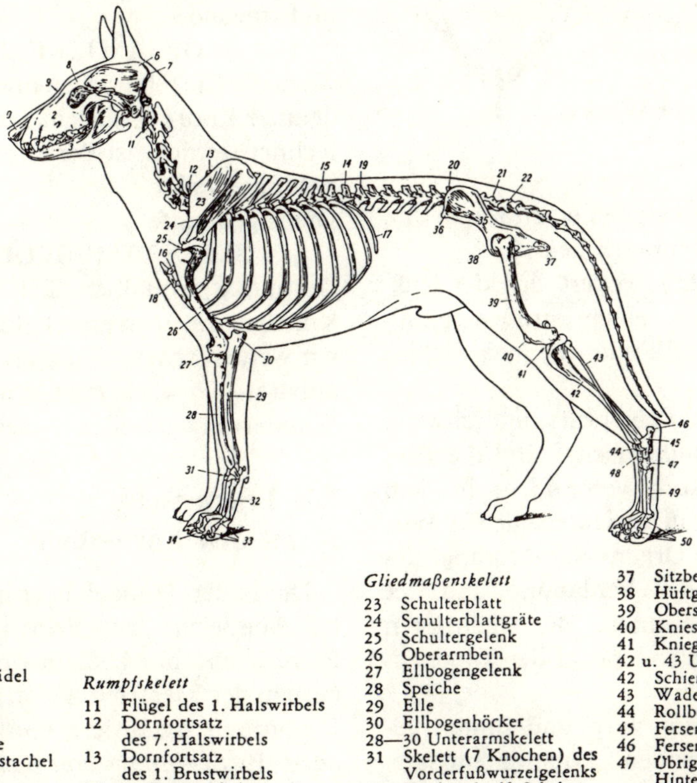

Kopfskelett

1 Hirnschädel
2 Gesichtsschädel
3 Unterkiefer
4 Augengrube
5 Jochbogen
6 Scheitelleiste
7 Hinterhauptstachel
8 Stirnhöcker
9 Stirnabsatz (Stop)
10 Nasenknorpel

Rumpfskelett

11 Flügel des 1. Halswirbels
12 Dornfortsatz des 7. Halswirbels
13 Dornfortsatz des 1. Brustwirbels
14 13. Brustwirbel
15 Diaphragmatischer oder Wechselwirbel
16 1. Rippe
17 13. Rippe

Gliedmaßenskelett

23 Schulterblatt
24 Schulterblattgräte
25 Schultergelenk
26 Oberarmbein
27 Ellbogengelenk
28 Speiche
29 Elle
30 Ellbogenhöcker
28—30 Unterarmskelett
31 Skelett (7 Knochen) des Vorderfußwurzelgelenks
32 Vordermittelfußskelett (5 Knochen)
33 Zehenglieder der Vorderpfote mit Zehengelenken
34 Krallenbein
35 Becken
36 Hüfthöcker
37 Sitzbeinhöcker
38 Hüftgelenk
39 Oberschenkelbein
40 Kniescheibe
41 Kniegelenk
42 u. 43 Unterschenkelskelett
42 Schienbein
43 Wadenbein
44 Rollbein
45 Fersenbein
46 Fersenbeinhöcker
47 Übrige fünf Knochen des Hinterfußwurzelskeletts
48 Hinterfußwurzel- oder Sprunggelenk
49 Hintermittelfußskelett (4 Knochen)
50 Zehenglieder der Hinterpfote mit Zehengelenken

Das Knochengerüst des Hundes am Beispiel des Deutschen Schäferhundes
(Aus Seiferle, Neue Hundekunde)

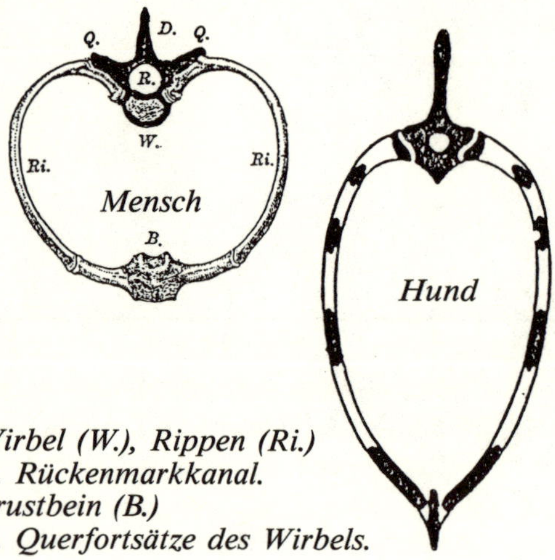

Wirbel (W.), Rippen (Ri.)
R. Rückenmarkkanal.
Brustbein (B.)
Q. Querfortsätze des Wirbels.

Ringe aller Wirbel stellen einen Kanal dar, in dem das Rückenmark liegt.

Am Vorderende erweitert sich der Rükkenmarkskanal zu einem großen Hohlraum, der Schädelhöhle, die das Gehirn umschließt.

Mit den Wirbeln einerseits und teilweise dem Brustbein andererseits, sind die Rippen zum Brustkorb verbunden, in dem sich, wie an der ganzen Unterseite der Wirbelsäule, sich die Organe der Atmung, des Blutkreislaufes, der Verdauung und der Fortpflanzung befinden. Die wichtigsten und empfindlichsten sind in der knochengeschützten Höhle.

Der Körper wird vorn und hinten gestützt durch die beiden Extremitätenpaare. Durch die Muskeln, die den ganzen Körper des Hundes überspannen, werden die einzelnen, beweglichen Skeletteile auch bewegt. Erst die Bemuskelung gibt dem Körper den Zusammenhalt und die Kraft, sich zu bewegen.

Sehr treffend spricht man vom »Bewegungsapparat« des Hundes. Das stützende und tragende

GESAMTSKELETT

wozu die Einzelknochen und die sie verbindenden Knorpel, Gelenke und Bänder gerechnet werden, ist der sog. passive, unermüdbare Teil.

Die sogenannte

SKELETTMUSKULATUR,

der aktive, ermüdbare Teil, verwandelt das Knochenskelett in ein HEBELWERK, und wir werden sehen, daß dieser »Bewegungsapparat« wirklich ein technisch perfektes Wunderwerk ist oder — sein sollte.

Die Lebensweise formt den Körperbau

Die in den Hundebüchern oft verwendeten Vergleiche mit dem Körperbau des Pferdes sind nur bedingt richtig. Der Körperbau der Tierarten hat sich im Laufe der Evolution spezialisiert, und es besteht eine *enge Verflechtung von Lebensraum, Lebensweise und Lebensbedingungen, denen der zwar ähnliche, aber im Einzelfall deutlich veränderte, anatomische Körperbau sich angepaßt hat.*

Das Pferd ist keinesfalls, wie es einem bei diesen Vergleichen erscheint, ein größerer Prototyp des Hundes, sondern ein Tier völlig anderer Lebensweise. Bereits durch die unterschiedliche Ernährung bedingt, benötigt der Pflanzenfresser mengenmäßig sehr viel mehr Nahrung, was sich auch in seinem daher sehr viel voluminöserem Körper ausdrückt.

Dieser größere Körperbau verlangt sowohl nach ganz anders strukturiertem, kräftigem Knochenbau, wie auch nach diesen zusätzlich tragenden Sehnen und Bändern (die, wie die Knochen, zum passiven, unermüdbaren Teil gehören), die hierbei einen Teil der Aufgabe übernehmen, der beim Hund bereits von Muskeln übernommen wird.

»Der Hund ist ein Fleischfresser« —

man sagt es so leicht dahin und denkt dabei vorwiegend an die Fütterung, ohne sich darüber klar zu sein, daß auch die gesamte Körperkonstruktion des Hundes diesen besonderen Bedürfnissen entspricht. Fleischfressen bedeutet einerseits, daß mengenmäßig erheblich geringere, weil konzentriertere, Nahrungsmengen den Bedarf decken, aber auch andererseits, daß diese Nahrung erst beschafft, d. h. gejagt und erlegt werden muß.

Das bedeutet aber auch, daß der Körper des Hundes weniger voluminös und daher auch leichter gebaut sein kann. Nicht nur das: Er muß nicht nur leichter, sondern muß auch wendiger und bewegungsaktiver sein. Letztlich ist die ständige, ausreichende Bewegung nicht nur wegen des Nahrungserwerbes wichtig, sondern unerläßlich, damit der Körper zunächst überhaupt den Anlagen entsprechend geformt wird und dann auch in Form bleibt.

Daher kennzeichnet, vollständig und richtig verstanden, der Begriff »Fleischfresser« auch andere typische und grundlegende Lebensbedingungen sowohl des Wild- wie des Haushundes.

Ursprünglich ein Laufraubtier, weist sein Körperbau noch heute die dafür spezifische Konstruktion auf und reagiert mit empfindlichen Störungen und Beeinträchtigungen, wenn durch züchterischen Unverstand das maximal Machbare herbeigezüchtet wird.

Die Lebensweise der Laufraubtiere forderte und ermöglichte, daß sie bei größter körperlicher und geistiger Wendigkeit kraftvoll, schnell und ausdauernd waren, alles Eigenschaften, die auch für die Beurteilung des Haushundes zu den wichtigsten Wertmaßstäben gehören.

Die Forderung nach einem körperlich ausgewogenen Hund schließt ja auch die nach psychischer Balance ein. Beides steht in sehr viel engerem Zusammenhang, als gemeinhin angenommen wird. Dies ist wohl auch der Grund dafür, daß viel zu selten danach gefragt wird, ob die extremen Hundetypen dies überhaupt hergeben können.

Vom Skelett des Hundes

Die Knochen

Schon ein erster Blick auf die verschiedenen Hundeskelette zeigt, daß sie nicht nur rassemäßig unterschiedlich gestaltet sind, sondern daß jedes Skelett an sich bereits aus einer Vielzahl sehr unterschiedlich geformter Knochen besteht.

Das kommt daher, daß sie, je nach ihrer Anlage im Skelett, ganz unterschiedlichen und mannigfachen statischen und dynamischen Beanspruchungen von außen ausgesetzt sind. Knochen sind in der Ausbildung ihrer Form sowohl von den anliegenden Organen, besonders aber von den Muskeln abhängig.

Es fasziniert, wenn man entdeckt, wie sinnvoll und zweckgebunden solch ein Lebewesen bis in die kleinsten Einzelheiten, aus der ständigen Wechselbeziehung zwischen Funktion und Form, entstanden ist.

Bereits in der vorgeburtlichen Skelettentwicklung wird der Aufbau der einzelnen Knochenteile und die Aufeinanderfolge ihrer Entwicklung deutlich. Stark vereinfacht gesagt, ist die Knochen- und Muskelbildung die Reaktion auf verschiedene Druck- und Zugverhältnisse im wachsenden Organismus. Durch Druck entstehen Knochen, durch Zug Bindegewebe und Muskeln; Knorpel sind sozusagen die, dem einwirkenden Druck entgegenstrebenden, Knochenenden.

Innerhalb des einzelnen Knochens entstehen dabei die verschiedenen Zug- und Drucklinien, denen dann entsprechende des angrenzenden Knochens gegenüberstehen, wie ihnen aber auch die Fasern der zu diesem Knochen gehörenden Muskeln entsprechen. Obwohl diese Zusammenhänge für das Verständnis des ganz nach seiner Funktion entstehenden Skeletts sehr interessant sind, soll es bei dieser Erwähnung bleiben. Allerdings werden wir später noch auf die Ursachen verschiedener Wuchsformen bei extremen Rasseunterschieden kommen.

Gleich nach der Geburt ist das Skelett allerdings noch nicht fertig ausgeformt und sehr gering gefestigt; erst im Laufe des Wachstums wird nach und nach das anorganische Material, das beim ausgewachsenen Tier dann etwa 85% des Knochens ausmacht, eingelagert.

Das bedeutet aber auch, daß es während des Wachstums, selbst bei Welpen mit gesunder Veranlagung, zu schweren Knochendeformationen kommen kann. Die Gründe dafür sind entweder unsachgemäße Fütterung oder frühzeitige Überbelastung oder aber sogar beides.

Kein Welpe wird, um es gleich hier zu sagen, mit Hüftgelenksdysplasie geboren. Sie entwickelt sich, sicherlich überwiegend aufgrund genetischer Veranlagung, aber auch als Folge von Aufzuchtfehlern im ersten Lebensjahr und ist, wenn sie bemerkt wird, nicht mehr korrigierbar.

Statisch beansprucht werden die Knochen durch den Zug an den in den Knochen verankerten Sehnen und Bändern, vor allem aber durch den auf ihnen lastenden Druck. Knochengewebe, zeitlebens formbares Substrat in ständigem Umbau, hat sowohl biologische Anpassungsfähigkeit, wie auch Regeneriervermögen. Wir kennen dies z. B. bei der Heilung von Knochenbrüchen. Knochen haben nicht nur Stütz- und Schützfunktion, sondern sind darüberhinaus selbst lebendige Organe. Sie haben die Aufgabe, Mineralstoffe zu speichern und wieder abzugeben und sind an der Blutbildung beteiligt.

Daher ändert sich ihre Form, Struktur und Zusammensetzung während des ganzen Lebens: Allgemein bekannt ist, daß dies geschieht, wenn mehr Mineralstoffe entnommen, als mit der Nahrung zugeführt werden; weniger bekannt ist, daß sie sich auch stark verändern können, wenn sie einseitig oder zu wenig beansprucht werden.

Es ist daher ganz interessant, wenn wir den Knochen und ihrer Zusammensetzung unsere Aufmerksamkeit schenken.

Werfen wir einen Knochen ins Feuer, so sehen wir, daß er sehr schön brennt; das Feuer zerstört alle brennbaren (organischen) Bestandteile, und wir können zum Schluß, wenn wir vorsichtig sind, einen scheinbar unversehrten Knochen vom reinsten Weiß herausholen, der seine Gestalt scheinbar gar nicht verändert hat. Aber wir irren uns; was wir jetzt in den Händen halten, ist reines Kalkgebilde, welches im höchsten Grade spröd und brüchig ist.

Wir können den Knochen auch durch Lösung in Säuren entkalken. Denken Sie an die weich gewordenen Gräten beim Brathering oder an die weichen Knöchelchen bei einer Sülze, die man ohne weiteres zerbeißen kann. In beiden Fällen bleiben zwar Gestalt und Volumen des Knochen unverändert, er wird aber entweder sofort zersplittert oder sich elastisch biegen lassen.

Ein Sprichwort sagt: Jedes Kind kostet der Mutter einen Zahn. Es beruht auf der Beobachtung, daß tatsächlich eine Wechselwirkung zwischen der Mutter und dem Kinde besteht.

Kann die Mutter nicht genug Aufbaustoffe, vor allem Kalk, aus der Nahrung ziehen, so gibt sie diese aus den eigenen Reserven ab. Da das Skelett der Welpen bei der Geburt noch nicht mineralisiert ist, kommt die Hauptlast auf die Hündin erst in der Säugeperiode zu. Da heißt es dann besonders sorgfältig zu sein.

In einem niederbayerischen Zwinger konnte ich diese Folgen besonders deutlich beobachten: Die Hunde werden dort gut ernährt und befinden sich in einwandfreiem Futterzustand. Die Hündinnen bringen auch zunächst ein und zwei sehr schöne Würfe; aber bei den dann folgenden weisen die Jungen in einem erschreckend ansteigenden Maße rachitische Störungen auf. Dies fiel auf, als es nicht nur bei einer einzelnen Hündin, sondern bei verschiedenen Muttertieren der Fall war.

Die Fütterung war jeweils reichlich, doch wurde den Zuchttieren als Eiweißfutter nur Milch und Muskelfleisch verabreicht. Es fehlte also der Kalk, den das säugende Muttertier notfalls aus dem eigenen Körper an die Welpen abgibt. Sind diese Reserven erschöpft, treten schwere Störungen nicht nur bei der Hündin, sondern auch bei den Welpen auf.

Daher können unsachgemäß aufgezogene und gehaltene Hunde schwere Fehler des Knochenbaus zeigen. Darauf einzugehen, würde hier zu weit führen, doch darf der Hinweis nicht unterbleiben.

Die Qualität der Knochen ist von äußerster Wichtigkeit und trägt entscheidend bei zum anatomisch einwandfreien und gesunden Hund.

Rassemäßig unterschiedlich wird sowohl einerseits ein feinerer, wie auch andererseits ein kompakterer Knochenbau verlangt.

Der feinere Knochenbau muß aber, um seine Funktion zu erfüllen, eben sehr viel härter sein. Als besonderes Beispiel seien hier die Windhunde genannt, die auffallend lange und schmale Knochen haben, die aber besonders hart sind.

Bei vielen Rassen, so z. B. auch beim Boxer, galten dicke, schwere Knochen als Trumpf — solange, bis sich herausstellte, daß beim Züchten auf dieses Merkmal hin die Knochen nicht mehr, wie außerdem gefordert, von »Stahl und Eisen« waren, sondern dazu neigten, porös zu sein.

Bei der Geburt sind die Knochen zwar bereits »in der Planung«, aber noch keinesfalls fertig ausgeführt. Sie bilden ihre endgültige Form zu unterschiedlichen Zeitpunkten fertig aus.

Das Skelett ist in bewunderungswürdiger Weise gebaut nach dem Prinzip: *Maximum an Leistung bei gleichzeitig höchstmöglicher Materialeinsparung und Gewichtsverminderung,* und entwickelt dabei, wie wir später bei der Hebelwirkung sehen werden, eine für uns unerwartete Konstruktion.

Wir können verschiedene Knochenformen erkennen: In den Extremitäten die langen *Röhrenknochen,* die innen hohl und so erheblich belastbarer sind. Als Beispiel sei dabei an ein Strahl*rohr* erinnert, das weniger biegsam ist als ein Stahl*stab.* Überher umschließen die Röhrenknochen noch ein Organ, das Knochenmark.

Weiterhin finden wir *platte oder breite Knochen,* die aus je zwei kompakten Knochentafeln übereinander bestehen, z. B. Schulterblatt, Rippen, Darmbein und zahlreiche Kopfknochen.

In der Wirbelsäule oder den Fußwurzeln finden wir *kurze Knochen,* diese haben unregelmäßige, würfelförmige oder rundliche Gestalt.

Erwähnt werden sollen noch die Sehnen- oder Sesambeine. Sie entstehen, wo Sehnen starkem Druck durch die knöcherne Unterlage ausgesetzt sind. Entweder sind sie in die betreffende Sehne selbst eingelagert (z. B. die Kniescheibe) oder sie bilden, durch Bänder mit dem Nachbarknochen verbunden, die Gleitfläche für die Sehne.

Mit Ausnahme der Wirbel, einiger Kopfknochen und des Brustbeins sind die Knochen immer paarig und einander spiegelbildlich gleich.

Jeder Knochen hat »innerlich« sozusagen ein eigenes Gerüst, seine bestimmte Struktur. Es sind Verstrebungen, ein Geflecht feinster Knochenbälkchen, die von außen am Knochen nicht ohne weiteres zu erkennen sind, die aber bei ihrer Untersuchung erkennen lassen, daß sie, den Anforderungen entsprechend, unterschiedlich gestaltet, Spannungslinien bilden, die, die Knochenfestigkeit unterstützend, verlaufen.

Diese Spannungslinien sind nicht auf einen einzelnen Knochen beschränkt, sondern setzen sich über die gelenkige Verbindung in dem angrenzenden Knochen fort.

Wenn man beim Körperbau des Hundes von einem »Maximum an Leistung« spricht, bedeutet dies auch, daß die einzelnen Organe, Knochen und Muskeln ein ungeheures Kraftreservoir darstellen, das, selbst bei extremsten Anforderungen, meist noch nicht erschöpft ist. Nur so ist ein Tier in bestimmten Situationen zu erheblichen Mehrleistungen fähig.

Man hat nachgerechnet, daß *Knochen* die gleiche *Elastizität* haben wie *Eichenholz*, die gleiche *Zugfestigkeit* wie *Kupfer;* ihre *Druckfestigkeit* ist sogar größer, als der zum Bauen verwendete *Sandstein oder Muschelkalk*, und trotzdem haben Knochen eine statische *Biegfestigkeit* wie *Flußstahl!*

Der Schädel

Doch wenden wir uns dem Skelett im einzelnen zu. Als erstes betrachten wir den Schädel. Der ausgewachsene Hundeschädel hat ursprünglich eine mehr oder weniger keilförmige Gestalt, mit relativ langem und schmalem Gesichtsteil und nur schwach ausgeprägtem Stirnabsatz = »Stop«. Länge zu Breite verhält sich im »Normalfall« wie 1 : 0,6, die Schädelkapsel nimmt nur etwa die mittleren zwei Viertel der ganzen Jochbogenausladung ein. Die kräftige Kaumuskulatur hat ihren Ansatz an den seitlich stark vorgewölbten Jochbögen und der ausgeprägten Scheitelleiste.

Hirn- und Gesichtsschädel (auch Angesichtsschädel oder auch ziemlich scheußlich »Vorgesicht« genannt!) haben ungefähr die gleiche Länge. Manchmal dominiert der Gesichtsteil über den Hirnschädel, wodurch den Kaumuskeln besonders lange und stark bewehrte Hebelarme zum Zupacken zur Verfügung stehen.

In einem normal proportionierten Schädel ist auch in der Nasenhöhle ausreichend Raum zur Ausbreitung der Riechschleimhaut. Umgekehrt wird auch, bei stark verkürztem Fang, die Riechfläche entsprechend reduziert.

Wenn man bedenkt, daß die Schädelknochen schützend ein so wichtiges Organ wie das Gehirn enthalten, daß sich am Kopf die Ausgänge so wichtiger Sinnesorgane wie Augen, Ohren und die Nase und auch die Kauwerkzeuge befinden, ist es eigentlich erstaunlich, wie stark sich die Kopfform züchterisch verändern läßt, wie wir bei unseren verschiedenen Hunderassen feststellen können.

Diese Veränderungen sind derart gravierend, daß wir, wenn wir nur eine Umrißzeichnung sehen, in den meisten Fällen erkennen können, zu welcher Rasse dieser Kopf gehört. Erst später, wenn wir verschiedene Wuchsformen besprechen, werden wir versuchen, den Ursachen und Folgen dieser

Der Schädel des Hundes von der Seite gesehen

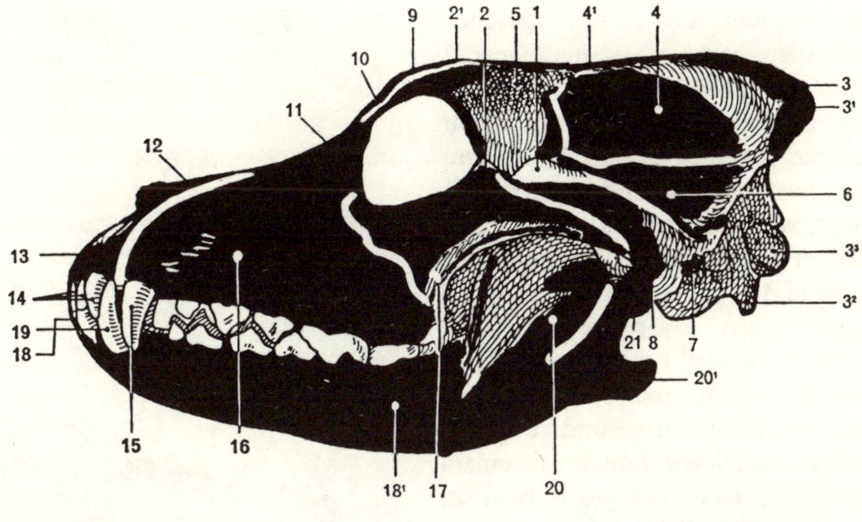

1 Kronenfortsatz des Unterkieferbeins
2 Stirnfortsatz des Jochbeins
2^1 Jochfortsatz des Stirnbeins
3 Hinterhauptbein (HHB)
3^1 Hinterhauptbeinstachel
3^2 Drosselfortsatz
3^3 Kreuzgelenkfortsatz des HHB
4 Scheitelbein
4^1 Scheitelkamm
5 Stirnbein
6 Schläfenbein
7 Äußerer Gehörgang
8 Kiefergelenk
9 Augenhöhle
10 Jochbein
11 Tränenbein
12 Nasenbein
13 Zwischenkieferbein
14 Obere Schneidezähne (jederseits 3 Stück)
15 Oberer Hakenzahn (Fangzahn)
16 Oberkieferbein, jederseits 6 obere Backenzähne, von denen der 4. (größte) der Reißzahn ist
17 Angesichtsleiste
18 Unpaariger Unterkiefer (Kinngrundlage) mit 6 unteren Schneidezähnen
18^1 Paariger Teil des Unterkiefers mit 7 unteren Backenzähnen jederseits, von denen der 5. (größte) der Reißzahn ist
19 Unterer Hakenzahn (Fangzahn)
20 Unterkieferast
20^1 Unterkieferast-Fortsatz
21 Gelenkfortsatz des Unterkiefers

(Nach Ellenberger, Handbuch der Anatomie der Tiere, Bd. 5)

vielfachen Wandlungsfähigkeit nachzugehen.

Bei einigen Rassen, bei den doggenartigen Hunden, z. B. Bulldog, Mops oder Boxer, finden wir den stark verkürzten Gesichtsschädel, was fälschlicherweise leicht als besonders dicker Kopf gesehen wird. Die Stirn wirkt stark herabgesetzt und gewölbt. Die Kieferknochen verlaufen, von vorne gesehen, nicht in einem mehr oder weniger engen spitzen Bogen, sondern fast gerade und bedingen die breite, platte Vorderseite des Fanges.

Tatsächlich sieht es so aus, als habe eine kräftige Hand den ganzen Gesichtsschädel des Hundes vorn kräftig eingedrückt, wobei dann die Kiefer kräftig zusammengestaucht, vorn nicht mehr spitz, sondern ganz flach zusammenlaufen und gleichzeitig den Hirnschädel von hinten mit einem kräftigen Druck nach vorn geschoben, so, daß die Stirn sich kräftig wölbt zu dem mehr oder weniger ausgeprägten »Stop«.

Betrachtet man dann das Gebiß eines solchen Hundes, so stellt man fest, daß auch hier offensichtlich der »Druck« seine Spur hinterließ. Die Zähne laufen nicht mehr, wie bei langschädeligen Hunden, in gerader Linie nach hinten, sondern sind hinten »kulissenförmig« verschoben, was zum besseren Verständnis abgebildet ist.

Windhund

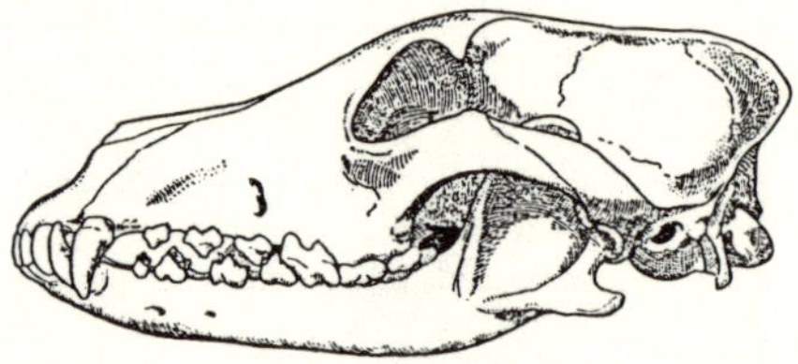

(von der Seite gesehen)

Mops

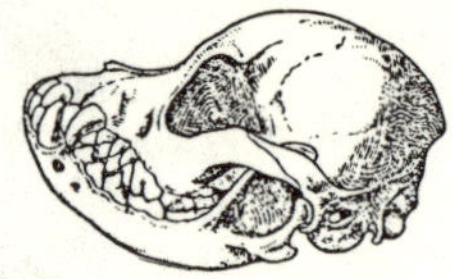

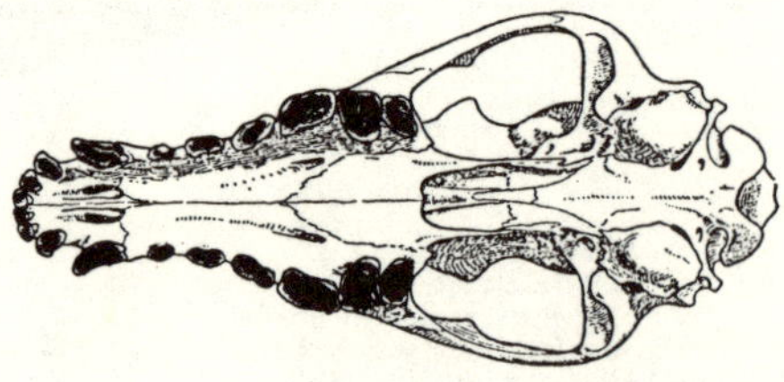

(basale Fläche)

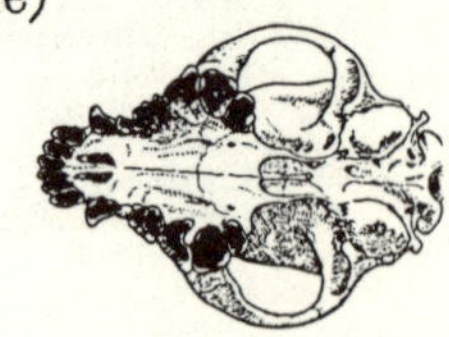

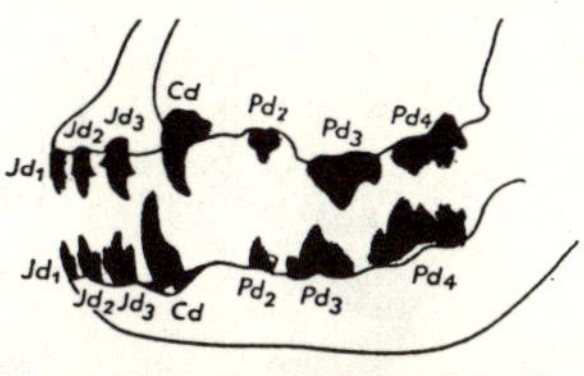

Abb. 114. Milchgebiß eines etwa 6 Wochen alten Hundes. (Nach WEBER, 1927.)

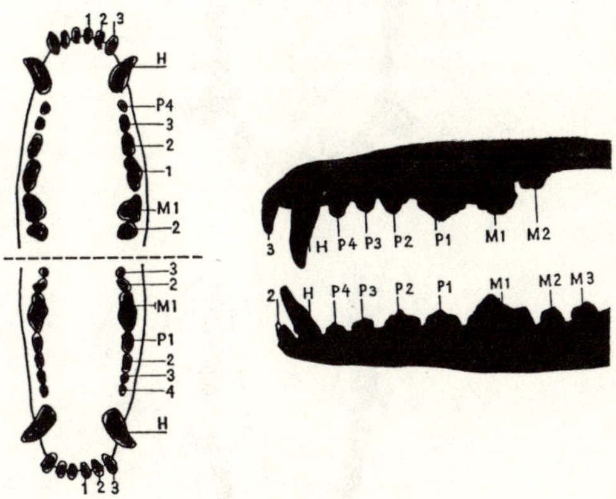

_ Das Gebiß des Hundes
Links: Draufsicht (nach Dorn). Rechts: von der Seite gesehen (nach Seiferle)

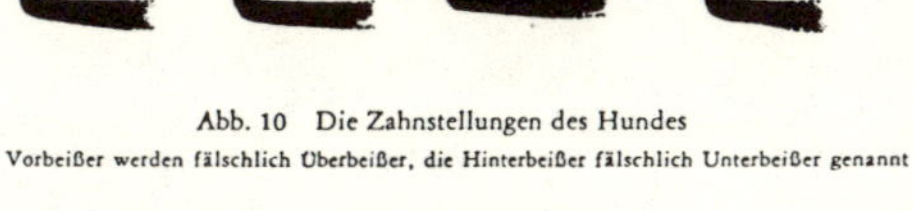

Abb. 10 Die Zahnstellungen des Hundes
Die Vorbeißer werden fälschlich Überbeißer, die Hinterbeißer fälschlich Unterbeißer genannt

Normalerweise hat der ausgewachsene Hund 42 Zähne.

	Oberkiefer und	Unterkiefer
Schneidezähne	3/3	3/3
Fangzähne	1/1	1/1
Vordere Backenzähne (Praemolaren)	4/4	4/4
Hintere Backenzähne (Molaren)	2/2	3/3

Bei den verschiedenen Hunderassen kann man häufig *Gebißfehler* feststellen. Wir unterscheiden, wie ebenfalls abgebildet, die verschiedenen Zahnschlüsse Scherenbiß, Zangenbiß, Vorbiß.

Insbesondere der *Vorbiß*, bei einigen Rassen erwünscht, ist bei anderen ein schwerer Fehler.

Bei jungen Hunden kann man beobachten, daß zeitweise der *Unterkiefer beträchtlich kleiner* als der Oberkiefer ist. Dies kann sich aber, da der Unterkiefer in einem anderen Rhythmus als der Oberkiefer wächst, durchaus noch normalisieren. Ist dies nicht der Fall, ist es ein ernsthafter Fehler für jeden Hund.

Zeigt sich allerdings bei einem jungen Hund bereits der für diese Rasse unerwünschte Vorbiß, wird dieser sich kaum noch, aus oben genanntem Grunde, »auswachsen«.

Bei den kurzköpfigen Hunden kommt es vor, daß die breite Kieferform zur Vermehrung der Schneidezähne im Oberkiefer führt. Es bleibt nicht bei der üblichen Zahl sechs, sondern man zählt auch sieben oder acht Schneidezähne.

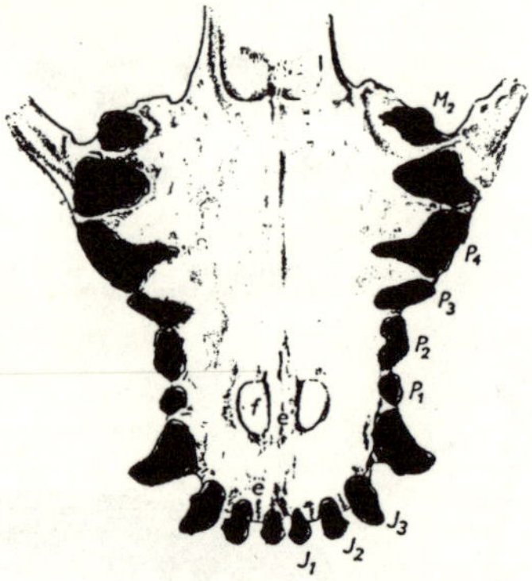

Wie mir in England gesagt wurde, sind dort auch wiederholt mehr als sechs Schneidezähne im Unterkiefer beobachtet worden. Im Laufe vieler Jahre hatte ich die Gelegenheit, die Kiefer zahlreicher Boxer zu kontrollieren und konnte selbst dabei nie mehr als sechs Schneidezähne feststellen.

Häufig sind auch *angeborene Zahnverluste* feststellbar. Insbesondere die Prämolaren sind oft nicht vollzählig; ebenso lassen sich auch zusätzliche Zähne feststellen. Nun streiten die Gelehrten, ob denn ein Hund heute überhaupt diese Zähne benötige, da er ja von Natur aus ohnehin kaum kaut und er nun auch nicht mehr gezwungen ist, seine Beute zu fangen und zu halten.

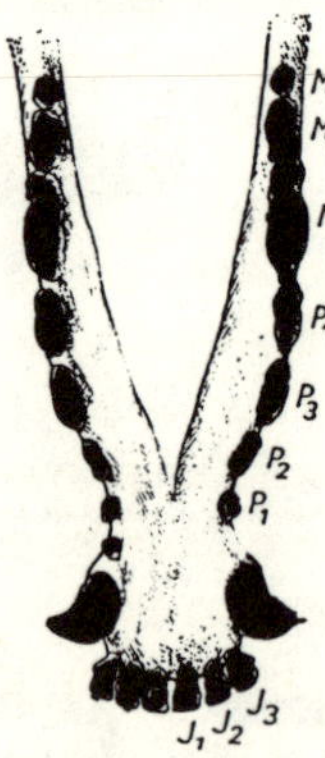

Doch sollte man davon ausgehen, daß fehlende Zähne eben ein Zeichen eines »Mangels« sind und sollte daher, soweit möglich versuchen, Hunde mit Zahnfehlern bei der Zucht möglichst zu umgehen. Andererseits, wenn es der einzige Minuspunkt ist und der Hund ansonsten tadellos, sollte man sich daran erinnern, daß auch bei Wildhunden und bei Skelettfunden frü-

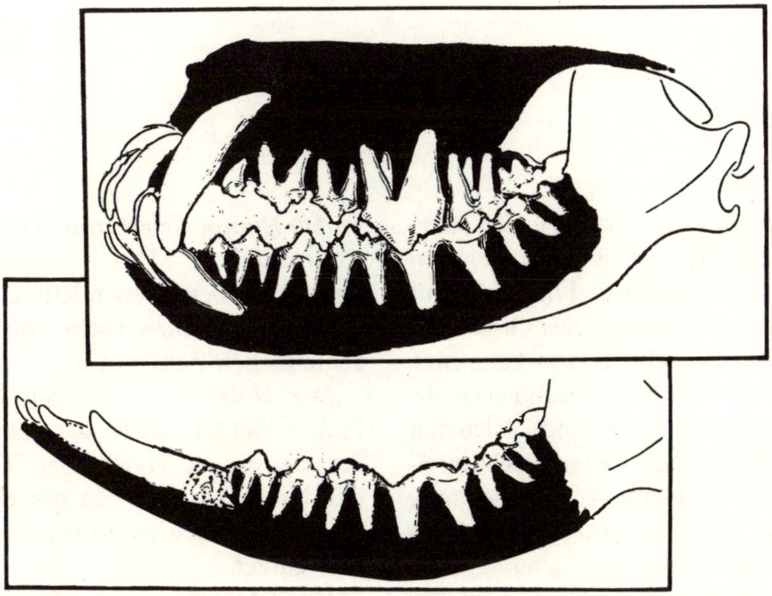

herer Hunde, sich Tendenz zu abweichenden Gebissen nachweisen läßt.

Man kann davon ausgehen, daß jedes Abweichen von der Normalform auch Veränderungen der Zähne nach sich ziehen kann. In der freien Natur können dürftige Lebensumstände der Grund dafür sein, daß der Körper in bestimmten Bezirken, was sich am deutlichsten am Kopf zeigt, reduziert ist.

Das Gegenteil zum extrem kurzschädeligen Hund sind die extrem langgestreckten Köpfe z. B. der Windhunde.

Da kann man dann im Standard nachlesen, daß die Zähne nicht zu weit gestellt sein sollen. D. h., daß die Zähne nicht mehr dicht aneinander, sondern *auf der langen Kieferfläche mit Abständen verteilt sind.* Dieses, wie auch die Kulissenstellung andererseits, zeigt, daß die Zähne sich nicht im gleichen Maße wie die Kieferknochen vergrößern oder verkleinern. Eine interessante Feststellung.

Gerade bei langschädeligen Hunden verblüfft es zunächst, daß auch sie angeborene Zahnverluste zeigen. Erst im Röntgenbild kann man erkennen, daß der extrem lange Unterkiefer eigentlich auch extrem schmal ist. Da auch hier sich die Zähne nicht dem Kiefer anpassen, muß sich die große Wurzel des unteren Reißzahns im Kiefer schräger legen und blockiert so den ohnehin kleinen und auch erst später durchbrechenden 1. Prämolar.

Das Gehirn liegt wohlverwahrt in den Hirnschädelknochen. Nun ist aber bei den verschiedenen Rassen der Schädel im Verhältnis zum Körper von unterschiedlicher Größe. Bereits an der äußeren Schädelform kann man erkennen, daß auch die innenliegenden Gehirne unterschiedlich gestaltet sind. Auch hat man festgestellt, daß die Gehirngröße in einem bestimmten Verhältnis zur Körpergröße steht, daß aber die Gehirngröße allein überhaupt nichts über seine Leistung aussagt.

Gemeinsam mit dem in der Wirbelsäule liegenden Rückenmark bildet das Gehirn den Hauptteil des Nervensystems, das Zentralnervensystem, in dem die von außen kommenden »Mitteilungen« verarbeitet werden und das dann wiederum die entsprechenden Reaktionen des Körpers veranlaßt. Hierbei unterscheiden wir solche, die das Tier willentlich auslöst, von jenen, die »automatisch«, d. h. ohne, daß hierzu besondere »Denkarbeit« nötig ist, die Abläufe im Körper steuern. Wir werden später, bei der Beschreibung der Muskelarbeit, noch etwas darauf zurückkommen.

Das Gesamtskelett

des Hundes besteht insgesamt aus 321 Knochen, die aber z. T. mehr oder weniger fest zusammengewachsen sind, so daß man sie als *ein* festgefügtes Ganzes betrachten kann.

Am Rumpfskelett finden wir die Wirbelsäule mit ihren 7 Halswirbeln, 13 Brustwirbeln (und ebensovielen Rippen), 7 Lendenwirbeln, 3 Kreuzwirbeln und einer unterschiedlichen Zahl von Schwanzwirbeln.

Der Hals hat sieben Wirbel. Der erste Halswirbel (Atlas) ist der Träger des Kopfes, der zweite Halswirbel (Epistropheus) der Umdreher. Die Körper des 3. und 7. Halswirbels werden bis zum letzten allmählich kürzer.

Der letzte Halswirbel ist der Übergang zur Brustwirbelsäule und ähnelt in einigen Punkten bereits den Wirbeln der Brustwirbelsäule, sein Dornfortsatz ist relativ hoch. Offensichtlich besteht eine Korrelation zwischen Halslänge und Kopfgröße, da Hunde mit dicken, schweren Köpfen meist einen kürzeren, kompakten Hals haben und umgekehrt.

Daraus folgt auch, daß der bei vielen Rassen geforderte »edle, schön geschwungene Hals« nur dann entstehen kann, wenn auch Kopf und Rumpf entsprechend gestaltet sind. Hier erliegt man bei der Beurteilung leicht einer optischen Täuschung, eine Beobachtung, die uns später noch eingehender beschäftigen wird.

Die 13 Brustwirbel bilden mit den paarigen Rippen und dem Brustbein den *Brustkorb,* der anschließend an die Wirbelsäule

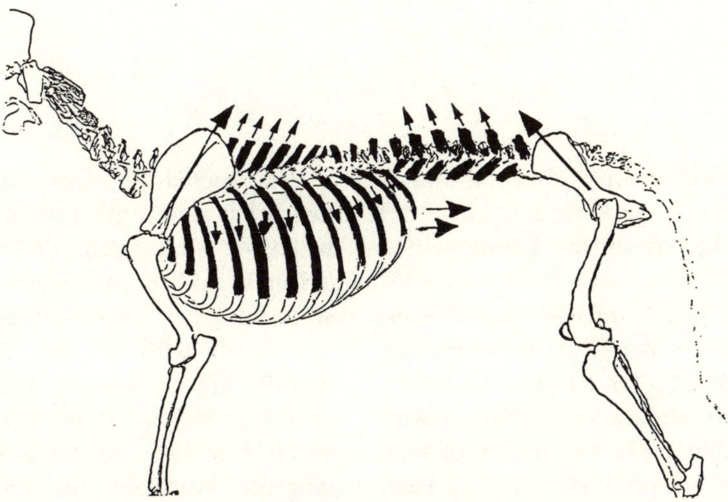

gesondert besprochen wird. Der »**Widerrist**« ist der Teil der Brustwirbelsäule mit besonders hohen Dornen, die dann schwanzwärts allmählich kürzer werden.

Insgesamt kann man feststellen, daß die Beweglichkeit der gesamten Wirbelsäule schwanzwärts immer mehr eingeschränkt wird. Daher hat der vordere Teil des Körpers erhebliche Bewegungsmöglichkeiten, d. h. daß die Brustwirbelsäule vor dem 9. oder 10. Brustwirbel eine gewisse Drehmöglichkeit um ihre Längsachse hat, während der hintere Teil der Wirbelsäule vorwiegend ein Abbiegen nach unten gestattet.

Die Dornen der Brustwirbel sind, bei allmählicher Steilerstellung, schwanzwärts geneigt, der Dornfortsatz des 10. oder 11. Brustwirbels steht senkrecht und wird als Wechselwirbel bezeichnet.

Er hat von allen Wirbeln den kürzesten Dornfortsatz, was äußerlich in einer seichten, aber charakteristischen Einsenkung, der Rückendelle, zu erkennen ist. Die Dornfortsätze der letzten Brustwirbel und der Lendenwirbel sind zunehmend kopfwärts gerichtet. Dies hängt mit den verschiedenen Aufgaben zusammen, die die an diesen Dornfortsätzen befestigten kräftigen und wichtigen Hals- und Rückenmuskeln haben.

Bei der Beurteilung des Hundes ist sowohl von **Widerrist** wie von **Rücken** die Rede. Da dies gelegentlich mißverstanden wird, soll es näher erklärt werden.

Gemeint ist dabei, daß von der Brustwirbelsäule die ersten etwa 8 Wirbel, mit ihren hohen Dornfortsätzen, als »Widerrist« und die restlichen Wirbel als »Rückenwirbel« oder »Rücken« bezeichnet werden. Das kommt daher, weil sie hier eine charakteristisch stufenweise Veränderung in ihrer Form zeigen, bis sie an die Lendenwirbel anschließen.

Es folgen sieben ***Lendenwirbel.*** Sie werden nun nicht mehr von Rippen unterstützt, haben aber anstelle der Rippen besonders breite Querfortsätze, die verkümmerte Rippen sind und jetzt die Hebel für die Rücken- und Lendenmuskulatur bilden. Die Lendenwirbel sind sehr kräftig und sehr viel fester miteinander verzahnt, ihre Wirbelkörper sind länger und massiver als die Brustwirbel.

Das bedeutet, daß sie erheblich größere Festigkeit, bei ebenso verminderter Beweglichkeit, zeigen und so in der Lage sind, die freitragende Brücke zwischen Rippen und Kreuzbein zu bilden, die, von der Seite gesehen, fest und möglichst kurz sein soll.

Zu kurze Querfortsätze und zu lange Lendenwirbelsäule und zu steil stehende Hinterrippen ergeben die offene, d. h. zu lange Lende.

Die kraftvolle Konstruktion ist aber auch unerläßlich, da sie den Bewegungsstoß von Hinterhand und Beckengliedmaße weiterleiten müssen. Ebenso brauchen die Baucheingeweide, die nicht mehr, wie die Brusteingeweide, in einem Knochenkorb liegen, einen kräftigen Halt durch Muskeln, die an der Wirbelsäule befestigt sind.

Die gleichlangen Dornfortsätze der Lendenwirbel sind kopfwärts geneigt. Die Wirbelkörper sind hoch, da sie einen weiten Wirbelkanal, zur Aufnahme der Lendenanschwellung des Rückenmarks, enthalten.

Vielfach wird bei der Beurteilung von Hunden ein »zu langer« oder aber »zu kurzer« Rücken bemängelt. Das hat zu sehr unterschiedlichen Auffassungen geführt, wie lang der »Rücken« nun sein soll. Allerdings führt ein Ausmessen des »Rückens« zu verzerrten Ergebnissen. Denn: Bei gleicher Rumpflänge wirkt der eine »Rücken« zu lang, d. h. er hängt durch und sieht »windig« aus, während ein anderer Hund durchaus kraftvoll und kompakt wirkt.

Oft unterliegt auch hier der Betrachter einer optischen Täuschung: Die unzweifelhaft vorhandene Fehlproportion, die der Rückenlänge zugeschrieben wird, hat oft tatsächlich ganz andere Ursachen, z. B. in einer mangelhaften Ausbildung des Brustkorbes und der Rippen und einer folglich ungenügenden Bemuskelung. Wir werden dies in einem späteren Kapitel nochmals erläutern.

Für die gesunde Bewegungsentwicklung des Hundes ist aber allein maßgebend das Verhältnis Brustwirbelsäule zur Lendenwirbelsäule, das etwa 1 : 1 sein sollte.

Damit ist ein starkes Abbiegen der Lendenpartie und damit das weite Vorgreifen seiner

Hintergliedmaßen bei starker Beschleunigung möglich.

»Etwa« bedeutet, daß die Brustwirbelsäule etwa 43 %, die Lendenwirbelsäule etwa 34 % der Grundlänge der Wirbelsäule hat, und daß es zwischen diesen Verhältniszahlen bei unterschiedlichen Rassen geringfügige Abweichungen gibt. *Optisch* ergibt sich das Verhältnis 1 : 1 durch die mehr oder weniger hohen und mehr oder weniger schräg gestellten Dornfortsätze des Widerristes.

Hier, wie auch bei vielen anderen »Maßen« des Hundes zeigt sich, daß nicht die Länge eines *einzelnen* Körperteiles oder Knochens wichtig ist, sondern einzig und allein die aufgrund günstiger Knochenentwicklung und -stellung erreichten vernünftigen Proportionen.

Die Kreuzwirbelsäule ist außerordentlich stabil gebaut, folglich fehlt ihr jede Beweglichkeit. Die drei Kreuzwirbel sind beim Hund mit etwa 1 ½ Jahren fest verknöchert und bilden das Kreuzbein.

Die *Querfortsätze der Wirbel sind zu einer Knochenleiste verwachsen* und leicht nach vorn gerichtet. Hier ist auch die gelenkige Verbindung mit dem Darmbeinflügel, d.h. die Verbindung der Wirbelsäule mit Becken und Hintergliedmaße. Vom Kreuzbein gehen die, für den Vorwärtsschub des Tieres wichtigen, kräftigen Gesäß- und Sitzbeinmuskeln aus.

Die Anzahl der Schwanzwirbel ist unterschiedlich, ihre Form usw. ist entscheidend für die mannigfaltige Ausgestaltung der Schwanzformen.

Der Brustkorb wird gebildet durch die Wirbelsäule, dreizehn Paar Rippen und das Brustbein. Das erste Rippenpaar ist kurz und relativ unbeweglich befestigt und durch Muskeln und Bänder mit der Halswirbelsäule verspannt.

Die ersten neun, wenig gekrümmten, echten (sternalen) Rippen stehen steil unter der Wirbelsäule. Diese *senkrechte Stellung* ergibt eine beträchtliche *Verstärkung* zur Verbindung mit dem Brustbein. Man nennt sie auch **»Tragrippen«**, weil sie nicht nur mit ihrer Höhle, dem Brustkorb, die wichtigen Organe wie Lunge und Herz umschließen, sondern gleichzeitig auch **Träger des Rumpfes** sind.

Dazu sei gleich hier erwähnt, *daß die Vordergliedmaßen des Hundes nicht durch Gelenke, sondern ausschließlich durch Muskeln und Bänder mit den Körper verbunden sind.*

An die sog. echten Rippen schließen die stärker gekrümmten »falschen« (asternalen) Rippen an. Sie stehen schräger nach hinten zur Wirbelsäule und sind mit dem Brustbein nur noch unmittelbar verbunden, indem sie sich zum Rippenbogen zusammenschließen. Das letzte Rippenpaar ist sogar gelegentlich völlig frei.

Daraus geht hervor, daß sie, neben der Tragfunktion, als Hebelarme für die Atmungsmuskulatur wirken. Man nennt sie daher auch »**Atmungsrippen**«, da sie, von Muskelkraft beim Einatmen weit auseinandergezogen werden, damit sich die Lungen kräftig füllen können.

Der Brustkorb ist bei verschiedenen Rassen sehr unterschiedlich gestaltet. Denken wir nur an den breiten, tonnenförmigen Brustkorb der Bulldogge und im Gegensatz dazu an den schmaler wirkenden der Windhunde. Die Wölbung der Rippen bestimmt seine Ausformung von flachgewölbt bis Tonnenbrust.

Das ***Brustbein*** bildet die untere, dem Boden parallel verlaufende Brustlinie, d. **Brusttiefe.** Es hilft, mit seinem als »Habichtsknorpel« bezeichneten Ende die erwünschte »**Vorbrust**« zu gestalten. Von seinem im »Schaufelknorpel« nach hinten verlaufenden Ende zieht sich die Bauchdecke deutlich angezogen vom Brustbein nach beckenwärts.

Wenn man sich zu diesem Punkt Klarheit verschaffen will, verliert man, wenn man die in den Standards für die einzelnen Rassen vorgeschriebenen Brustkorbformen vergleicht, leicht die Übersicht. Mal soll der Brustkorb lang, mal breit und tief mal tonnenförmig sein.

Man kommt hierbei leicht zu der irrigen Ansicht, daß hier die Form vorwiegend nach optischen Gesichtspunkten kreiert zu sein scheint. Um zu klären, daß dies keinesfalls so ist, *sollten wir einmal Brustkorbformen anderer Säugetiere vergleichen.* Wir finden auch dort unterschiedliche z. B. sehr breite und relativ flache, wie ebenso spitze oder runde Rippenwölbungen.

Hier müssen wir uns daran erinnern, daß in jedem Brustkorb auch immer, der Körpergröße entsprechend, Raum für die inneren Organe sein muß. Daher sollten wird die Brustkorbformen unterschiedlicher Tiere und deren Lebensweise in Beziehung zueinander zu setzen versuchen.

Da ja die Beschaffenheit der inneren Organe Herz, Lungen usw. immer im Verhältnis zur Gesamtgröße und Lebensweise des Tieres steht, damit dieses lebensfähig ist, kann man davon ausgehen, daß insgesamt der *Rauminhalt* des Brustkorbes in etwa entsprechend bemessen ist.

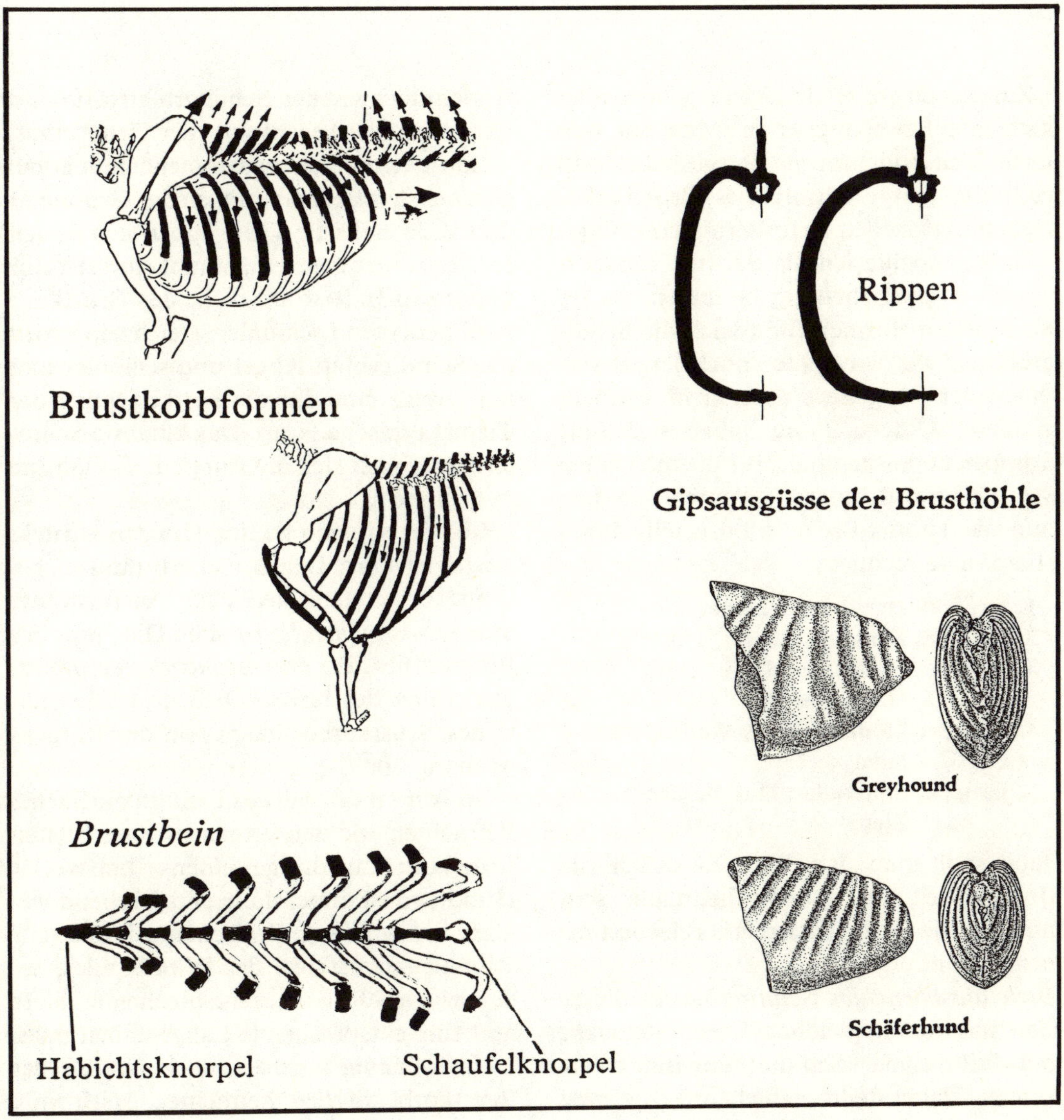
Brustkorbformen
Rippen
Gipsausgüsse der Brusthöhle
Greyhound
Schäferhund
Brustbein
Habichtsknorpel
Schaufelknorpel

Zur Lebensweise der Tiere gehört aber auch ihre Bewegungsweise. Man hat nun nach Untersuchungen festgestellt, daß auch die Ausgestaltung des Brustkorbes nach funktionellen Erfordernissen erfolgt.

Daher möchte ich als Beispiel zunächst von einer Untersuchung berichten, in der die Brustkorbformen (und auch die Schulterblätter, wie wir später noch lesen) verschiedener Säugetiere untersucht wurden. In dieser Untersuchung haben sich fünf Gruppen herausgeschält, für die man einen sog. »Thoracal-Index« ermittelte, indem man die Thorax-Breite x 100 geteilt durch Thoraxtiefe rechnete.

1. Gruppe: **Hangler:** Menschenaffe
2. Gruppe: **Kletterer:** Rhesus, Hutaffe
3. Gruppe: **Halbläufer:** Löwe, Tiger, Hauskatze
4. Gruppe: **Läufer:** Hyäne, Wolf, Haushund
5. Gruppe: **Stützfüßer:** Hirsch, Gemse, Pferd

Dabei stellt man auch fest, daß es u.a. die Muskelarbeit der Vordergliedmaße sein muß, die die Form des Brustkorbes bestimmend formt.

Auch die Form des Schulterblattes dieser Tiere hat man in gleicher Weise untersucht und dafür einen »Schulterblatt-Index« errechnet. Dabei stellte sich ebenso eine enge Beziehung zwischen Schulterblattform und -größe und der Lebensweise der Tiere heraus.

Stark vereinfacht zusammengefaßt ergab sich aus den Beobachtungen der Gruppen I und V: Je mehr die Tiergruppen sich zu den *Läufern* hinentwickeln, nimmt einerseits ihr »Thoracal-Index« ab, d. h. der Brustkorb wird bedeutend schmäler; gleichzeitig wird das Schulterblatt länger und schmäler und hat jeweils eine, für die Fortbewegung der Tierart typische Form. Das kürzeste Schulterblatt findet sich in Gruppe I, das längste in Gruppe V.

Kehren wir nun zu den Hunden zurück. Soviel ist klar: Der Brustkorb muß insgesamt, bei unterschiedlicher Ausformung, immer *ausreichend groß* sein. Die *Form* des Brustkorbes ist *entsprechend der Bewegungsform* des Tieres konstruiert. Die Breite des Brustkorbes hängt von der Rippenwölbung ab.

So kommt doch etwas Licht in die Sache: Betrachten wir den vergleichsweise breiten Brustkorb niedriggestellter, kraftvoller Hunde, so ist dieser dann entsprechend weniger tief und lang. Betrachten wir den sehr schmalen Brustkorb des Windhundes, sehen wir, daß er eine entsprechende Tiefe und eine entsprechende Länge haben muß.

Rassenmäßig unterschiedlich verläuft der Brustkorb, *seitlich* betrachtet, keilförmig

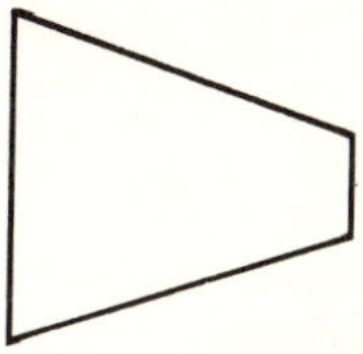

»Half-and-Half«: Erstes Ergebnis einer Kreuzung zwischen englischem Bulldog und Greyhound, nach einer Zeichnung von Stonehenge.

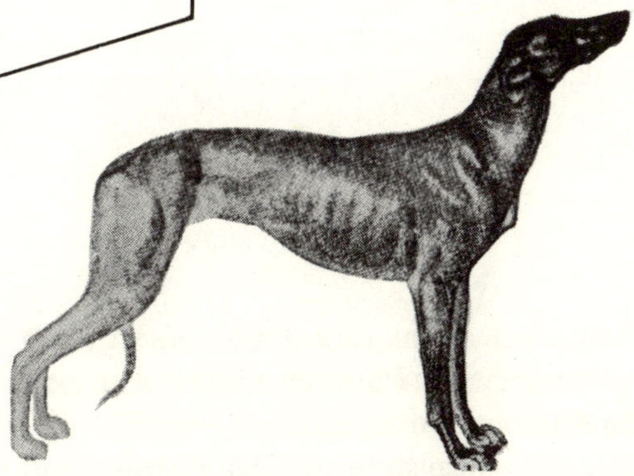

»Hysterics«, der Name des Kreuzungsprodukts zwischen einem Bulldog und Greyhound der 4. Generation.

nach hinten, wobei das vordere Ende schmäler ist, und die Breite des Brustkorbes hinter dem Ellenbogen am größten ist. Die Länge des Brustkorbes ergibt sich wieder funktionell daraus, daß, bei einem ausgewogenen bewegungsfähigen Hund, die Länge der Brustwirbelsäule etwa der Länge der Lendenwirbelsäule entsprechen soll.

Aber, bei den »Haus«-Hunden kommt nun erschwerend ein dritter, sehr wesentlicher Gesichtspunkt noch hinzu. Die Tiere der Gruppen 1—5 sind »natürliche« Tierformen, d. h. ihre Proportionen haben sich, den natürlichen Lebensanforderungen entsprechend, in Jahrtausenden ausgebildet.

Bei unseren Hunden ist dies anders. Sie folgen nicht mehr den natürlichen, sondern den von Menschen gewünschten, »künstlichen« Selektionskriterien. Da hat man z. B. schwerknochige, tiefstehende Hunde mit leichteren, windhundartigen gekreuzt. In die ursprünglich viel kompakteren Doggenschläge wurden Windhunde eingekreuzt, um elegantere Formen zu erzielen.

Als interessantes Beispiel seien hier die *Bulldog-Einkreuzungen in Windhunde* erwähnt, die in England mehrfach vorgenommen worden sind. Tiere aus diesen Kreuzungen zeichneten sich durch hohe Leistungsfähigkeit aus.

Auf der Abbildung »Half-and-Half« kann man das erste Ergebnis einer Kreuzung zwischen englischem Bulldog und Greyhound bestaunen, wobei man dann sieht, wie sich, der Bulldogge folgend, der schmale Windhundkopf verbreitert hat und die Hinterhand »überbaut« ist, trotzdem aber typische Windhundmerkmale erhalten geblieben sind. Und das Bild der 4. Generation zeigt den weiteren Wandel, den man dann mit dem heutigen Greyhound vergleichen kann.

Mit der »Domestikation« des Hundes und dem Herauszüchten neuer Rassen aus Verbindungen ganz unterschiedlicher Hundeformen sind natürliche Korrelationen, nämlich daß bestimmte Längen- und Größenmaße, bestimmte Gewichte und Organe in einem bestimmten Verhältnis zueinander stehen, auch nicht grundsätzlich, so doch in verschiedenen Punkten nicht mehr aufrechterhalten.

Wie ich schon zuvor bei den Gebißveränderungen erwähnte, verändert sich dort z. B. die Größe der Zähne nicht mehr proportional mit der Größe der Kieferknochen. Einfach ausgedrückt: Den Zähnen ist nicht »mitgeteilt worden«, daß sie jetzt in einem größeren oder kleineren Kiefer wachsen, und sie liegen in ihrer Größe eben irgendwo dazwischen.

Ebenso kann es zu Unausgewogenheiten kommen, wenn ein schmaler Brustkorb nicht auch gleichzeitig tief und lang genug ist im Verhältnis zu den übrigen Proportionen des Hundes. Er wird dann, im Verhältnis zur Tiefe, zu lang. Ein Hund, der, seiner Beinlänge nach, ein guter Läufer sein könnte, wird dies, wegen mangelhafter Rumpfkonstruktion, niemals sein.

Auch hier erliegt man mancher optischen Täuschung: Rechnet man die Körpermaße nach, wird sich oft herausstellen, daß ein Hund, dem man unzureichende Brusttiefe nachsagt, tatsächlich einfach zu lange Beine hat und umgekehrt.

Daher muß man, wenn man Hunde als zu lang, zu kurz, überbaut u. ä. bezeichnet, die tatsächlichen Gründe des Proportionsfehlers sorgfältig ermitteln, wenn man ihren Einsatz zur Zucht erwägt und ihre Mängel, durch entsprechende Verpaarung, ausgleichen will.

Wir werden, um einen Blick für Hunde zu bekommen, uns, vor allem in dem Kapitel über die Wuchsformen, mit den Folgen der Domestikation auseinandersetzen. Warum und wie entstehen neben der »Normalform« sowohl die »Riesenform« wie auch die »Zwergform«, und welche Konsequenzen ergeben sich für die einzelnen Tiere daraus?

Von den Gliedmaßen

Wir haben bei den verschiedenen Gangarten des Hundes bereits festgestellt, daß der Schwung zur Bewegung immer von der Hinterhand kommt. Dies ist offensichtlich nicht jedem klar, weil der Mensch, von sich selbst ausgehend, sagt, »er setzt ein Bein vor das andere«.

Daß aber beim Menschen das »Bein« der Hinterhand des Hundes entspricht, bedenkt man oft nicht, wenn man sich vorstellt, der Hund stelle ein »Bein« vor das andere, und meint nun, dieser fange dann auch hübsch brav mit den Vorder-*beinen* seine Schrittbewegungen an.

Tatsächlich ist es jedoch so wie bereits beschrieben, daß der Hund das Hinterbein,

nach dessen Streckung, auf den Boden stemmt, so den Körper nach vorne schiebend, den Körperschwerpunkt nach vorne verlagert. Um nicht umzufallen, streckt er dann das Vorderbein aus, um den Körper sowohl zu unterfangen, wie ebenso auch den Schwung unterstützend weiterzuleiten. So entsteht ein fließender Übergang zur Aktion der Hinterhand.

Wenn Sie einmal versuchen, sich wie der Hund auf vier Beinen zu bewegen, werden Sie entscheidende Unterschiede feststellen. Wenn es Ihnen gelingen sollte, einen kräftigen Stoß der Beine nach vorne auszuführen (wobei Sie dann bemerken, daß Sie die Oberschenkel kräftig unter den Körper ziehen müssen, das Becken nach unten wölben, und dann schon mit der Verbindung Unterschenkel — Fuß etwas Komplikationen bekommen und feststellen, wie wenig gelenkig Sie doch im Laufe der Jahre wurden ...)

Wenn Sie das alles also hingekriegt haben und sich vorne mit den Armen auffangen wollen, werden Sie erstaunt feststellen, wie hart Sie, trotz angewinkelter Ellenbogen, aufkommen. Es reißt Sie gewaltig in den Schultern.

Überhaupt, wenn Sie es genau betrachten, haben Sie auch instinktiv die Arme und die Hände etwas seitlich unter oder neben dem Brustkorb aufgestützt. Hätten Sie Arme und Hände so unter den Körper gebracht, wie der Hund es tut, wäre der Aufprall noch härter geworden, bzw. Sie u. U. ganz schön auf die Nase gefallen. Eine gleichmäßig weiterrollende Bewegung können Sie jedoch keinesfalls herbeiführen!

Auch sollten Sie, wenn Sie dies ausprobieren oder sich dies wenigstens vorstellen, überlegen, in welcher Weise sich Ihre Wirbelsäule, von den Halswirbeln angefangen, verbiegt; ebenso wird gerade bei diesem »Selbstversuch« am besten klar, wie wichtig der Bogen ist, den die Halswirbelsäule des Hundes, bei ihrer Verbindung mit dem Brustkorb, bildet.

Betrachten Sie Ihren Hund daraufhin etwas genauer, sehen Sie, daß seine Vorderläufe (im Normalfall) unter den Körper gestellt sind, und daß sein Brustkorb, verglichen mit unserem, schmäler mit tieferen Seitenwänden ist.

Und nun schauen Sie sich die schönen, harmonischen und fließenden Bewegungen an, mit denen der Hund seine Vorwärtsbewegungen ausführt. Vielleicht sehen Sie es jetzt zum erstem Mal ganz bewußt und überlegen dabei, daß es sich sicherlich lohnt, die so andere »Konstruktion« eines Hundes näher zu betrachten.

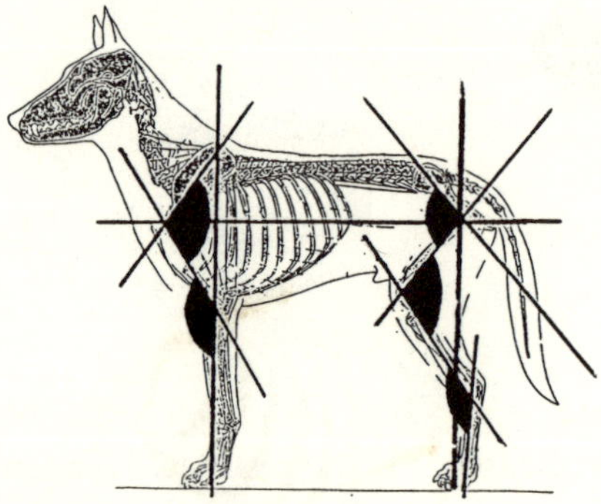

Allgemeiner Überblick:

Während wir beim Menschen Arme und Beine unterscheiden, sprechen wir beim Hund von den
Vorder- oder Schultergliedmaßen
und den
Hinter- oder Beckengliedmaßen,
auf denen die Körperlast wie auf Säulen ruht. Die Gliedmaßensäule setzt sich aus zwei übereinanderstehenden Gliedern zusammen:

Dem ***Oberarm***

entspricht das ***Oberschenkelbein,***

dem ***Unterarm*** (Elle und Speiche)

der ***Unterschenkel*** (Schienbein und Wadenbein)

und den Gliedmaßenspitzen:

Karpalgelenk und ***Vorderfußwurzel*** entsprechen

Sprunggelenk und ***Fußwurzel.***

Vordermittelfuß entspricht ***Hintermittelfuß.***

Die beiden Gliedmaßenpaare sind, ihrer Funktion entsprechend, spiegelbildlich gewinkelt, wie auch die Ausgangslage ihres Hauptknochens jeweils entgegengesetzt ist.

Vorderextremität	***Hinterextremität***
1. Schulterblatt (schwanzwärts gerichtet)	***1. Hüftgelenk*** (kopfwärts gerichtet)
2. Ellenbogengelenk nach vorn zu beugen	***2. Kniegelenk*** nach hinten zu beugen
3. Vorderfußwurzelknochen	***3. Hinterfußwurzelknochen***

Zehengelenke gleichsinnig

Standwinkel	Standwinkel
4. Vorderfußwurzelgelenk Standwinkel nicht gewinkelt (d. h. 180 °)	***4. Hinterfußwurzelgelenk*** nach vorn offener Winkel Die Hinterhand hat also einen ***offenen*** Winkel mehr als die Schultergliedmaße

Verbindung zum Körper:

elastisch muskulös verbunden	feste Verbindung

Daraus ersichtlich die unterschiedliche Aufgabe:

Stütz- und Gehfunktion	Stütz- und Vorschub funktion
TRAG- und AUFFANG-HEBELWERK	STEMM- und WURFHEBEL-WERK

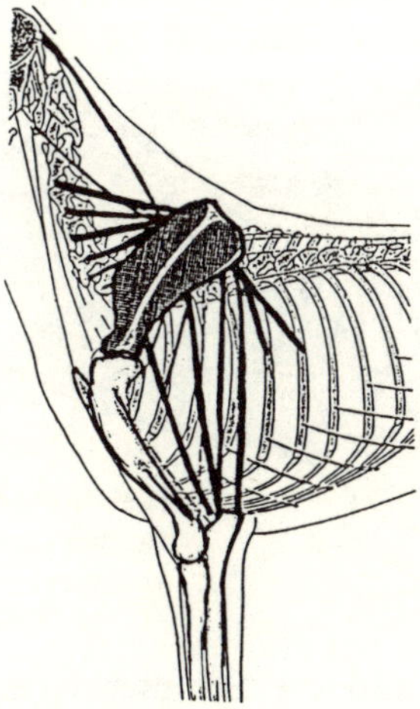

Das Schulterblatt ist nicht über ein Gelenk, sondern »nur« durch kunstvoll über- und untereinander liegende Muskeln mit dem Brustkorb verbunden!

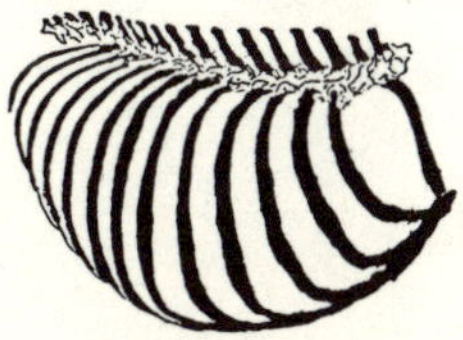

Von den Vorder- oder Schultergliedmaßen

»Bei der Vorderhand beginnen wir mit dem Schulterblatt«, so beginnen die meisten Darstellungen der Vorderextremität, und meist heißt es dann weiter: »Dieses ist ein flacher, dreieckiger Knochen, welcher der Länge nach durch einen knöchernen Grat geteilt ist und einen Ansatz der Muskeln ermöglicht. Am unteren Ende befindet sich eine runde Vertiefung, für die Aufnahme des kugelähnlichen Kopfes des Oberarmknochens. Dieser Winkel zwischen Schulterblatt und Oberarmknochen ergibt den Schulterwinkel.«

So, das war's, und niemand kann sich genau vorstellen, was daran nun eigentlich so bedeutungsvoll sein soll.

Und niemand wird auf die Idee kommen, daß die Vorderhand eine geradezu geniale Konstruktion ist und schon überhaupt nicht begreifen, warum immer wieder ihre Bedeutung für das harmonische Gangwerk des Hundes hervorgehoben wird.

Vielleicht haben Sie sich auch schon einmal überlegt, wie nun eigentlich das Schulterblatt am Brustkorb befestigt ist? Da üblicherweise auf den Skelettzeichnungen, so auch an unseren, das Schulterblatt richtig eingezeichnet ist, sehen wir uns einmal den Brustkorb, *ohne* das eingezeichnete Schulterblatt an.

Dabei sehen Sie, wie schön glatt nebeneinander die Rippen liegen und suchen vergebens nach etwas, das wie ein Gelenk aussieht ... Jetzt erst wird die interessante Besonderheit dieser Schulterblattkonstruktion deutlich:

Das Schulterblatt ist nicht über ein Gelenk, sondern »nur« durch kunstvoll über- und untereinander liegende Muskeln mit dem Brustkorb verbunden!

Beim Betrachten der verschiedenen Brustkorbformen haben wir erwähnt, daß sowohl der Brustkorb, wie auch das Schulterblatt ganz funktionell so gestaltet sind, wie es die Bewegungs- und Lebensform des Tieres verlangt.

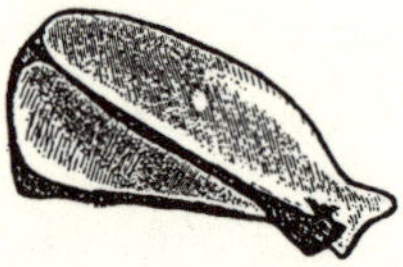
Vorderseite

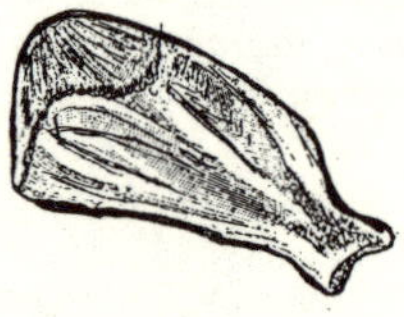
Rückseite

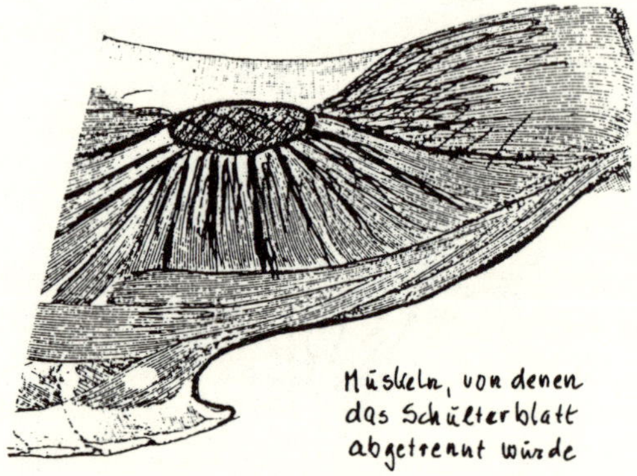
Muskeln, von denen das Schulterblatt abgetrennt wurde

Schulterblatt

Schon die Knochenform: ein platter und breiter Knochen, zeigt, daß das Schulterblatt gerade so gestaltet ist, daß es der Seitenwand des Brustkorbes gut anliegen kann, wozu es, an seiner Unterfläche zur Rippenseite, noch leicht gewölbt ist.

Als Ausgleich für die Wölbung wird das Schulterblatt (Scapula) auf der Oberseite durch die Schulterblattgräte (Spina) der Länge nach versteift. Sowohl die Mulde unterhalb des Schulterblattes, wie auch die auf der Oberseite beidseitig der Spina liegenden Mulden und ebenso die Schulterblattgräte selbst, sind Ansatzpunkte für die verschiedensten Muskeln.

Der wichtigste Träger des Schulterblattes und zugleich des gesamten Rumpfes, ist der an der Hinterseite des Schulterblattes befestigte große Sägemuskel, der sowohl am Sehnenstreifen des Halses als auch am Vorderrand der 3.—9. Rippen befestigt ist.

In diesem Muskel ist der Körper des Hundes wie in einer Hängematte aufgehängt. Und so, wie eine Hängematte an ihren Enden an zwei Pfosten befestigt ist, sind die Muskeln auf der Rückseite des Schulterblattes, zwischen dem oberen Knorpelsaum und der Spina am oberen Teil der Wölbung befestigt.

So daß also die Schulterblätter mit den Pfosten einer Hängematte vergleichbar sind, die Muskeln die Hängematte darstellen, in der der Körper des Hundes ruht, bzw. bei Stoß oder Druck elastisch aufgefangen wird. Weitere Muskeln, die radiär um das Schulterblatt angeordnet sind, pressen es an den Brustkorb und ermöglichen sowohl seinen Halt wie seine Bewegung. Das Schulterblatt wird gestützt von den es unterstellenden Gliedmaßenteilen.

Beim Auffangen des Stoßes wird der Körper in die Hängematte gedrückt, die an der Schulterblattbasis befestigt ist; die Schulterblätter geben unter dem Druck leicht nach, d. h. drehen sich um ihren Drehpunkt, in Höhe des äußeren Drittel der Spina, leicht ellipsenförmig nach hinten-unten.

Die Spina ist die Längsachse des Schulterblattes und geht von der Schulterblattbasis in Richtung zur Gelenkpfanne, der Verbindung zum Schultergelenk. Durch Absenken der Schulterblattbasis wird das Schultergelenk gleichzeitig etwas angehoben und somit leicht federnd gewinkelt.

Das **Schultergelenk** ist die Verbindung von Schulterblatt und Oberarm. Die Gelenkkapsel ist eine Vertiefung am unteren Ende des Schulterblattes, die dem Kopf des Oberarmbeins entspricht; die Verbindung wird durch Bänder und Muskeln befestigt. Dabei bilden Schulterblatt und Oberarm einen beweglichen Winkel, den **Schulterwinkel.** Je nach Bewegung oder Stand des Hundes ist dieser Winkel mehr oder weniger gestreckt. Wenn Sie von der berühmten *90°-Winkelung* hören, die wir später noch eingehender besprechen werden, wird diese gemessen, wenn der Hund in »Normalstellung« steht.

Oberarm

Das *Oberarmbein* (Humerus) ist ein schräg nach hinten-unten wegstrebender Röhrenknochen, in Form einer, bei den verschiedenen Hunderassen unterschiedlich langen, stets schlanken Röhre, die vor allem beim Dachshund und bei kurzbeinigen Terriern stark gebogen (und daher relativ kurz) ist.

Daran befinden sich verschiedene Erhebungen und Vertiefungen für den Ansatz der Muskeln. Der Gelenkkopf ist längsoval geformt. Gegen Überstreckung befindet sich vor dem Gelenkkopf eine Erhöhung, die ein weiteres Überrollen des Gelenkkopfes in der Gelenkpfanne verhindert.

Unterarm

Der *Unterarm* besteht aus zwei langen Knochen: **Speiche** (Radius) und **Elle** (Ulna). Der **Radius** stellt eine schlanke, mäßig nach vorn gebogene Röhre dar, die oben zum Speichenkopf verdickt ist, am unteren zur quergestellten Speichenwalze verbreitert, die zur gelenkigen Verbindung mit den Karpalknochen gehört.

Die **Elle** überragt an ihrem oberen Ende mit ihrem Kopf, dem Ellenbogen die Speiche. Oben — in Richtung zur Speiche, befindet sich eine Auflagefläche, die die Gelenkfläche des Oberarms entsprechend ergänzt, das darüber hinausragende freie Ende der Elle ist zum **Ellenbogenhöcker** verdickt.

Das bedeutet, daß das Oberarmbein sowohl auf der Speiche wie auf der Elle aufliegt und wie in einer Rinne eingerastet hin- und hergleiten kann, nach hinten aber zusätzlich abgestützt ist, während der Ellenbogen selbst Ansatzfläche zur Hebelwirkung von Muskeln bietet. Der Ellenbogenhöcker liegt in Höhe des Brustbeines.

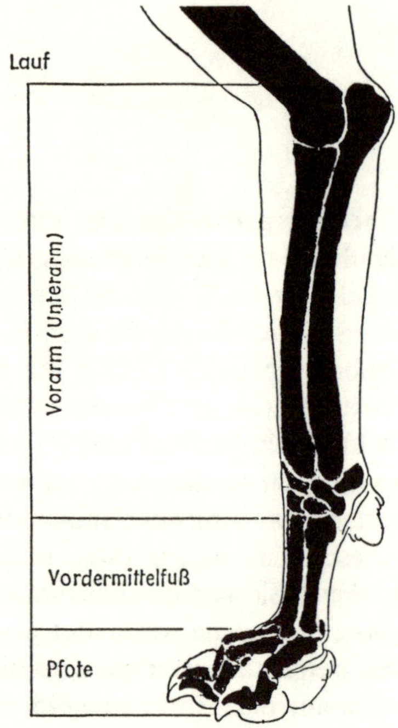

Der Vorderlauf des Hundes von außen gesehen
(Nach Ellenberger, Handbuch der Anatomie der Tiere, Bd. 5)

Vorderfuß

Es folgt der Vorderfuß, der der Hand des Menschen entspricht und aus Vorderfußwurzelknochen, Vordermittelfußknochen, Vorderzehenknochen (Fingerknochen) besteht.

Das ***Vorderfußwurzelgelenk*** ist ein zusammengesetztes Gelenk und besteht aus drei Gelenkspalten. Es ensteht aus dem Zusammenwirken der Knochen des Unterarms, der Vorderfußwurzel und dem Mittelfuß. Elle und Speiche sitzen auf diesen Knochen auf; ebenso sind die einzelnen Knochen Ansatzstellen verschiedener Muskeln und Sehnen; einer der Knochen, das Erbsenbein, ist so gestaltet, daß er in etwa dem Ellenbogenhöcker des Unterarms in seiner Wirkung entspricht.

Die ***Vordermittelfußknochen*** (zusammen mit den Vorderfußwurzelknochen oft als Fessel bezeichnet) sind fünf lange, schlanke Knochen, die denen unseres Handtellers entsprechen und die wir auch bis zu den Fingern deutlich spüren können.

Ihnen schließen sich die vier Zehen an, auf denen der »Fuß« steht, da die erste Zehe, die sog. Afterkralle, verkümmert ist. Jede der Zehen besteht wieder aus drei Zehengliedern, wobei das dritte dann das Krallenbein mit der Kralle ist. Unterhalb der ersten Zehenglieder befindet sich der Sohlenballen, unter den zweiten die Zehenballen. Der Ballen an der Hinterseite der Vorderfußwurzel, der »Vorderfußwurzelballen« wird nicht mehr verwendet.

Anders als der Mensch (Sohlengänger) ist der Hund ein *Zehengänger.* Wenn ein Mensch besonders schnell läuft, richtet er sich auf die Zehen auf, d. h. Fußwurzel und Mittelfußglieder werden zum Zehenstand vom Boden abgehoben, dies entspricht der normalen »Fußstellung« des Hundes.

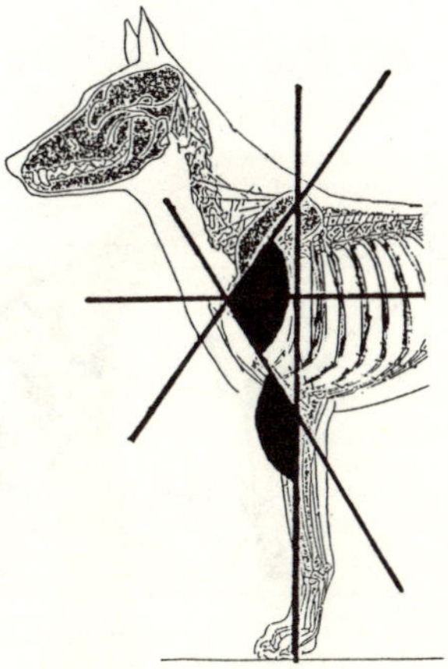

Gliederung der Vorderhand

Betrachten wir nun die Vorderhand insgesamt, erkennen wir, wenn sie sich (bzw. der Hund) in Normalstellung befindet, darin eine dreifach gegliederte Säule. Erst durch die Beteiligung von Muskeln, Sehnen und Bändern werden die einzelnen Skelettteile zu einem wirksamen Hebelwerk zusammengefügt.

In *Normalstellung* wirkt der Angriffspunkt der Last, das Körpergewicht, am Schulterblatt an einem Punkt, der gleichzeitig dessen Drehfeld entspricht und etwa in der Mitte der Ansatzfläche des großen Sägemuskels liegt.

Fällt man von diesem Punkt am Schulterblatt das Lot senkrecht auf den Boden, sieht man, daß es durch die Drehachse des Ellenbogengelenkes und den unteren Teil von Speiche und Elle direkt in die Mitte der Fußungsfläche fällt, wobei dann der Vorderfuß hinter die Schwerlinie zu liegen kommt. Auf abweichende »Normalstellungen« komme ich später noch zurück.

In dieser Normalstellung bildet die tragende Säule drei Winkel:

1. einen stumpfen Winkel vor dem Schwerlot
2. einen hinter dem Schwerlot (da das Karpalgelenk gestreckt ist)
3. der Ellenbogenwinkel ist genau im Schwerlot

Diese Gelenkwinkel sind gegen Einknicken durch Muskeln, Bänder und Sehnen geschützt.

Bei Hunden ist, im Gegensatz zu Pferden, hierbei der Anteil der Muskulatur höher, d. h., auch im Stehen ist *aktive* Muskelarbeit nötig. Daher legen sich Hunde häufig hin und ruhen sich vom Stehen aus.

Das Ellenbogengelenk befindet sich solange im labilen Gleichgewicht, wie das Schwerelot der Last seine Drehachse trifft und Oberarm, Unterarm und Fuß in dieser Lage festgehalten sind.

Das Vorderfußwurzelgelenk (Karpalgelenk) wird bei Belastung nach hinten durchgedrückt. Dadurch wird der gesamte Fesselapparat gespannt, die Sesambeine werden sperrklotzartig gegen die Gelenkwalze gepreßt und das Gelenk so fixiert. Bevor wir uns nun mit den praktischen und vielfachen Auswirkungen des eben Gesagten beschäftigen, müssen wir uns zuvor noch mit der Konstruktion der Beckengliedmaßen vertraut machen.

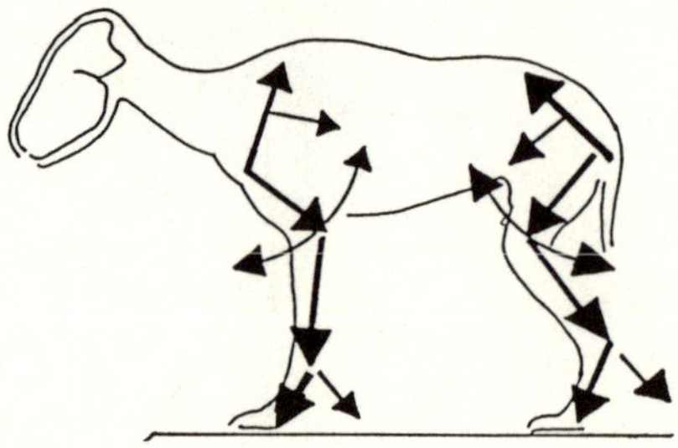

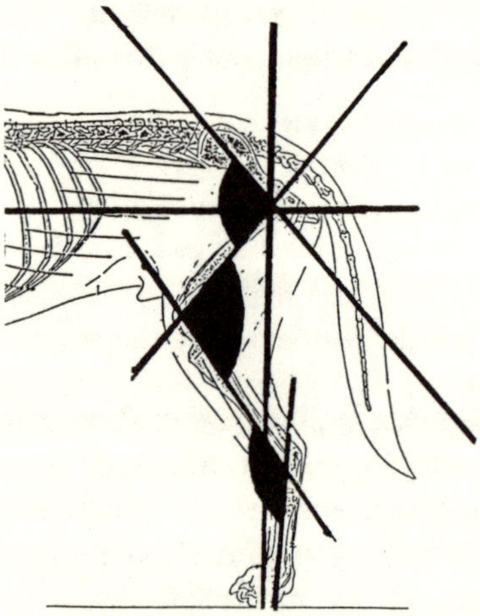

Der Beckengürtel

verbindet die Hintergliedmaßen mit der Wirbelsäule. Er wird gebildet aus den beiden Hüftbeinen, die aus Darmbein, Schambein und Sitzbein bestehen, die durch feste Nähte miteinander verbunden sind.

Bei der Hündin muß das Becken die nötige innere Weite für den Gebärvorgang haben, damit die Welpen ungehindert geboren werden können.

Im Schambein befindet sich die Gelenkpfanne für die Kugel des Oberschenkelknochens. Vorn, in die zwischen den Hüftbeinen befindliche Lücke, ist das Kreuzbein eingefügt und stellt die sehr straffe aber gelenkige Verbindung von Wirbelsäule und Becken her.

Der ganze Beckengürtel ist so stark von zahlreichen Muskeln überzogen, daß nur der Hüft- und Kreuzbeinhöcker und der Sitzbeinhöcker unter der Haut zu fühlen sind. Dies ist insofern von praktischer Bedeutung, weil bei der *Messung des Hundes die Rumpflänge vom Buggelenk bis zum Ende des Sitzbeinhöckers gemessen wird.*

Von den Hinter- oder Beckengliedmaßen

Wenn wir uns die Skelettzeichnungen ansehen, stellen wir fest, daß die Hinterhand im Prinzip ähnlich gegliedert ist wie die Vorderhand, *jedoch in genau entgegengesetzter Weise ihren Verlauf nimmt.*

Während das *Schulterblatt schräg nach oben schwanzwärts* geneigt die »Zickzacklinie« der Vorderhand einleitet, ist das ihm entsprechende **Darmbein** *schräg nach unten kopfwärts* geneigt, und entsprechend ist die Folge der nachfolgenden Gliedmaßenteile.

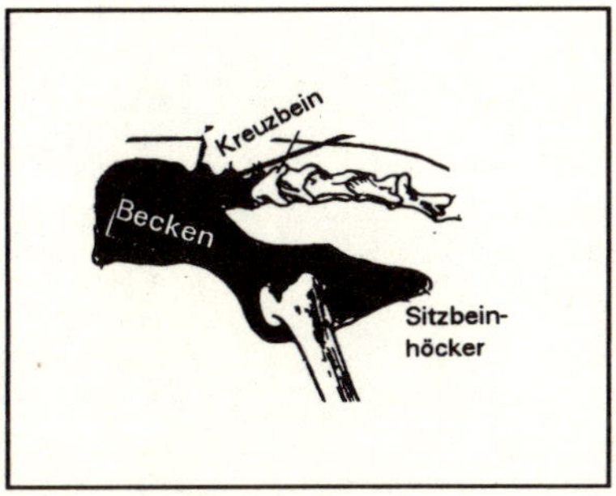

Die Kruppe

hat für die Beurteilung der Hinterhand besondere Bedeutung. Bei den meisten Hunderassen wird ein ganz leichter, sanfter Abfall gewünscht, bei einigen Rassen ist jedoch auch eine horizontale Kruppe und bei anderen eine steil abfallende, abschüssige Kruppe »vorgeschrieben«. Diese unterschiedlichen Kruppenformen ergeben sich aus unterschiedlicher Lage und Länge von Kreuzbein und Beckenknochen.

Je horizontaler diese verlaufen, um so weniger Fall wird die Kruppengegend haben, je mehr sie sich nach hinten neigen, um so stärker muß folglich die Kruppe abfallen. Die stark abschüssige Kruppe hat meist ein zu tief liegendes Sitzbein und damit zu kurze Schenkelmuskulatur. Bei Windhunden wird diese Schräglage z. B. durch das im Verhältnis kurze Becken ausgeglichen.

Erscheint die Rute hoch angesetzt, zeigt dies die mehr waagrechte Lage des Kreuzbeins, ist der Rutenansatz »eingesteckt«, ist das Kreuzbein sehr kurz oder sehr tiefliegend.

Fällt die Kruppe kaum wahrnehmbar ab, geht sie sanft in den Rutenansatz über, so daß der Sitzbeinhöcker etwas tiefer als die Hüften liegt. Bei guter Länge hat die Kruppe auch ausreichend Platz für kräftige Muskeln und ist Bedingung für eine gut gewinkelte Hinterhand. Auf ihre Bedeutung für den Vorwärtsschub kommen wir später noch zurück.

Oberschenkel

Der *Oberschenkelknochen* (Femur) ist der stärkste Knochen des Skeletts, was sich auch logisch daraus erklärt, daß er nicht nur Stützfunktion wie der Oberarm hat, sondern maßgeblich ist für den gesamten Vorwärtsschub.

Sein halbkugeliger Gelenkkopf paßt in die Gelenkpfanne des Beckens. Dieses Gelenk gibt bei zahlreichen größeren Hunderassen Anlaß zur Besorgnis. Sowohl durch Aufzuchtfehler, wie auch genetisch bedingt, kann sowohl die Gelenkpfanne im Becken zu flach oder zu weit sein, als auch der Oberschenkelkopf unzureichend geformt sein. Häufig findet man auch, daß der Oberschenkelhals nicht im genügenden Winkel zum Oberschenkelknochen steht. Durch den abgewinkelten Oberschenkelhals wird der Stoß der Hintergliedmaße unterbrochen, ist dies nicht der Fall, wirkt die Stoßkraft unvermindert und verformt dadurch leicht das Gelenk.

Das bedeutet, daß, bei gleichzeitig zumeist sehr dürftiger Qualität von Bändern und

Muskeln, das Gelenk nicht ausreichenden Halt bietet, so daß der Hund schnell ermüdet und sich oft nur unter großen Schmerzen bewegen kann.

Da Vorder- und Hinterhand den Bewegungsablauf koordiniert durchführen, muß auch ihre Länge ebenso wie ihre Winkelung aufeinander abgestimmt sein.

Daher sollte die Lage des Darmbeins mit Schulterblatt und Vorderarm harmonieren und mit dem Oberschenkelbein in entsprechendem Winkel zusammenstoßen.

Auch hier gilt, daß viele »präzise« Winkelangaben ins Reich der Vermutung gehören. Bestimmte Winkelungen findet man, wie gesagt, nur beim Hund in »Normalstellung«. Sie *verändern* sich jedoch in der Bewegung *laufend.*

Bei den Gebrauchshunderassen wird hier eine Winkelung von 90, 80—85° angegeben, weil »so der im Beckengelenk ruhende Oberschenkelknochen weit nach vorn geführt werden kann und den ihn verlängernden Unterschenkel raumgreifend nach vorn schwingen«.

Von ausschlaggebender Bedeutung ist aber der Winkel, in dem das Becken zur Wirbelsäule steht; es muß der *Bewegungsrichtung* angepaßt sein, während sich der Darmbein-Oberschenkel-Winkel aus der Länge des Oberschenkelknochens ergibt.

Bei den Windhunden dagegen hat Seiferle Hüftgelenkswinkel von 120° bis 139° festgestellt. Auf die insgesamt steilere Winkelung bei Windhunden, die manchen erstaunen wird, kommen wir später nochmals zurück.

Kniegelenk

Der Oberschenkel endet im Kniegelenk, an dessen Bildung die Kniescheibe und die zwei Unterschenkelknochen beteiligt sind.

Das Kniegelenk ist für den Hund außerordentlich wichtig, da es, unterstützt vom Sprunggelenk, die Bewegung einleitet und weitergibt. Es muß daher besonders kräftig ausgebildet sein und soll — entsprechend zur Winkelung der Vorderhand — gut und tief gewinkelt sein. Auch hier gibt es interessante Winkelangaben:

Bei den Gebrauchshunden rechnet man etwa einen Winkel von 130°, bei Windhunden ermittelte man tatsächliche Winkelungen von 124° bis 159°.

Von diesem Gelenk aus werden die stärksten Stöße an den ganzen Körper übermittelt. An seiner Vorderseite sorgen Bänder und eine flache Knochenscheibe, die Kniescheibe, für die Einhaltung der Richtung und verhindert eine zu starke Streckung des Gliedes. Auf der Rückseite wird die Einhaltung der Richtung durch das Sesambein, einen vorspringenden Knochenhöcker bewerkstelligt.

Insbesondere »steil« gestellte, d. h. wenig gewinkelte Rassen neigen zu einem Herausspringen der Kniescheibe, der sog. Patella-Luxation. Dies ist eine ererbte, schwerwiegende Veränderung: Die Kniescheibe wird normalerweise in einer Knochenrinne geführt, die sie seitlich überragt. Bei einigen Hunden sind die Knochenkämme zu schwach ausgebildet, so daß die Kniescheibe seitlich wegrutschen kann.

Untersuchungen haben ergeben, daß ein fehlerhaft gebautes Kniegelenk, viel weitgehender, als man sich vorstellen kann, die Gestaltung des gesamten Skelettaufbaus verändert. Als Folge von Störungen im Kniegelenk hat man Veränderungen sowohl in der *gesamten* Wirbelsäule, in den Gliedmaßen und in den Knochenstrukturen gefunden und ebenso starke Veränderungen der Muskulatur.

Vom Kniewinkel abhängig ist auch die Stellung des Oberschenkels zum Becken, wie auch die Winkelung des Sprunggelenkes.

Bei Pferden wird durch spezielles Traber- oder Galopptraining die Gestaltung der Hinterhand nachhaltig beeinflußt; bei Hunden, bei denen ein vergleichbar gezieltes Training nicht stattfindet, sind die gegebenen, angeborenen Knochenlängen daher von großer Bedeutung.

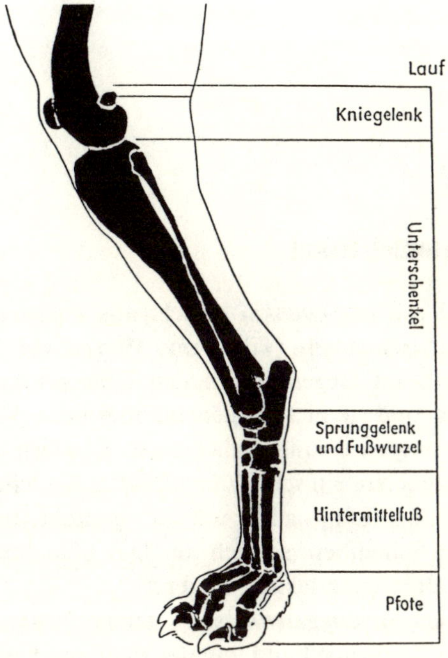

Der Hinterlauf des Hundes von außen gesehen
(Nach Ellenberger, Handbuch der Anatomie der Tiere, Bd. 5)

Ausschlaggebend für den Schub der Hinterhand sind daher die Winkelung des Kniegelenkes und die Stellung des Beckens. *Das Kniegelenk ist das wichtigste Gelenk für die Fortbewegung des Hundes und nicht, wie oft fälschlich angenommen, das Sprunggelenk.* Fällt das Kniegelenk aus, wird jede normale Bewegung des Körpers unmöglich, hingegen kann der Hund einen Fehler oder eine Versteifung im Sprunggelenk ausgleichen und sich, wenn auch eingeschränkt, fortbewegen.

Unterschenkel

Der *Unterschenkel* besteht aus zwei Knochen, **Schienbein** (Tibia) und **Wadenbein** (Fibula). Im Gegensatz zu den Unterarmknochen sind sie nicht gegeneinander beweglich, sie kreuzen einander auch nicht, sondern das Wadenbein, ein sehr dünner platter Knochen, in seiner Längsachse um 90° gedreht, liegt dem Schienbein seitlich an. Das Schienbein hat die Körperlast zu tragen.

Das Sprunggelenk ist in seiner Funktion vom Kniewinkel und von der richtigen Länge der Unterschenkelknochen abhängig. Sind sie zu lang, kommt es zu übertriebener Winkelung und Säbelbeinigkeit; sind sie zu kurz, ist die Winkelung ungenügend und die Stellung des Sprunggelenkes zu steil.

Die sogenannte »faßbeinige« Stellung entsteht, wenn die Sprunggelenke nach außen gedreht sind; stehen sie zu nah beisammen, ergibt sich die scheußliche »Kuhhessigkeit«. Daher sind die dem jeweiligen Standard entsprechenden Angaben von Bedeutung.

Das Sprunggelenk besteht aus sieben kleinen Knochen. Der wichtigste von ihnen ist der Fersenbeinhöcker, von dem aus sowohl die starke Sehne des Wadenmuskels, wie die des Zehenbeuger ausgehen. Man kann fühlen, wie stark sie sind, denn sie fühlen sich hart, wie ein feiner Knochen an.

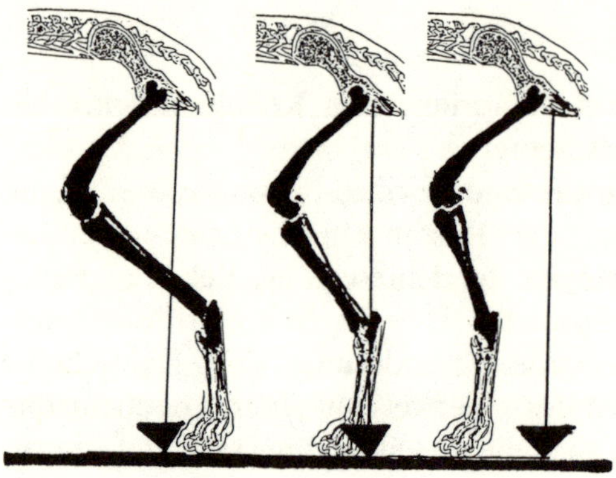

Die Unterschenkelknochen, wie auch die Sprunggelenkknochen, sind so ineinandergefügt, daß die Bewegung des Sprungbeinhöckers die beste Hebelwirkung erreicht. Wie beim Vordermittelfuß, steht auch der Hintermittelfuß auf vier stützenden Zehen. Bei einigen Rassen tritt noch die rudimentäre erste Zehe, die Afterkralle, die sonst verkümmert ist, auf und wird, bei einigen Rassen erwünscht, als besonders typisches Merkmal bewertet.

Ansonsten entspricht die Hinterhand weitgehend der Konstruktion der Vorderhand; der Karpalballen der Vorderhand fehlt bei der Hinterhand ganz.

Insgesamt ist die Hinterhand als Stemm- und Wurfhebelwerk konstruiert. Sie ist weniger belastet als die Vorderhand, dafür sind die einzelnen Glieder entsprechend länger,

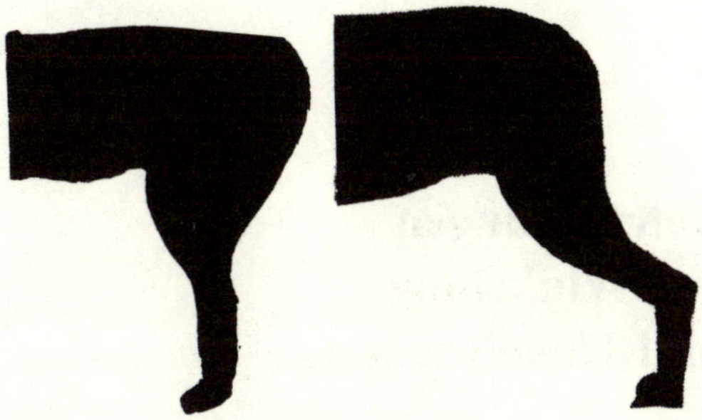

da sie weit unter den Körper greifen müssen und diesen weit nach vorn schnellen sollen. Daraus ergibt sich auch die Notwendigkeit einer stärkeren Winkelung.

Betrachtet man die Hinterhand in der sogenannten »Normalstellung«, so fällt auch hier das Schwerlot vom Angriffspunkt der Last (Hüftgelenk) in die Mitte der Fußungsfläche, wobei es den Unterschenkel kreuzt. Dadurch kommt das Kniegelenk vor und das Sprunggelenk hinter die Schwerlinie zu liegen.

Allerdings gibt es erwünschte rassebedingte aber auch unerwünschte Abweichungen. Ist die Hinterhand steil gestellt (als Folge entweder kürzerer Oberschenkelknochen oder als Folge einer waagerechten Kruppe) sind die Hinterläufe zu weit unter den Leib geschoben, und der Hund steht entsprechend über »wenig Boden«, d. h. seine Unterstützungsfläche und somit auch seine Standfestigkeit, ist geringer. Dann ist die Hinterhand *unterständig*.

Bei der *rückständigen* Hinterhand sind die Hinterläufe weit rückwärts hinter das Schwerlot gestellt. Dies kann die Folge eines überstreckten, stumpfen Hüftwinkels sein oder seinen Grund in den Längenverhältnissen der Knochen haben. Wenn die Unterschenkel unverhältnismäßig lang sind, ist die Folge, daß der Hintermittelfuß zu schräg gestellt sein kann, um so spitzer wird dann auch der Sprunggelenkswinkel.

Eine *leicht* rückständige Stellung ist allerdings bei vielen Hunden *erwünscht*. Eine vom Sitzbeinhöcker gefällte Senkrechte schneidet das Sprunggelenk und geht dicht vor ihm zur Erde in die Fußungsfläche. Diese Stellung sichert festen Stand, einen kräftigen Abschwung und federndes Fußen des Hinterlaufes.

Da diese Stellung, was man besonders bei Ausstellungen beobachten und auf Standfotos »bewundern« kann, gern »erzeugt« wird, indem man beim stehenden Hund die Hinterhand unnatürlich nach hinten zieht, muß man immer darauf achten, daß der Hund wirklich natürlich steht. Sie täuscht leicht eine »bessere Winkelung« der Hinterhand vor. Häufig ist der Sprunggelenkswinkel in Wirklichkeit geringer, für die Bewegung wird daher mehr Kraft benötigt.

Bevor wir uns nun mit weiteren Einzelheiten und Problemen der Bewegung beschäftigen, müssen wir uns noch mit einigen oft genannten Begriffen auseinandersetzen.

Betrachtungen zur Winkelung und Hebelwirkung

Der bekannte Wissenschaftler U. Duerst, der sich jahrzehntelang mit den Körpermaßen- und Proportionen der Tiere beschäftigte, schrieb einmal, um die mannigfaltigen Hebelwirkungen von Knochen und Muskeln zu klären, müsse man »die Kenntnis eines Biologen und eines Maschineningenieurs vereinen.«

In den Beschreibungen der für den Hund vorteilhaften Körperproportionen, wird sowohl der Winkelung, als auch der Hebelwirkung einzelner Knochen und Muskeln, breiter Raum eingeräumt. Eine schwierige Angelegenheit, da Hundebesitzer normalerweise weder über die besonderen Kenntnisse eines Biologen noch über die eines Maschinenbauingenieurs verfügen.

So hat sich seit Jahrzehnten die Ansicht halten können, daß die vorteilhaft gewinkelte Vorderhand (wie auch entsprechend die Hinterhand) die berühmte 90°-Winkelung zu zeigen habe.

Dabei geht man davon aus, daß die Knochenpaare Schulterblatt und Oberarm (und Darmbein und Oberschenkel), ja sogar Ober- und Unterarm, wo sie zusammenstoßen, einen Winkel von 90° ergeben sollen, der von einer gedachten waagerechten Linie durch das Gelenk dann in zwei 45° Winkel geteilt wird.

Wie groß hier der Bereich der »Vermutung« ist und wie oft hier blindlings Maße einfach und ungeprüft übernommen werden, erkennt man nicht zuletzt daran, daß diese Winkelung in den Beschreibungen nahezu aller Rassen, auch bei so entgegengesetzten wie Schäferhund, Terrier usw., zu finden ist.

Zwei Quellen für diese Angaben lassen sich gut herausfinden. In der früheren deutschen kynologischen Literatur findet man noch die richtige Angabe, daß diese Winkel *bis zu* 90° sein können.

Erst bei und nach Stephanitz wird als der *günstigste* Winkel der von 90° genannt, wobei Stephanitz empfiehlt, sich doch dies zu verdeutlichen, wenn man die Knochenstellung einmal mit Streichhölzern nachlegen würde.

Auch Sie können dies, wenn Sie so verfahren, auf der Tisch*platte* nachlegen ... der Denkfehler hierbei liegt darin, daß der Rumpf des Hundes nicht *eben* wie eine Tischplatte ist, und sich daher tatsächlich ganz andere Voraussetzungen ergeben müssen.

Die andere Quelle ist wiedereinmal die Übernahme von der Pferdebeurteilung. Hier ergeben sich aber viel einheitlichere Situationen als bei Hunden und sind daher nicht ohne weiteres auf den Hund zu übertragen. Man muß zu der Vermutung kommen, daß die Grundlagen der Hundebeurteilung vielfach, ohne nähere Prüfung, einfach von der Pferdebeurteilung abgeschrieben worden sind.

Wer allerdings einmal ernsthaft versucht hat, diese Winkelung bei seinem Hund im Stand herzustellen, und zwar so, daß diese — wie es sein soll — in der Vorder- und Hinterhand *gleichzeitig* nachzuweisen ist, wird gewisse Schwierigkeiten haben, wenn er so mißt, wie gemessen werden soll und was auch, am lebenden Hund, tatsächlich fast unmöglich ist.

Denn man müßte die eine Linie genau in der Längsrichtung des Schulterblattes legen, die andere genau durch die Längsachse des Oberarms, so, daß sie sich genau *im* Schultergelenk schneiden. Dann könnte man den Winkel, in dem sie sich treffen, messen, aber auch nur dann, *wenn* erstens der Hund solange stillhält und zweitens diese Achsen überhaupt richtig festzulegen sind.

Man kann es natürlich auch an Fotos versuchen, aber da gehen die Mutmaßungen schon los, da man unter dem Fell die Lage der Knochen und ihre Längsachsen eben nicht exakt ausmachen kann.

Trotzdem hat diese Forderung durchaus ihren Sinn, obwohl sich inzwischen erwiesen hat, daß *es »den« 90°-Winkel höchst selten gibt*. Ein Widerspruch? Wir wollen uns im folgenden näher damit beschäftigen.

Wenn Sie es trotzdem versuchen wollen, diese Winkelung bei Ihrem Hund herzustellen, werden Sie dies bei einem in Normalstellung stehenden Hund kaum erreichen. Wenn Sie ihn aber *seitlich hinlegen,* können Sie den Oberarm soweit nach oben schieben, daß, da sich dabei das Schulterblatt gleichzeitig senkt, tatsächlich ein Winkel von 90° zustande kommt.

Jetzt schieben Sie — während Ihr Hund Sie gespannt aus den Augenwinkeln betrachtet — auch noch den Unterarm so, daß er mit dem Oberarm einen rechten Winkel bildet, und dann so gelagert sein sollte, daß es ihm möglich wäre, senkrecht auf dem Boden zu stehen. Wenn das, was Sie jetzt sehen, genau so aussieht, wie beim stehenden Hund, dann haben Sie auch im Stand einen 90° Winkel-Hund, wie er, zahlreichen Publikationen zufolge, sein soll.

Aber, wenn Sie Ihr Werk (d. h. den hoffentlich noch geduldig daliegenden Hund) jetzt betrachten, stellen Sie fest, daß das Schultergelenk eigentlich viel zu weit vorn *vor* den Brustkorb kommt. *Stünde* der Hund *so*, wäre damit die Funktion der Schultergliedmaßen, den Körper zu tragen, nicht mehr gegeben.

Wenn Sie sich jetzt noch vorstellen, daß das Schulterblatt von *dieser* Lage aus sich bei Sprung und Bewegungen noch um seine Achse schwingen soll, würde dies bedeuten, daß die dazugehörigen Muskeln völlig anders verlaufen müßten, als sie es in Wirklichkeit tun.

Diese 90°-Winkelung wäre tatsächlich oft nur dann möglich, wenn das Schulterblatt gelenkig mit dem Brustkorb verbunden wäre, da ja dieses Gelenk nicht, wie die Muskelverbindung, flexibel ist. (Womit dann gleichzeitig aber die Auffangfederung der flexiblen Muskelverbindung aufgegeben wäre, denken Sie dabei an den eingangs durchgeführten »Selbstversuch«.)

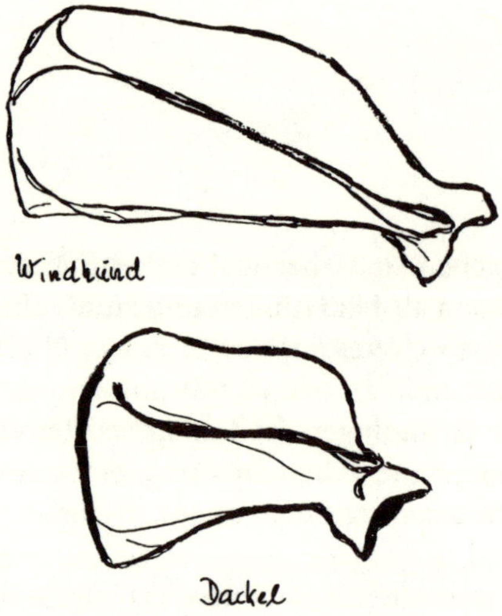

Rassenunterschiede beim Schulterblatt

Zwei weitere Gesichtspunkte kommen nun noch hinzu. Der erste ist die *Größe des Schulterblattes.* Der platte Knochen des Schulterblattes wird bereits vor der Geburt entsprechend dem Brustkorb, dem es anliegen soll, vorgeprägt und paßt sich der entweder mehr tonnenförmigen oder mehr flachen Rippenwand an.

Ebenso hat die Fläche des Schulterblattes, entsprechend den Muskeln, die daran befestigt das Körpergewicht tragen sollen, die dafür passende Größe und Form. Ein, mit Rücksicht auf den Brustkorb, kürzeres Schulterblatt muß dann entsprechend breiter und stärker gewölbt sein, wie wir es z. B. beim Dackel kennen. Das Schulterblatt eines Barsois dagegen, das einer sehr hohen Brustwand anliegen muß, ist dann außerordentlich lang und schmal.

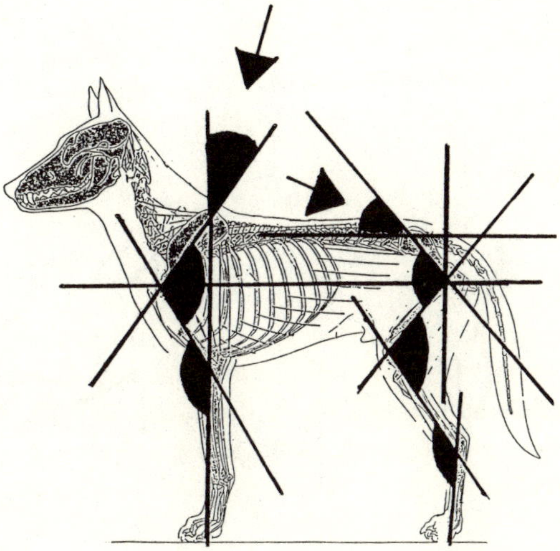

Als zweites sind es die *Längenmaße des Oberarmknochens.* Hier gibt es zahlreiche Messungen, die aussagen, daß der Oberarm etwa 15—25% länger ist, als das Schulterblatt. Von diesen Verhältniszahlen einmal abgesehen, die sicherlich schwanken können, bleibt aber die Tatsache, daß der Oberarm *immer* länger als das Schulterblatt ist, bestehen.

Wenn Sie jetzt Ihren liegenden Hund nochmals in einen 90°-Hund verwandeln, sehen Sie, daß dies auch bedeutet, daß auch das Ellenbogengelenk nicht mehr funktionell angeordnet ist, weil es notgedrungen viel zu hoch gegen den Brustkorb gedrückt wird, und das Abstellen des Unterarms zeigt, daß der Körper viel zu weit hinten unterstellt wird, d. h. kopflastig werden muß.

Damit wären aber sowohl die Bewegungsfreiheit, als auch das Gleichgewicht empfindlich gestört. Soll aber der Unterarm wenigstens senkrecht zum Boden stehen, da ja ansonsten der Hund kaum richtig laufen kann, ergibt sich, bei einem Schulterwinkel von 90° etwa ein Ellenbogenwinkel von 135°.

Glücklicherweise ist die Natur ein besserer Techniker und Biologe und sorgt dafür, daß, trotz allerlei Unordnung, die beim Herauszüchten der Rassen hineingekommen ist, bestimmte anatomische Grundprinzipien erhalten bleiben, so daß doch die meisten Hunde meistens ganz gut und fest auf ihrer Vorderhand stehen. Daher wollen wir nun, am lebenden Objekt, festzustellen versuchen, wo es Annäherungen zwischen Theorie (Wunschdenken) und Praxis gibt.

Wenn Sie Ihren Hund in Standposition, wie oben beschrieben, auf eine ebene Unterlage stellen und das Lot von der Mitte der Basis des Schulterblattes (die Sie, als Fortsetzung der Spina leicht abfühlen können) auf den Boden fällen, kann man jetzt einen Winkel ganz gut messen:

Die Längsachse (Spina) des Schulterblattes bildet mit dieser Senkrechten einen Winkel von ca. 30°. Mißt man jetzt den Schulterwinkel bei unserem »Normalhund« einmal nach, ergibt sich, daß er etwa 110—115° zeigt.

Ebenso zeigt sich, daß sich ähnliche, mit der Lage des Schulterblattes harmonierende, Verhältnisse am Becken feststellen lassen. Zieht man eine Längsachse durch den

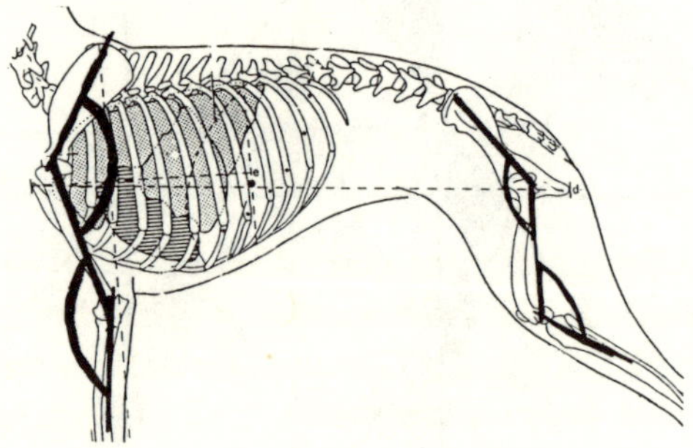

Beckenknochen und eine Waagerechte durch die Wirbelsäule, schneiden sie sich in einem Winkel von etwa 30°.

Diese Messungen haben den Vorteil, daß man sie am lebenden Hund wenigstens annähernd genau vornehmen kann, da man die für die Lage der Achsen notwendigen Knochenpunkte (oberer Rand Schulterblatt — Schultergelenk und Becken-Sitzbeinhöcker und Wirbelsäule) fühlen, bzw. nach dem Abtasten auch am Hundekörper markieren kann. So kann man sie auch auf dem Bild wiederfinden und dann dort in Ruhe die entsprechenden Linien einzeichnen und ausmessen. Allerdings *muß* auf die richtige Grundstellung des Hundes geachtet werden.

Ähnliche Messungen wurden vor einigen Jahren, allerdings sehr viel perfekter, an Windhunden vorgenommen. Dort röntgte Professor Seiferle, dem auch die vielgepriesene Winkelung ein Dorn im Auge war, die Hunde in Normalstellung.

Er stellte dabei fest, daß sie ganz besonders flache Winkelung zeigten. Der Schulterwinkel betrug etwa 140°, der des Ellenbogen etwa 160°, Hüftgelenk etwa 129°, Kniegelenk etwa 150°, Sprunggelenk etwa 159°.

Das Becken lag etwa 50° zur Waagerechten durch die Wirbelsäule, woraus sich die stark abfallende Kruppe ergibt, die allerdings nur bei Afghanen, wo die Wirbelsäule weniger aufgewölbt ist, eine »abgeschlagene« Kruppe ergibt.

Keinesfalls ergaben sich aber unter den Windhunden stark einheitliche Werte, vielmehr zeigten sich, selbst unter diesen so übereinstimmend wirkenden Rassen, erhebliche Unterschiede.

Auch bei anderen Tieren hat man sich mit den Längenverhältnissen und Winkelungen der Gliedmaßen beschäftigt. Man fand dabei heraus, daß *verschiedene Fortbewegungsweisen unterschiedlich und typische Gliedmaßen- und Winkelproportionen erkennen lassen.*

Bei *schnellen* Tieren fand man allgemein heraus, daß Oberarm und Oberschenkel kürzer sind im Verhältnis zum Unterarm oder Unterschenkel, und daß der Winkel zwischen ihnen *kleiner* ist.

Mit zunehmendem Gewicht zeigt sich, daß Unterarm/Unterschenkel im Verhältnis zu Oberarm/Oberschenkel kürzer sind und der Winkel zwischen ihnen größer. Es

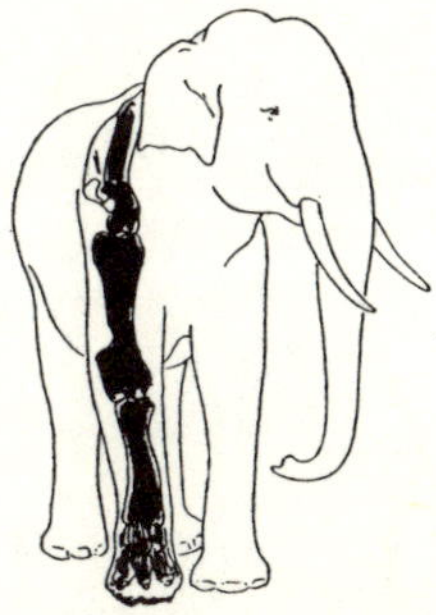

muß also Beziehungen geben zwischen Gewicht und Fortbewegungsweise eines Tieres und seiner Gliedmaßenkonstruktion.

Die Gliedmaßen, haben wir gesehen, vereinen zwei ganz unterschiedliche Funktionen: Einerseits sind sie die den Körper tragenden Säulen, andererseits haben sie eine mechanische Funktion bei der Bewegung: Sie sind das Auffang-, Stemm- und Wurfhebelwerk.

Sie wissen selber, daß mit zunehmender Last auch die Säulen, die sie tragen, stabiler sein müssen. Die Gliedmaßensäulen sind aber, da sie sich bewegen müssen, nicht aus einem Stück, sondern aus mehreren Teilen zusammengesetzt. Sie verlieren, da sie nicht senkrecht aufeinanderstehen, etwas von ihrer Stabilität, die durch Muskelkraft wieder hergestellt werden muß.

Je schwerer der Körper wird, um so größere Muskelpakete müßten, wenn bei allen Tieren die Winkelung gleich wäre, zum Einsatz kommen. Das würde nicht nur bedeuten, daß das Tier durch das vermehrte Muskelgewicht *noch* schwerer würde, sondern auch, da Muskelarbeit ja Kraft verbraucht, sehr große Nahrungsmengen verbrauchen würde. Eine Kettenreaktion ohne Ende. Aber auch die Geschwindigkeit, mit der Tiere sich fortbewegen, wäre dann bei allen gleich.

Sehen wir uns einmal das Skelett eines Elefanten an, so bemerken wir, daß bei ihm die Knochen der Gliedmaßen nahezu senkrecht aufeinanderstehen und so wahrhaft stabile »Säulen« bilden. Sie stehen also ausgestreckt und ohne Winkelung in voller Länge direkt zum Boden.

Vergleichen wir hierzu einen Leoparden oder eine Gazelle, sehen wir, daß ihre Gliedmaßen, wenn sie ausgestreckt würden, erheblich länger werden, als der normale Abstand des Tieres zum Boden ist, was zustande kommt, weil sie das Tier, mehrfach gewinkelt, unterstellen. Noch dazu ist die Hintergliedmaße länger als die vordere.

Vergleicht man die Längenmaße an Hundeskeletten, stellt sich auch heraus, daß die ***Tiere, mit relativ geringerem Körpergewicht und gleichzeitig größerer Schnelligkeit***

1. **längere Beine haben,**
2. **dabei Unterarm/Unterschenkel (d. h. die Laufknochen) im Verhältnis zu Oberarm/Oberschenkel länger sind.**
3. **die Hinterbeine länger sind, als die Vorderbeine.**
4. **Sowohl am Vorder- wie am Hinterfuß ließen sich so erhebliche Längenvarianten nicht feststellen, d. h. *diese sind nicht* ausschlaggebend für die entsprechende größere Beinlänge.**

Aber es läßt sich auch deutlich erkennen, daß Unterschiede des Körperbaus, die man bei wildlebenden Tieren beobachtet, letztlich immer die *Folge* unterschiedlicher Lebensweise sind:

Grabende Tätigkeit zeigt sich beispielsweise in einer Verkürzung des Radius.

Springende und Galoppbewegungen zeigt eine Verlängerung der gesamten Vorder- und Hinterextremität, besonders von Radius, Femur und Tibia.

Trotzdem ist bei solchen Tieren, die wir zur »Galoppform« rechnen (die, wie »Traber«- und »Kraftformen« später eingehender besprochen wird) die Gliedmaßenwinkelung steiler als die der »Traberformen«, da sie bei Sprung und Galopp erhebliche *Kraft*leistungen erbringen und stabiler sein müssen, als die elastischeren »Traberformen«.

Tiere, zu deren Lebensform die ausdauernde Trableistung notwendig ist, zeigen, gegenüber den Galoppformen, kürzere Laufknochen und gleichzeitig eine stärkere, d. h. *elastischere* Winkelung der Gliedmaßen.

Je mehr das Tier sich dann zur »Kraftform« entwickelt, verkürzen sich die Laufknochen, gleichzeitig wird aber die Winkelung wieder steiler d. h. stabiler.

Bei wildlebenden Tieren kann man also nicht davon sprechen, daß die Körpergestaltung grundsätzlich in sich harmonisch auf einander abgestimmt ist, so wie dies, wenn man die vielen Veröffentlichungen über den Hund liest, gern beispielhaft hervorgehoben wird.

Vielmehr ist es so, daß der Körperbau sowohl den Lebensanforderungen als auch den ihnen entsprechenden Verhaltensweisen folgt, und daß dabei ganz gegensätzliche Anforderungen, ganz gegensätzliche Merkmale in *einem* Tier vereinigen können.

Wie sehr dies zutrifft, sei nur am interessanten Beispiel des ***Fuchses*** erläutert. Er ist für seine grabende Tätigkeit wie für seine ausdauernde und schnelle trabende Fortbewegung bekannt. Folglich ist sein Radius verkürzt, nicht aber die Tibia! Diese ist im Gegenteil sogar sehr stark verlängert! Daraus kann man erkennen, daß in der Natur sich die Länge der Extremitäten, ihre Winkelung und ihr Verhältnis zueinander in erster Linie nach den Lebenserfordernissen des Tieres entwickeln. Typisch für den Fuchs ist nicht nur sein schnürender Gang, sondern auch, daß er in kurzen, ruckartigen Bewegungen trabt; bekannt sind auch seine hohen Sprünge beim Beutefang.

Bei unseren Haushunden hingegen hat die künstliche Selektion durch den Menschen ganz bestimmte, spezialisierte Formen hervorgebracht. *In der Natur folgt die Veränderung der Körperform auf die Verhaltensänderung.* In der Hundezucht nützte man diesen natürlichen Zusammenhang von Körperbau und Verhalten, auf Grund von Beobachtungen, ohne die tieferen Zusammenhänge zu kennen, aus. Allerdings verfuhr man gerade umgekehrt, *indem man nach den Merkmalen der Körperform züchtete, um auf diesem Wege Hunde mit ganz bestimmten Verhaltensweisen und Leistungen zu erhalten.*

Es müssen also bestimmte statische und mechanische Regeln sein, die die Fortbewegung des Tieres ermöglichen und einen entsprechenden Körperbau voraussetzen.

Daher hat, wenn sie auch nicht wörtlich genommen werden soll, die Forderung nach dem 90°-Winkel durchaus ihren Sinn.

Ein zu steil gestelltes Schulterblatt z. B. hätte nicht die genügend federnde Auffangwirkung beim Stoß. Aber auch die Übertreibung, ein zu schräg gelagertes Schulterblatt, vermindert die gute Funktion:

Beim Ausschreiten bildet der Oberarm mit dem Schulterblatt eine Linie. Kommt es, dank zu schrägem Schulterblatt, fast zu einer horizontalen Ausstreckung, hat der Hund nicht genügend Halt und kann vor allem die Rollbewegung, auf die wir später noch kommen, nicht ohne Kraftverlust durchführen.

Das kommt daher, daß sich das Schulterblatt nur begrenzt um seine Ansatzstelle drehen kann und eine genügende Durchstreckung der Vorderlaufs in der Stemmbewegung dann nicht mehr möglich ist und der Vorwärts-Schub vermindert wird.

Hier ist es nun angebracht, daß wir die Skelettmusterung unterbrechen und uns mit noch einigen Grundbedingungen vertraut machen, von denen nun schon dauernd die Rede ist und sie näher erklären:

Von der Hebelwirkung bei der Skelettbewegung

So paradox es klingen mag: »Die Knochen liefern die Hebelarme für die gesamte Fortbewegung der Tiere und verhalten sich dabei völlig passiv«. Erst die Zusammenarbeit mit den Muskeln verwandelt sie von tragenden Elementen in einen Bewegungsmechanismus.

Obwohl jeder von Kind an mit der Anwendung des Hebels vertraut ist, ist es sehr schwierig, sich die Hebelwirkungen bei der Skelettbewegung vorzustellen. Bereits das

Kind, das auf einer Wippe schaukelt, weiß, je weiter entfernt es sich vom Auflagepunkt auf die Wippe setzt, um so schwerer kann der Partner auf dem anderen Ende der Wippe sein. Dies ist ein zweiarmiger Hebel, wie z. B. auch Brecheisen und Waage.

Wenn das dicke Kind am einen Ende der Waage von einem dünnen Kind am anderen Ende hochgehoben werden muß, muß das dicke Kind sehr viel näher oder das dünne Kind sehr viel weiter vom Auflagepunkt (dem Drehpunkt) der Wippe sitzen.

Das heißt: Je schwerer die Last auf dem kürzeren Lastarm ist, je länger muß der Kraftarm sein, auf den die geringere Kraft einwirkt. Ich habe beim Aufladen von vielen zentnerschweren Bäumen unendlich oft zugesehen und auch geholfen, und es hat mir immer Spaß gemacht, zu sehen, welche Kraft in der einfachen Anwendung des Hebels liegt.

Jeder weiß, daß es unterschiedliche und auch gelenkige Hebel gibt, weil er sie praktisch eingesetzt hat. Die Wippe ist ein zweiarmiger Hebel (der Drehpunkt liegt zwischen Kraft und Last). Eine Schere ist ein Doppelhebel: Die Schraube, die die beiden Scherenhälften zusammenhält, ist der Drehpunkt. Schneidet man dickeres Material nahe am Drehpunkt mit der Schere, geht es leichter, weil der Kraftarm im Verhältnis zum Lastarm größer ist, als wenn man es mit dem vorderen Teil der Schere versuchen würde.

Und doch, obwohl wir die Hebelwirkung gern ausnutzen, die es uns ermöglicht, bei geringerer Anstrengung mehr zu leisten, ist oft die Erklärung einer offensichtlichen Hebelwirkung gar nicht so einfach.

Die einfache Frage: »Wo liegt beim Rudern der Drehpunkt?« werden viele falsch beantworten. Er liegt nicht in den Ruderrollen, wie es auf den ersten Blick den Anschein haben könnte, sondern dort, wo die Blattflächen des Ruders in Wasser tauchen!

In den Ruderrollen greift die Last des Bootes an. Wo die Hände des Rudernden anfassen, greift der Zug der Arme, die Kraft an. Indem wir das Ruder um den im Wasser liegenden Drehpunkt bewegen, ziehen wir das Boot vorwärts. D. h. wir haben es hierbei mit einem einarmigen Hebel zu tun.

Die gleiche Schwierigkeit finden wir auch, wenn die Hebelwirkung von Knochen und Muskeln erklärt wird. Meistens wird dabei als Drehpunkt die Fußungsfläche des Hundes angegeben, was aber, wenn es so wäre, niemals die vielfachen Bewegungen des Hundes ermöglichen könnte, und einen völlig anderen Knochen- und Muskelaufbau voraussetzen würde, als er tatsächlich vorhanden ist.

In welch vielfältiger, erstaunlicher (und tatsächlich bis heute noch nicht restlos geklärter) Weise die Hebelgesetze Grundbedingung der Skelettbewegung sind, wollen wir uns, allerdings *sehr* stark vereinfacht, einmal ansehen.

Die meisten Muskeln finden so am Knochen Ansatz, daß sie sich der Skeletteile als gerader oder gewinkelter, ein- oder zweiarmiger Hebel bedienen. Auch sind sie, wie es »vernünftig« wäre, nicht im rechten Winkel, sondern sowohl im spitzeren oder flacheren Winkel mit dem Knochen verbunden.

Hinzu kommt, daß auch an den, in den Zeichnungen ziemlich glatt erscheinenden Knochen viele Ausbuchtungen und Aufwölbungen sind, die einen anderen Ansatzverlauf des Muskels bilden, als die allgemeine Richtung der Knochenoberfläche dies vermuten ließe.

Auch sind Knochen, so z. B. die sehr kurzen Oberarmknochen kurzläufiger Hunde, etwas um ihre Achse gedreht. Durch diese Torsion haben die Knochen, trotz ihrer scheinbaren Kürze, durchaus genügend Platz für den Ansatz der Muskeln.

Ein und derselbe Knochen kann, je nach den Muskeln, die auf ihn einwirken, als einarmiger oder zweiarmiger Hebel benutzt werden. Beim einarmigen Hebel liegen die zu bewegende Last und der Angriffspunkt der Kraft (Muskelansatz) gleichseitig vom Drehpunkt.

Um Ihnen wenigstens eine Vorstellung dieser komplizierten Verhältnisse zu geben, gebe ich hier, stark verkürzt aus dem »Lehrbuch der Anatomie der Haustiere« von Nikel, Schummer und Seiferle, das folgende Beispiel wieder.

Es zeigt die Arbeit einiger weniger (nicht aller) Muskeln bei der Bewegung einer Vordergliedmaße, wobei man die vielfachen Möglichkeiten, die dabei ausgenutzt werden, recht gut erkennen kann.

Wenn das Tier die Vordergliedmaßen anziehen will, muß es dazu das Schultergelenk beugen, das Schulterblatt senken und den Oberarm anziehen. Der große runde Muskel bedient sich zu diesem Zweck des Oberarmknochens und des daran anschließende Gliedmaßenteils als eines einarmigen Hebels. Der Angriffspunkt der Last »b« ist die Stelle, wo der Muskel am Knochen befestigt ist, »c« ist der Schwerpunkt der bewegten Last, »a« ist der Drehpunkt. Hebelarm der Kraft ist a—b; Hebelarm der Last ist a—c. (Abb. 1)

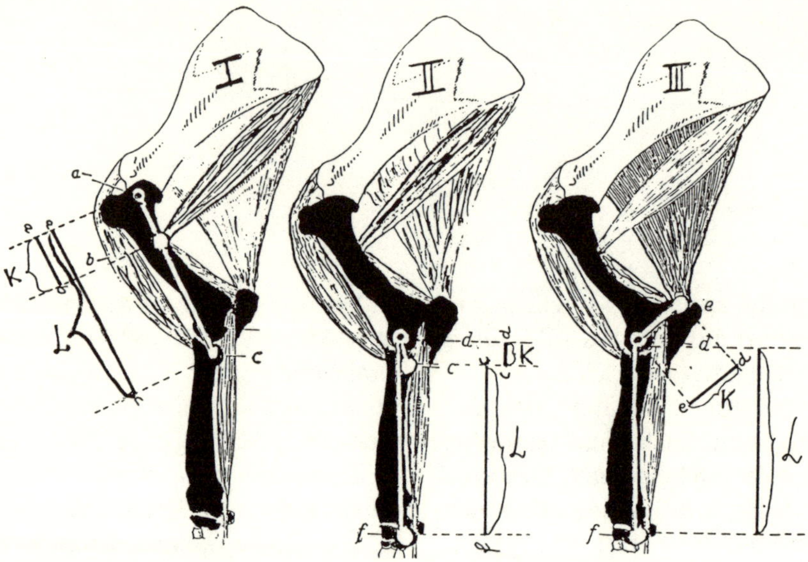

Einen weiteren einarmigen Hebel bewegt auch der zweiköpfige Oberarmmuskel, der sowohl Beuger des Ellenbogengelenkes, als auch Strecker des Schultergelenkes ist. Am Ellenbogengelenk bewegt er ein gerades, einarmiges Hebelwerk, dessen Drehpunkt im Ellenbogengelenk liegt. Angriffspunkt der Last ist wieder der Muskelansatz »c«, folglich Krafthebel c—d, und dessen Lasthebel c—f ist. (Abb. 2)

An eben den gleichen Knochen ist nun auch das Beispiel für einen gewinkelten, zweiarmigen Hebel zu finden: Die beiden Teile des dreiköpfigen Oberarmmuskels bedienen als Strecker des Ellenbogengelenkes beide einen gewinkelten zweiarmigen Hebel. Der Drehpunkt »d« liegt im Ellenbogengelenk. »e« ist der Ansatzpunkt der Kraft, d. h. der Muskelansatz. Der *Hebelarm der Kraft e—d, Hebelarm der Last ist d—f.* (Abb. 3)

Wenn Sie richtig hingesehen haben, fällt Ihnen dabei auf, *daß in allen Fällen der Hebelarm der Kraft viel kürzer als der Lastarm ist.* Das widerspricht nun doch eigentlich allen Regeln, die wir vom Hebelgesetz her kennen, und daher ist es auch so ungeheuer schwierig, am tierischen Bewegungsmechanismus die Hebelwirkung richtig zu erkennen.

Andererseits liegt aber gerade in diesen ganz unvermuteten Verhältnissen auch die ganze Ökonomie der tierischen Bewegung! Wenn einzelne Skeletteile bewegt werden, liegt nämlich der Drehpunkt in dem dazugehörigen Gelenk (und nicht am Boden), so daß bei der Bewegung einer Gliedmaße mehrere Hebelwerke zugleich betätigt werden und die lange Gliedmaße in einzelne, kleinere Teile aufgeteilt wird.

Der im Verhältnis *sehr kurze Kraftarm* wird ausgeglichen durch die *Muskelkraft*,

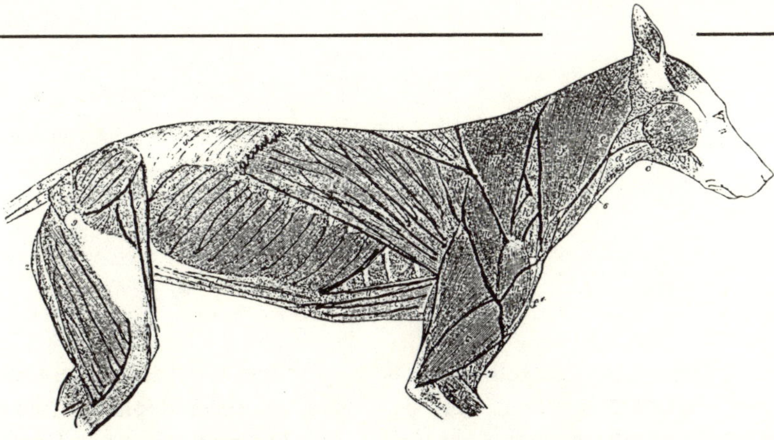

Oberflächliche Muskelschicht des Hundes (nach Wegnahme der Hautmuskeln).

die ihn bewegt. Wie wir gleich sehen werden,

ist Muskelkraft eine vielfach vergrößerte Kraft.

Bei der Bestimmung des Lastarms wird richtigerweise dessen Schwerpunkt, den man praktisch ermittelt hat, eingesetzt, was zeigt, daß der Lasthebel zwar noch lang, aber nicht so lang ist, wie man annehmen würde.

Erst so kommt das richtige Verhältnis der Hebelarme zur Geltung, weil man den beim Abstellen des Beines dienenden Teil dabei nicht mehr einbeziehen darf. Dieser gehört nicht mehr zum Hebelwerk, sondern hat tatsächlich nur noch federnde Schuhfunktion zum Auffangen des Bodenschocks.

Wie man an diesem Beispiel sieht, ist die Berechnung der Hebelwirkungen für den Laien nahezu nicht durchführbar; dennoch habe ich hier ein Beispiel dafür angeführt, um daran zu zeigen, daß auf allen Ebenen des Körpers die verschiedensten Kräfte wirken, die insgesamt die Kraft und die Balance des Körpers ausmachen.

Die Berechnung dieser Kräfte ergibt sich aber nicht nur aus der Länge der Knochen, und man kann sie auch nicht nur aus der Länge und Breite der Muskeln ermitteln. Das führt uns nun zum nächsten wissenswerten Punkt: den Muskeln und ihrer Arbeitsweise.

Betrachtungen zu Muskeln und Nerven

Von den Muskeln und ihrer Arbeitsweise

Der Hund ist am ganzen Körper von Muskeln überzogen. Bei kurzhaarigen Hunden können wir einige von ihnen auch von außen erkennen, sie sind es, die dem Tierkörper seine feingemeißelte Gestalt verleihen. Wie wir aus Skelettzeichnungen sehen können, liegen sie in verschiedenen Lagen übereinander, so daß man die dem Rumpf am nächsten liegenden nur sichtbar machen kann, wenn man die oben liegenden Muskelschichten abträgt.

Auf die Beschreibung der einzelnen Muskeln muß hier verzichtet werden, weil sie, wenn, dann nur unvollständig vorgenommen werden könnte, was zu einem völlig falschen, d. h. ungeheuer vereinfachten Bild führen würde. Auch ist die genaue Kenntnis von Aufbau und Funktion jedes einzelnen Muskels von wenig praktischer Bedeutung. Ihre *Wirkungsweise* jedoch soll im Prinzip erklärt werden.

Die Muskelarbeit bewirkt das Bewegen und Stützen der Glieder; ohne sie wäre z. B. das Hochhalten des Kopfes unmöglich. Meist arbeiten mehrere Muskelgruppen zusammen. Die längsten und stärksten Muskeln ziehen sich vom Nacken über den Rücken bis zur Kruppe, ebenso erkennt man sehr starke leistungsfähige Muskeln bei der Arbeit sowohl der Vorder- als auch der Hinterhand, kann die Bauchmuskeln ebenso erkennen, wie auch die Wirkung der Kopfmuskulatur sehen.

Muskeln, die so vielfache Wirkungen auslösen, sind *selbst* nur zu *einer* Aktion fähig: *Sie ziehen sich zusammen.* Alle Bewegungen im Körper kommen einzig und allein dadurch zustande, daß Muskeln sich verkürzen. Zu jeder Bewegung sind daher eine Vielzahl von Muskeln nötig, die entweder zusammen oder gegeneinander arbeiten.

Jeder Muskel hat einen oder mehrere Gegenspieler. Halten Muskel A und Muskel B gemeinsam einen Knochen im Gleichgewicht, muß, wenn für die Bewegung Muskel A sich zusammenzieht, Muskel B sich entspannen.

Es führt aber leicht zu Mißverständnissen, wenn es, wie z. B. bei unserem Beispiel der Hebelwirkung, heißt: »Strecker« des Ellenbogengelenks. Tatsächlich zieht sich der »Strecker«, ebenso wie der Beuger, zusammen. So findet man häufig, daß ein und derselbe Muskel für das eine Gelenk als Beuger, für das andere als Strecker fungiert.

Im Körper eines Tieres kennen wir verschiedene Muskelarten, die sich in ihrer Funktion und ihrer Bauart unterscheiden. Nicht nur die Körperbewegungen, sondern auch die von Herz, Magen, Darm usw. werden von Muskeln ausgeführt. Diese Muskeln funktionieren aber »automatisch« und sind nicht beeinflußbar. Daher nennt man sie unwillkürlich, im Gegensatz zu den willkürlichen Muskeln, die uns hier kurz beschäftigen werden.

Diese Muskeln sind meist zwischen zwei beweglichen Knochen ausgespannt, ebenso gibt es Muskeln, die die Wände der großen Körperhöhlen bilden, z. B. die Bauchmuskeln. Ihren unterschiedlichen Aufgaben ent-

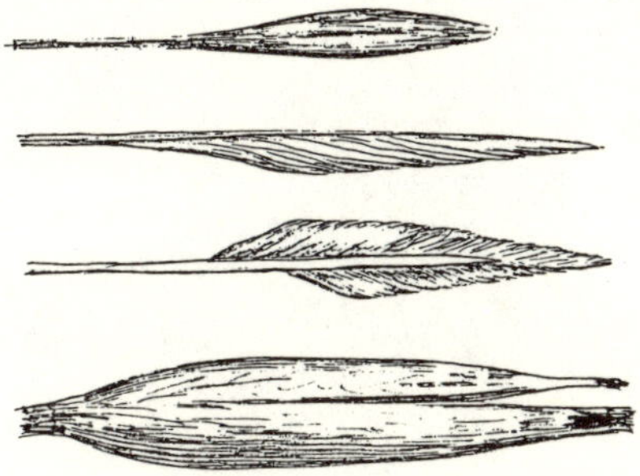

Fiederung des Muskels

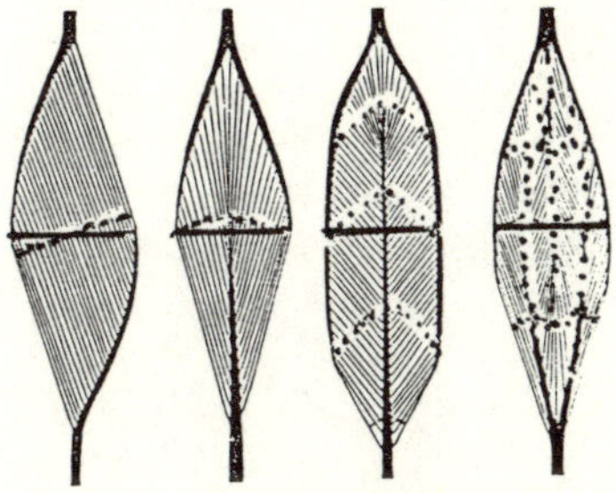

— Muskelquerschnitt
--- Physiologischer Querschnitt

spricht ihre verschiedene Form und Anordnung.

Alle Muskeln sind aber nach dem gleichen Grundprinzip aufgebaut: Eine Anzahl von Muskelfasern wird zu Muskelbündeln vereinigt, diverse Muskelbündel stellen dann insgesamt den Muskel dar. Jede einzelne Muskelfaser setzt sich in einer noch feineren Sehne fort, die Sehnenfasern vereinigen sich zu Sehnensträngen oder Sehnenblättern, mit denen sich die Muskeln am Knochen befestigen.

Wenn auch ein Muskel sich »nur« zusammenziehen kann, verbirgt sich dahinter eine sehr ausgeklügelte Konstruktion: Jede Muskelfaser befestigt sich nämlich *schräg* an der zugehörigen Sehne, was etwas an eine Vogelfeder erinnert, wo die feinen Strahlen auch schräg am Schaft angesetzt sind.

Daher heißt es auch, daß Muskeln mehr oder weniger »gefiedert« sind. Wir unterscheiden einfach gefiederte, doppelt gefiederte und mehrfach gefiederte Muskeln.

Auf diese Weise ergeben sich nicht nur Hebelwirkungen zwischen Knochen und Muskel, sondern bereits innerhalb des Muskels unterschiedliche Zugkonstellationen, die aber auch in vielen Sätzen kaum zu erklären sind.

Durch Kontraktion wird der Fiederungswinkel größer und der Muskel dicker. Aber nicht nur das: Auch hier können wir wieder eine ebenso raum-, wie material-, wie kraftsparende Konstruktion wiederfinden, wie wir es bei allen Teilen des lebenden Organismus entdecken.

Durch die schräge Anheftung der Muskelfasern an die Sehnenblätter wird die Kraft des Muskels vermehrt. Stark gefiederte Muskeln bestehen aus vielen kurzen Fasern und haben größere Hubkraft. Einfacher gefiederte Muskeln haben größere Hubhöhe.

Stark vereinfacht könnte man sagen, daß **Muskelkraft vielfache Kraft** ist, weil ihre Muskelkraft größer ist, als ihre anatomische Ausdehnung erkennen läßt. Wie ist das möglich? Wenn man durch einen einfach oder mehrfach gefiederten Muskel einen sogenannten »physiologischen Querschnitt« legt (s. Abb.), trifft dieser *alle* Muskelfasern, und zeigt damit die tatsächliche Wirkfläche des Muskels an.

Daher ist bei gefiederten Muskeln der physiologische Querschnitt größer als der anatomische, je größer der »physiologische Querschnitt« ist, desto größer ist die Muskelkraft.

Die Muskeln am Körper formen sich z. T. bereits vor der Geburt und sonst fortlaufend im Leben entsprechend der Körpergegend, wo sie zu finden sind und entsprechend den Anforderungen, die an sie gestellt werden.

Muskeln, die längere Zeit nicht oder nur gering betätigt werden, bilden sich zurück. An den Gliedmaßen sind die Muskeln spindelförmig, an der Wirbelsäule lang und strangartig, an den Körperflächen breit, flach und flächenhaft.

Stets ist der Ursprung des Muskels sein fixer, wenig beweglicher Punkt, sein Ansatz der bewegliche Punkt. Setzt sich der Muskelanfang aus mehreren Portionen zusammen, spricht man von zwei-, drei- vielköpfigem Muskel (Bizeps, Trizeps usw.), spaltet er sich nach dem Ende, spricht man von mehrästigen Muskeln.

Von Nervenfasern und Muskeltonus

Nun werden aber die Muskelreaktionen nicht mechanisch, d. h. durch Zug und Gegenzug ausgelöst, sondern beginnen ihre Arbeit nach den Befehlen, die ihm von zahlreichen NERVEN, die ihn durchziehen und den von diesen ausgehenden Impulsen, gegeben werden, was auch wieder, stark vereinfacht, im Prinzip erklärt werden soll.

Zu jedem Muskelbündel und zu jeder Muskelfaser gehören dreierlei Nervenfasern!

1. Motorische Nervenfasern. Sie leiten dem Muskel zentrifugal, vom Zentralnervensystem her, den Kontraktionsreiz zu, d. h. sie sorgen dafür, daß er sich zusammenzieht.

2. Tonische Nervenfasern. Sie gehören zum vegetativen Nervensystem, sind daher nicht dem Willen unterworfen und erhalten »automatisch« dem Muskel die Eigenspannung und Bereitschaft, tragen Sorge für den Stoffwechsel des Muskels.

3. Sensible Nervenfasern. Sie dienen der Koordination, leiten Nachrichten, über den Zustand der einzelnen Muskeln und Sehnen und deren Lagebeziehungen zueinander, an das Zentralnervensystem weiter: Wenn ein Muskel z. B. sich zusammenziehen soll, muß sein Gegenspieler sich entspannen, usw.

Jetzt wissen Sie, was mit »Muskeltonus« gemeint ist, der in ganz besonderem Maße ein Zeichen dafür ist, ob ein Hund tatsächlich die volle Leistungs- und Reaktions*bereitschaft* hat. Es ist ein Zeichen ernsthafter Störungen, wenn der Muskeltonus nicht ausreichend ist.

Am deutlichsten wird dies, wenn ein Hund in Narkose ist. Da scheint, obwohl sich an der Bemuskelung überhaupt nichts geändert hat, von einem Moment auf den anderen der Hund nur noch ein knochenloses, weiches Bündel zu sein. Selbst dann, wenn der Wille des Hundes längst wieder erwacht, »gehorchen« ihm seine Glieder und Muskeln noch lange Zeit nicht richtig. Er torkelt umher, die Beine knicken unter ihm ein.

Aber nicht nur körperliche, sondern auch psychische Störungen, Erschöpfung usw. können diesen Zustand hervorrufen. Auch bei alten Hunden läßt der Muskeltonus langsam nach.

Die für die Muskel*arbeit* benötigte Energie entnimmt der Körper den mit der Nahrung aufgenommenen Kohlenhydraten, die über verschiedene Zwischenstufen zu Milchsäure abgebaut werden. Bei ihrer »Verbrennung« entsteht Wärme, die die Körpertemperatur erhöhen kann. Dazu benötigt der Muskel eine kräftige Durchblutung, die um so stärker sein muß, je größer seine Anstrengung ist.

Bei Überbelastung oder nicht genügenden inneren Organen (Herz, Lunge) tritt daher beim Körper eine »Sauerstoffschuld« ein. Das heißt, daß der »Verbrennungsvorgang«, der die Ernährung des Muskels herbeiführen soll, nicht ausreichend ist, weil der dabei benötigte Sauerstoff fehlt. Man erkennt dies daran, daß der Hund daher schneller ermüdet und sich häufiger ausruhen muß.

Windhunde, die ja eine ganz erhebliche Spitzenleistung erbringen müssen, haben ein typisch überproportional vergrößertes Herz, das ja, wie wir wissen, auch ein Muskel ist. Beim Menschen ist Ihnen dies als das sogenannte »Sportlerherz« geläufig. Daher ist es unsinnig, Tieren, die weder entsprechend gebaut, noch ausreichend trainiert sind, ohne sorgfältig aufbauendes Training Höchstleistungen abzufordern.

Die *Leistungsfähigkeit* kann außerdem *nur* durch ständiges Training des gesamten Organismus erhalten bleiben, d. h. sie ist nicht durch den anatomisch vernünftigen Aufbau für alle Zeiten grundsätzlich vorhanden.

Beim alternden Hund verliert langsam der gesamte Organismus seine Reaktionsfähigkeit. Sein Stoffwechsel wird langsamer, man erkennt, daß auch der Muskeltonus schwächer wird, das Herz verliert etwas von seiner Leistungsfähigkeit.

Hier muß dann die dem Hund zugemutete Anstrengung seinen Möglichkeiten entsprechen. Sie darf aber auch nicht völlig unterbleiben, da Muskeln, die nicht ausreichend betätigt werden, die Neigung haben, zu schrumpfen.

Wir können dies auch feststellen, wenn infolge Verletzung ein Glied vorübergehend in den Ruhestand treten muß. Hier wandelt sich dann der fleischige Muskelteil in die Sehne zurück. Dieser Schwund der Muskeln gibt dem alternden Hund sein Gepräge und es ist oft nur eine Fettauflage, welche rundliche Formen vertäuscht.

Insgesamt muß man sehr darauf achten, ob die »gemeißelte« Oberfläche des Hundekörpers mehr aus Muskeln oder mehr aus Fett besteht.

Der fette Hund hat ja nicht nur mehr Gewicht, sondern auch weniger Muskelanteil. Sein Körper muß eine erhebliche Dauerleistung vollbringen, für die er nicht eingerichtet ist. Daher muß auf ausgewogene Nahrung sowohl bei Eiweiß als auch bei Fett geachtet werden.

Bei größerer Anstrengung ist daher der kraftspendende Teil, also Kalorien, zu erhöhen, nicht aber Eiweiß, das in diesem Fall überflüssig wäre und mit Schlackenprodukten, die den Körper belasten, abgebaut wird.

Bei jungen Hunden, ebenso wie alternden Tieren, ist hingegen auf hochwertige Eiweißfütterung nachdrücklichst zu achten, will man die Tiere in guter körperlicher Verfassung halten.

Wichtig ist in diesem Zusammenhang also die richtige Ernährung. Für den gesunden Muskelaufbau wird Eiweiß benötigt, während Fette und Kohlenhydrate zur Energiegewinnung eingesetzt werden.*

* Eine sehr ausführliche Ernährungslehre finden Sie in dem Buch »Hundezucht naturgemäß mit Liebe und Verstand« von Ilse Sieber und Eric H. W. Aldington. Dieses Buch ist keinesfalls nur für Züchter wichtig, sondern betrifft alle, die sich Gedanken über die Leistungsverbesserung ihres Hundes machen.

Vierter Teil

Der Bullenbeißer

Beobachtungen an der äußeren Erscheinung

Wer jemals Gelegenheit dazu hatte, Wölfe, Parias oder halbwilde Hunde in freier Natur oder im Film zu sehen, wird seine Freude an ihren fließenden Bewegungen und schönen Proportionen haben, die in kurzen Rücken und schön gewinkelter Vorder- und Hinterhand zum Ausdruck kommen.

Wenn diese Vorzüge zum Teil in der Rassehundezucht verloren gegangen sind, so geschah dies, wie manche behaupten, durch die Vergewaltigung der Natur durch den Menschen, der aus praktischen Erwägungen oder aus Liebhaberei neue Rassen züchtete, aber auch aus Geltungsdrang oder Geldgier nicht vor Abnormitäten zurückschreckte. Immer wieder aber erstaunt, zu welcher Vielfalt der Formen und Charaktere sich die Ausgangsform »Wolf« aufspalten ließ. Welchen Spielregeln die einzelnen Wuchsformen folgen, sehen wir in einem späteren Kapitel.

Wir sprachen schon mehrfach von Harmonie in der Natur, die alles zweckmäßig und praktisch aufeinander abstimmt. Gerade dieses *harmonische Gesamtbild* ist es, was uns bei den oben erwähnten *Wildtieren* als erstes so beeindruckt und uns zu Vergleichen mit unseren Hunden anregt. Zugleich aber wissen wir, daß sich jene Tiere keinesfalls zum Haustier, zum Gefährten, zum praktischen Einsatz beim Menschen eigneten oder eignen.

Dies wurde erst durch die Zucht auf zunächst bestimmte *Wesenseigenschaften* hin möglich. Hand in Hand damit ergaben sich eine immer weitergehende Spezialisierung auf bestimmte Aufgabengebiete und zugleich auch immer stärker veränderte Körperformen.

Wollten wir bei der Frage nach den verschiedenen Rassen und deren Entstehung, wie dies üblich ist, auf die Herkunft vom Wolf zurückgreifen, würde dies den Rahmen dieser Betrachtung sprengen. Wir müßten bis in die frühesten Zeiten der Menschheit zurückgehen, von wo aus dann, parallel zur Geschichte des Menschen, sich auch nach und nach immer mehr veränderte Hundeformen entwickelten und eingesetzt wurden.

Wichtiger als die Diskussion, von welchen Wildformen der Haushund abzuleiten ist, erscheint in diesem Falle, den Ansatzpunkt der Untersuchung erst bei den in der Gemeinschaft mit dem Menschen fest-

Der dänische Hund

stellbaren Hunden zu sehen, mag die vorangegangene Entwicklung auch außerordentlich interessant sein.

Eine erste Orientierung nach Ausgangsrassen

Tatsächlich ist es so, daß die Veränderung der Hunde zu bestimmten Formen aus dem praktischen Einsatz und der zunehmend erkannten, vielseitigen Einsatzfähigkeit entstand. Die Entwicklung »des« Hundes verläuft in einem außerordentlich engen Zusammenhang mit der Entwicklung der Menschheit; technische, kulturelle, soziologische Veränderungen wirkten sich gleicherweise schicksalhaft sowohl auf den Menschen wie auf den Hund aus.

Niemand hat dies so einfach und klar dargestellt, wie der, leider etwas in Vergessenheit geratene, kynologische Schriftsteller Rudolf Löns (Bruder des Dichters Hermann Löns). Im folgenden geben wir daher seine Überlegungen sinngemäß zusammenfassend wieder, da sie die Zusammenhänge, deutlicher als andere Theorien, erkennen lassen. Löns führt aus, daß alle Rassen, gegenwärtige und vergangene, sich auf höchstens sieben verschiedene reine Grundformen zurückführen lassen, die alle *Arbeitsformen* sind.

Er bezeichnet als die allgemeinste den großen *Hofhund* (Widerristhöhe 90—60 cm), der als Schutzhund, Hütehund, Jagdhund und auch als Ziehhund eingesetzt war. Mehr oder meist weniger rein gezüchtet, waren dies die Hof- und Ziehhunde in Mitteleuropa, die großen Rüdenarten der europäisch-asiatischen Hochgebirge und teilweise die großen Hunde der nordasiatischen Nomadenvölker. Heute noch erinnern die Leonberger, Neufundländer und die großen Doggenarten an diese großen ursprünglichen »Hofhundformen«.

Als nächstkleinere Form nennt er die *Hirtenhunde* (zwischen 70 und 50 cm Widerristhöhe), mit *gelenkigem Körper und lebhaftem Wesen,* was sie besonders geeignet machte, den Menschen in allen möglichen Lagen nützlich zu sein.

Reine Hirtenhundformen gab es hauptsächlich in den Niederungs- und Mittelgebirgsländern Europas, von denen aus sie auch in einzelne Hochgebirge entfernterer Gegenden gelangten, die Sennenhunde der Schweiz, die Hirtenhunde Italiens, des Balkans und Ungarns; die kleinen Schäferhundformen in sämtlichen Ländern Europas.

Auf sie zurück führt Löns auch den einstigen Rottweiler-Fleischerhund, den deutschen Schäferhund und den Dobermann;

Der italienische Hund

während die englischen, belgischen, holländischen und französischen Sportschäferhunde alle reine Schäferhundformen, die Schweizer Sennenhunde der kleineren Schläge reine Treibhundformen darstellen.

Die dritte und kleinste Hauptform nennt Löns die *Jagdspürhunde* (Widerristhöhe 60—40 cm), mit ihrer Arbeitslust, Jagdleidenschaft, Ausdauer, guter Nase und beweglichem Körper.

Diese haben eine Menge Unterarten, Ab- und Spielarten hervorgebracht: kleine Vorstehhunde, Landschläge, die französischen Epagneuls, während die Jagdpudel (die rauhhaarigen) und die kurzhaarigen Stämme aus Spürhund- und Hirtenhundkreuzungen hervorgegangen sind, die reinen Hühnerhunde, Wachtelhunde, Schweißhunde, Bracken und Dachshunde bereits zu einseitigen Arbeitsleistungen gezüchtet wurden.

Von diesen drei reinen Grundformen, führt Löns aus, entstanden in dazu geeigneten Gegenden und Verhältnissen die Windhunde durch die Hetzjagd mit dem Auge im baumlosen Gelände, und die Kampfform der Bulldoggen, hauptsächlich wohl durch den Kampf mit schwerem, wehrhaftem Wild.

Die *Windhundrassen* verschiedener Länder weisen auch Anklänge an alle drei Grundformen auf, und die Hofhunde östlicher Länder neigen sichtbar zu Windhundformen, wie die nordöstlichen Windhunde mehr die Hofhundform, die südlichen das Jagdhundwesen zum Ausdruck bringen. Die Bullenbeißerarten bleiben mehr im Hofhund- und Hirtenhundstamm, zeigen aber ihr Jagdhundblut oft genug in ihrer großen Jagdleidenschaft.

Als sechste und letzte Arbeitsform nennt Löns die zierliche Kampfform des *Pinschers,* der als Haus- und Hofwächter ein Todfeind allen kleinen Unzeugs, der kleinen Räuber und Ratten ist. Verkörpert der Bullenbeißer Kraft, Mut und Todesverachtung, zeichnet sich der Pinscher durch sehnige Gewandtheit neben den Bullenbeißertugenden aus.

Die siebente und letzte Grundform ist *keine Arbeitsform,* sondern die Endform des nur noch zum Wachen und Begleiten gebrauchten *Haushundes,* der *Spitz,* dessen hervorstechendste Tugend seine Wachsamkeit ist.

Diese *sieben Stammformen* liegen allen Hunderassen zugrunde; wenn bei vielen Unterarten die Blutmischung auch nicht klar ist, so kann man doch alle ohne Ausnahme aus diesen Stammformen künstlich herauszüchten, während es nicht möglich ist, aus Mischlingsformen die alten

Der Schäferhund

Stammformen in ihrer ganzen Vollkommenheit herauszubilden; bestenfalls wird man nur oberflächliche Ähnlichkeiten erzielen.«

Einteilung nach Körperformen

Rudolf Löns stellt weiterhin fest: »Schon bei oberflächlicher Betrachtung kann man bei den Haushunden zwei Gruppen erkennen, die sich durch ganz ausgeprägten Kopfschnitt und Gesichtsausdruck unterscheiden.

Die eine Gruppe hat eine *vorgewölbte, hohe Stirn, stumpfe dicke Schauze,* das kleine, geschlitzte, tiefliegende Auge. Sie sind gedrungen und haben auf dem Rükken getragene Ringelruten, Ohren vom kleinen Stehohr mit mäßig großem Kippohr, hoch angesetzt.

Das Haar der mittleren und größeren Arten ist stets das dichte Langstockhaar mit stark entwickelter Unterwolle. Die Schoßhundformen haben meistens schlichtes Langhaar ohne Unterwolle, seltener Rauhzotthaar.

Diesen gegenüber steht *die Form der Hunde mit langen, flachen Kopflinien.* Auch die bei diesen, auf Stirnabsatz und kurzen, stumpfen Fang, gezüchteten Rassen zeigen, durch stete Rückschläge auf den flachen Schädel, das künstlich Erzwungene ihres Typs an. Die Augen dieser Hunde sind rundlicher und liegen nie tief im Schädel.

Innerhalb dieser großen Gruppen haben sich ein *Unzahl* verschiedener Rassen gebildet, *deren Zusammenhang allerdings bei genauerem Studium erkennbar wird.* Man darf diese Einteilung aber als ungefähren Maßstab ansehen und kann ihn gut, als eine *erste Orientierung,* einsetzen, wenn man sich über bestimmte, grundsätzliche Gegebenheiten ein erstes Bild machen möchte.«

Sehr richtig stellt Löns fest, »daß Größen- sowie Haar- und Farbenunterschiede dabei zunächst weniger wichtig sind, weil es gar nicht schwer ist, jede Form in jeder beliebigen Größe, Farbe und Haarart hervorzubringen.«

Viel wichtiger ist daher ihre grundsätzliche Unterscheidung nach

»Ursprungsform«,
»Galoppform« u. »Traberform«,
(= den *»Laufformen«),*
»Kraftform«, »Spitzform«;
die **Hatzhundgruppe**
bildet den Übergang zu den reinen
Jagdhunden.

Der St. Bernhardshund

Offensichtlich, obwohl uns dies zunächst völlig ausgeschlossen zu sein schien, gibt es für die fast 400 heute bekannten Hunderassen, die so starke Gegensätze wie Boxer und Barsoi, Bernhardiner und Chihuahua zeigen, doch grundlegende Regeln, Gemeinsamkeiten und Unterschiede nach denen man sie durchaus beurteilen kann.

Prüft man nämlich die ins einzelne gehenden, für die einzelnen Rassen scheinbar stark abweichenden Angaben der Standards, stellt man fest, daß überraschenderweise darin *viel Gemeinsames* als Grundlage für die *richtige* und *gültige Beurteilung* »des« Hundes zu finden ist.

Wenn man sich eingehender damit befaßt, schrumpfen die vielen hundert Rassenvarianten auf *wenige Grundformen* und -bedingungen zusammen, die man sehr schnell erkennen und auch richtig beurteilen kann.

Von der praktischen Beurteilung

Wir wollen nun versuchen, die viele Theorie über den Körperbau des Hundes einmal praktisch anzuwenden.

Wenn Hunde, gleich welcher Rasse, betrachtet werden, kann man die folgenden immer wiederkehrenden Reaktionen beobachten.

Der Laie, der sowohl weder eingehende Kenntnis von bestimmten Rasseeigentümlichkeiten haben kann, und der schon gar nichts vom sonstigen Aufbau des Hundes weiß, wird einen Hund nach seinem *Gefühl* einfach als besonders »schön« oder, bei einigen ganz extremen Rassen, als besonders »häßlich« bezeichnen oder sich über die extreme Riesen- oder Zwergform verwundern.

Der »Fachmann« dagegen zeigt sich nur zu gern als solcher, indem er sofort mit einer gewissen Befriedigung nach allgemein ins Auge fallenden Fehlern und Mängeln sucht und, unter Anwendung zahlreicher kynologischer Fachausdrücke, darauf hinweist.

Der Betrachter mit dem wirklich geschulten Auge aber läßt sich erst einmal Zeit: Er wird den oder die Hunde zunächst einmal ruhig aus einem gewissen Abstand beobachten, um zuerst einen *Gesamteindruck* zu bekommen, bevor er daran geht, auch *Einzelheiten* genauer zu erfassen und zu beurteilen.

Er weiß, daß jeder Hund zunächst im *Stand* und dann in der *Bewegung* eine bestimmte *Ausstrahlung* zeigt, die gewissermaßen die Summe seines Körperbaus, seines Charakters und seiner augenblicklichen Verfassung ist.

Der Spitz

Erst dann wird der geübte Betrachter daran gehen, die Einzelheiten dieser äußeren Merkmale näher zu untersuchen und sie mit den Bestimmungen des Rasse-Standards vergleichen.

Im Rassestandard sind die für die jeweiligen Rasse gültigen Bestimmungen festgehalten. Gerade, weil jeder weiß, daß es einen in allen Punkten vollendeten Hund *niemals* geben wird, versucht man, diesem Zuchtziel *möglichst nahe* zu kommen.

Vorgeschrieben sind eine bestimmte, zweckdienliche *körperliche Beschaffenheit,* wie auch *wünschenswerte Wesenseigenheiten* und das ganz *typische Äußere* des Hundes.

Diese Standards wurden im Verlaufe der Jahre immer wieder geändert, nicht immer verbessert. Nur wenige Rassen sehen heute noch so aus, wie vor fünfzig oder hundert Jahren. Viele heutige Hunderassen und deren Probleme oder Vorzüge lassen sich daher nur auch unter Berücksichtigung der Rassenentwicklung richtig beurteilen. Einige Abbildungen früherer Hundes sehen Sie auf diesen Seiten.

Die Bestimmungen der Standards sind nach einem bestimmten Schema zusammengestellt. Zuerst wird unter den Stichworten »Charakter« und »Allgemeine Erscheinung« der Gesamteindruck des Hundes knapp beschrieben.

Danach folgen die einzelnen Punkte von Kopf bis Rute, Größe, Haarkleid usw. Zum Schluß wird unter dem Stichwort »Fehler« entweder lakonisch festgestellt: »Jede Abweichung von den vorstehenden Punkten ist als ein Fehler anzusehen und sollte im Verhältnis zu seiner Gewichtigkeit berücksichtigt werden ...« oder es werden gravierende, rassetypische Mängel aufgezählt und ihr Schweregrad festgelegt.

Leider ist den Verfassern der meisten Standards, bei ihrem Bemühen um Genauigkeit, kaum jemals eine Beschreibung gelungen, nach der man die Rasse zweifelsfrei identifizieren könnte.

Es gibt Standards, die sogar Kennern der Rasse Schwierigkeiten bereiten, da, wie wir schon früher festgestellt haben, in den Standards nicht nur die vielschichtigen *Besonderheiten des Hundes* zum Ausdruck kommen, sondern gleichzeitig darin sehr komplizierte, übergeordnete *Wertbegriffe der Rasse-Schöpfer* ausgedrückt werden. Daher ist nötig, sich nicht nur mit dem Standard, sondern auch mit der Rasseentwicklung zu beschäftigen, um zu erkennen, was tatsächlich gemeint ist. Außerdem ist es sinnvoll, in Fachzeitschriften und Büchern möglichst viele Informationen zu sammeln und zu versuchen, die *biologischen von den ideologischen Hinweisen unterscheiden zu lernen.*

Daher wollen wir nicht am Beispiel einer einzelnen Rasse, sondern an einer ganz groben allgemeinen Einteilung versuchen, wie sich die praktische Beurteilung des Hundes durchführen läßt und was dabei zu beachten ist.

Vom ersten Eindruck

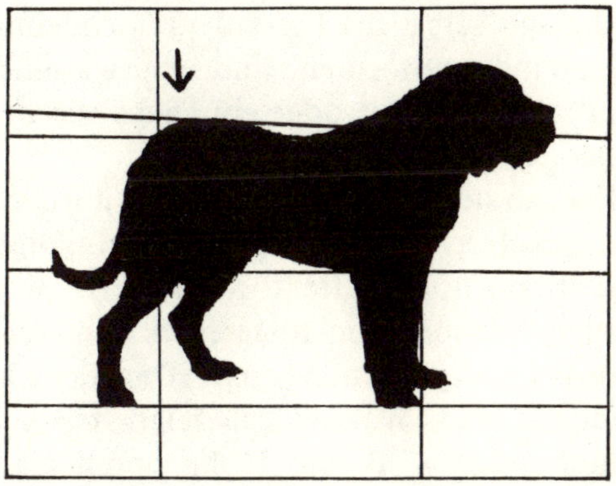

Bei unserem Versuch, Hunde ganz allgemein zu beurteilen, folgen wir daher dem Schema des Rassestandards, um herauszufinden, welche Gründe und Überlegungen den Bestimmungen der einzelnen Stichworte zugrunde liegen.

Zunächst stellen wir fest, daß der *erste Eindruck,* den wir von einem Hund gewinnen, zunächst seine *Körperproportionen* betrifft.

Daher ziehen wir Begrenzungslinien um, in der Seitenansicht abgebildete, Hunde ganz unterschiedlicher Hunderassen: Eine Linie am Boden und die Waagerechte dazu über Widerrist und Kruppe des Hundes; eine Senkrechte vorn am Buggelenk und eine andere hinten am Sitzbeinhöcker und eine dritte Waagerechte, die an der Unterseite des Brustkorbes verläuft.

Dabei erleben wir gleich die erste Überraschung: Es stellt sich heraus, daß diese äußeren Begrenzungslinien entweder ein Quadrat oder ein Rechteck im Querformat ergeben und kommen damit der ersten, sehr häufigen, optischen Täuschung auf die Spur:

Hunde, die wir für besonders hochgestellt hielten, sind tatsächlich ebenso quadratisch gebaut, wie andere, bei denen wir eine langgestreckte Form vermutet hätten. Andere wieder, die wir als »länglich« einstufen würden, sind tatsächlich quadratisch, und selbst die besonders hochbeinigen Windhundformen sind überwiegend quadratisch gebaut oder ein leicht verlängertes Rechteck.

Ebenso stellt sich heraus, wie die mittlere Waagerechte, die den Körper in Beinlänge und Rumpfhöhe aufteilt, auch meist, von wenigen Ausnahmen abgesehen, ein Verhältnis 1:1 ergibt und etwa in Höhe der Ellenbogen liegt. Woraus sich zeigt, daß bei Windhunden z. B. die Höhe durch eine überproportionale Unterarm- bzw. Unterschenkellänge herbeigeführt wird, während bei nur niedriggestellten Hunden, z. B. Dackel, Basset usw. gerade das Gegenteil zutrifft. Sie haben bei einem mittelgroßen, kompakten Körper lediglich kürzere Beine.

Bei keiner Rasse finden wir ein hochformatiges Rechteck der äußeren Begrenzungslinien, und selbst bei optisch besonders langgezogenen Formen ist (bis auf wenige Ausnahmen) die Körperlänge tatsächlich nur geringfügig länger als die Widerristhöhe. Dieses findet man dann auch in den Größenangaben der einzelnen Rassen, wenn es heißt: Widerristhöhe ist gleich Körperlänge, oder: die Widerristhöhe ist ... % der Körperlänge.

Hunde, deren »Einrahmung« diese Formate in der Länge oder der Höhe übersteigt, sind meist unproportioniert: zu hochbeinig oder aber zu lang oder zu kurzbeinig. (Dabei erinnern wir uns daran, daß wir bereits im vorhergehenden Teil festgestellt haben, daß für die gesunde Bewegungsentwicklung des Hundes Brustwirbelsäule : Lendenwirbelsäule etwa im Verhältnis 1:1 sein sollten.)

Im allgemeinen zeigt die obere Begrenzungslinie, daß der Widerrist immer der höchste Punkt des Rumpfes ist.

Nur bei wenigen Hunden können wir feststellen, daß ihre Kruppe höher liegt als der Widerrist. Diese Hunde bezeichnet man als »überbaut«, was nur bei wenigen Rassen dem Standard entspricht und dort häufig ein »Bulldog-Erbe« ist. Bei diesen Hunden findet man meist gleichzeitig eine breitere Front und eine steilere Hinterhand. Diese verlagert den Schwerpunkt weiter nach vorn, was dann von der breiter gestellten Front beantwortet wird.

Bei Hunden, die man als »zu hochbeinig« oder »windig« oder gar, und das sehr zu Unrecht, als »windhundartig« bezeichnet, stellt man fest, daß bei ihnen die untere Begrenzunglinie des Brustbeins deutlich *oberhalb* der Ellenbogen liegt.

Tatsächlich kann man davon ausgehen, daß bei einem gut gebauten Hund, Schulterblatt und Oberarm mit der Tiefe des Brustkorbes harmonieren, und daß ein »windig« erscheinender Hund eine nicht ausreichende Tiefe des Brustkorbes im Verhältnis zu Schulterblatt und Oberarm zeigt. Daraus erfolgt dann, wie wir später noch sehen werden, auch ein insgesamt unharmonischer, schlecht, bemuskelter Körperbau.

Auf den einfachsten Nenner hat Rudolf Löns es gebracht, als er schrieb: ***»Zwischen den fünf Grundformen: Ursprungsform, Galoppform, Traberform, Kraftform, Spitzformen stehen alle diejenigen Formen, die keiner von ihnen allein angehören. Sie bilden das Ergebnis fortgesetzter Änderung der Lebensbedingungen und unendlicher vieler Kreuzungen; immer aber kann eine dieser Grundlagen in ihnen als vorherrschend erkannt werden.«***

Diesen Satz sollten wir uns immer wieder ins Gedächtnis rufen, *denn wir sollten uns endgültig davon befreien, bei jeder Begutachtung des Hundes dafür ständig Vergleiche mit dem Pferd herbeizuziehen.*

Grundformen — leicht zu erkennen

Zeichnen wir um Hunde der einzelnen Grundformen unsere Umgrenzungslinien, stellen wir fest, daß sich bei dieser einfachen, ersten Methode bereits klar erkennbare Unterschiede herausstellen:

Bei der *Galoppform* (z. B. Windhunde) finden wir den quadratischen Körperumriß, mit gelegentlich leichter Verschiebung zum Rechteck im Querformat.

Bei der *Traberform* (z. B. Schäferhund) überwiegt das Rechteck im Querformat.

Bei der *Kraftform* (z. B. Bulldogge) das Rechteck im Querformat mit geringerem Abstand vom Boden bis Unterfläche Brustkorb.

Bei der *Spitzform* haben wir die Quadratform, die durch die über dem Rücken getragene Ringelrute betont wird, während der verhältnismäßig lange, hoch getragende Hals diesen Eindruck etwas verwischt.

Wenn man *Hunde* richtig *sehen* will, muß man die Spuren der *Ursprungsformen der Hunde* zu erkennen suchen! Allein daraus kann man bereits auf mutmaßliche Eigenschaften, Probleme oder Vorzüge schließen.

Denn man wird sehr bald erkennen, daß bestimmte *körperliche* Eigenschaften eng verbunden mit bestimmten charakterlichen Eigentümlichkeiten sind. Dies zu beachten, führt zu erheblich besseren Einsichten, als der immer wiederkehrende Vergleich, ob der Hund nun mehr wie dieses oder jenes Pferd »läuft«.

Veränderungen des Formtyps verändern auch den Charakter!

Lassen Sie mich noch einige Beispiele dazu anfügen um dies deutlicher zu zeigen. Am deutlichsten wird dies, wenn man Hunde unterschiedlicher Rassen miteinander kreuzt.

Z. B. berichtet Stockard von einer Kreuzung Basset — Deutscher Schäferhund. Die Welpen sind kurzbeinig und haben alle die Schlappohren des Basset.

Und obwohl sie bei ihrer Schäferhund-Mutter aufwuchsen, deren Verhalten ganz anders war und sie nie einen Basset zu sehen bekommen hatten, zeigten sie, sobald sie zum ersten Mal im freien Feld waren, daß sie sich genau so, wie der, ihnen ganz unbekannte Vater, benahmen:

Sie witterten mit den Nasen intensiv am Boden und bellten beim Laufen ... Sie hatten also keinesfalls nur seine Beinlänge, Haarfarbe, Ohrenform geerbt, sondern

Vererbung der Beinlänge in einer Kreuzung zwischen Bassethund und deutschem Schäferhund. Die F_1-Nachkommen haben alle kurze Beine, aber etwas längere als der Basset.

Rückkreuzung von F_1-Basset-Schäferhund-Bastard mit dem reinrassigen Schäferhundstamm. Die Nachkommenschaft hat zum Teil mittellange, zum anderen Teil lange Beine und ähnelt im ganzen dem Schäferhund. Die unteren Bilder zeigen den Gegensatz zwischen kurzen und langen Beinen und auch den typischen Schäferkundkörper und -kopf mit steif erhobenen Ohren auf kurzen Beinen — eine sehr seltsame Kombination.

nach Stockard, Die körperliche Grundlage der Persönlichkeit.

ebenso die Jagdinstinkte und den Geruchssinn und das typische Verhalten.

Wir finden aber ebenso interessante Beispiele nicht nur bei Mischlingen, sondern auch bei Rassehunden mit nur wenige Jahre zurückliegenden Veränderungen des Zuchtziels. Ursprünglich sollte damit immer eine *Leistungsverbesserung* herbeigeführt werden, was sowohl *körperliche* als auch *charakterliche* Gesichtspunkte einschloß.

Denken Sie an den früheren Boxer mit schweren Knochen und muskelstrotzend, voll unbändiger Kraft. Er war ein sehr ruhiger, nervenfester Hund, der aber schnell ermüdete und rasch alterte.

Der heutige Hund, der die plumpe Schwere sowie das Wammige und Schwammige am Körper verloren hat, ist dank feinerer Knochen- und Muskelstruktur lebhafter, schneller und ausdauernder geworden.

Er altert bei weitem nicht mehr so schnell, hat aber zum Teil ein reizbares und nervöses Wesen. Ein Charakteristikum von Hunden mit leichteren Knochen und dünneren, schneller reagierenden Muskeln, die sehr beweglich und ausdauernd, aber oft neurotisch veranlagt sind.

Es wird also in die Hände der Züchter gelegt, Hunde in der für sie besten »Form«, in der sie am schönsten und für unsere Zwecke am leistungsfähigsten sind, zu erhalten.

Wenn Löns von den Ausgangsformen spricht, auf die alle heutigen Rassen zurückzuführen sind, müssen wir hier nochmals näher darauf zurückkommen und dabei einmal zwei sehr konträre Hundetypen und ihre Wirkung auf die Entwicklung nahezu aller Rassen uns ganz bewußt vor Augen führen.

Ich denke dabei an die *Bulldog-* und *Windhundtypen.* Betrachten wir zunächst die Körperform der Bulldoggen: Es waren massige, plumpe, schwere Köpfe und Körper, mit schwammiger Muskulatur, loser, faltiger Haut, großer Ohren- und Lefzenbildung, kürzerem, schwächerem Oberkiefer, tonnigem Brustkorb und folglich nicht enganliegenden Schultern. Aber im Charakter waren sie scharf, mutig, unerschütterliche, todeswütige Kämpfer.

Windhunde hingegen sind, wenn man von Größen-, Farb- und Fellunterschieden einmal absieht, feingliedrig, stromlinienförmig. Ihr Kopf ist schmal, wenig angedeutet der Stop, der Hals ist lang und schlank, die Brust ist schmal und tief, der Rücken verhältnismäßig kurz, in der Lendenpartie leicht gewölbt, mit relativ schräg abfallender Kruppe, der Bauch mehr oder weniger stark aufgezogen.

Ihre Gliedmaßen sind steiler gewinkelt, ihre Bemuskelung hervorragend und trocken. Vom Wesen her ausgezeichnete, schnelle und ausdauernde Hetzjäger. Im Gegensatz zu den Bulldoggen hat sich ihre äußere Erscheinung, trotz verschiedener Einkreuzungen, weitgehend erhalten.

Bullenbeißerhunde wurden allen Rassen zugefügt, die man schärfer, mutiger und bissiger wünschte, und die dann sowohl das *charakterliche Bulldog-Merkmal* wie auch vieles vom *Körperbau der Bulldoggen zeigten.*

Auch wenn man versuchte, das eine zu erhalten und das andere wegzuzüchten, ganz und für alle Zeiten läßt sich ein derart tiefgreifendes Merkmal nicht auslöschen. Daher finden Sie bei zahlreichen Standards immer wieder den Hinweis, daß eine »Wamme« oder »lose Haut« oder die schwache bzw. überbaute Hinterhand, rollender Gang, »lose Schultern« nicht erwünscht sind.

Als man die schweren, plumpen, gefährlichen Bullenbeißer selbst beweglicher und flinker wünschte, kreuzte man daher kurz- und rauhhaarige Windhundrassen ein.

Jetzt entstand eine völlig neue Körperform: Die schwere Galopp- und Angriffsform. Denn die Bullenbeißer bekamen von den Windhunden die stählerne Härte der Knochen, die sehnige Spannkraft der Muskeln, den leicht gebogenen Rücken und — die gestromte Farbe, die es bis dahin bei den Bullenbeißern nicht gegeben hatte.

Diese Form zeigte nun einen breiten, stahligen Hund, auf mittelhohen, starken aber trockenen Läufen, mit gut entwickelter Hinterhand, langen, schrägen Schultern, kräftig gewölbten Rippen usw. Wenn man darauf achtet, tauchen diese Verbindungen in zahlreichen Rassen auf.

Die Windhundeinkreuzung ist vermutlich auch der Grund, warum die Bulldogge, trotz ihrer ansonsten erheblichen Körperverunstaltung, ein erstaunlich langes Schulterblatt hat. Bei Skelettvermessungen war dies ein die Anatomen verblüffendes Ergebnis, und ist nur durch die Windhundeinkreuzungen zu erklären, die ja die gewünschte bessere Bemuskelung einbrachte, und damit auch die für diese Bemuskelung notwendige Knochengrundlage.

Auch die *Stromung,* die, wie wir nun wissen, ursprünglich von den Windhunden kommt, findet man auch heute bei Hunden, die zugleich eine besonders straffe und gutdurchstrukturierte Bemuskelung zeigen, die ja ein ausgesprochenes, tiefeingewurzeltes Windhunderbe ist.

Bei Untersuchungen der Siegerhunde bei den *Bullterriern* z. B. stellte sich heraus, daß dies überwiegend *»Brindle-Hunde«* waren, die also *Stromung* offen zeigen oder

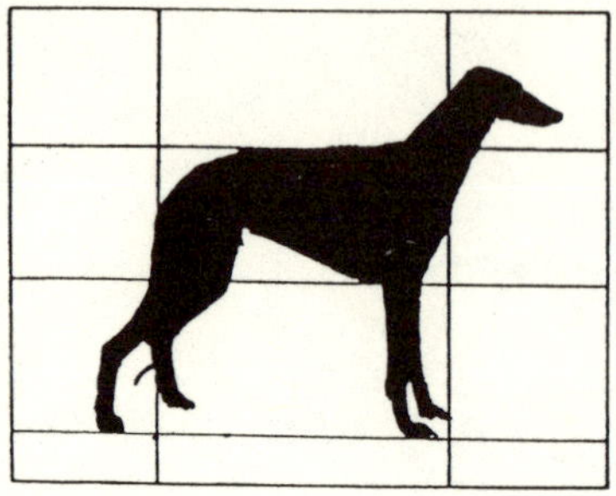

»verdeckt tragen«, wie dies bei Bullterriern heißt, wenn nur eine oft winzige Stromung zeigende Stelle am Hund zu finden ist.

Wenn man die Beschreibungen einzelner Rassen liest, hat man oft das Gefühl, als gelinge es ziemlich leicht, Hunde nach Wunsch zu züchten. Tatsächlich, auch wenn es oft so klingt, als würden Hunde am Reißbrett konstruiert und dann nur nach Baukastenart zusammengesetzt, ist dies tatsächlich keinesfalls so einfach, was mancher Züchter und auch mancher Rassezuchtverein dann an den Folgen erkennen kann. Wie die Ursachen unterschiedlicher Wuchsformen zu erklären sind, wird uns erst später beschäftigen.

Wenn man aber durch Einkreuzung anderer Rassen bestimmte Vorzüge dazugewinnen will, muß man sich auch darüber im Klaren sein, daß es keinesfalls *nur die Vorzüge sind, die man dabei übernimmt!*

Vielmehr erkennt man bei allen Rassen, daß sie mal mehr von diesem, mal mehr von jenem »Typ«, der an ihrer Entstehung beteiligt war, zeigen. Auch findet man, daß ganz und gar unerwünschte, weitgehend ausgemerzte Merkmale plötzlich wieder auftauchen. So sehr dies ein Problem der Hunde*zucht* ist, gehört es doch hierher, wenn man versucht, seine Beurteilungskenntnisse zu verbessern.

Unterscheidung nach »Laufleistung«

Um die erste Beurteilung der Hunde noch mehr einzugrenzen, unterscheiden wir, bevor wir auf die Punkte der Einzelwertung kommen, die fünf grundlegenden Formen im Folgenden noch gröber jetzt in zwei Gruppen:

Der ersten ordnen wir Hunde mit Verwendung bei *größerer Laufleistung* zu, der zweiten solche, bei denen *weniger ausgeprägte Laufleistung* erwartet wird.

In der ersten Gruppe finden wir die *Laufformen: Galoppform und Traberform,* in der zweiten Gruppe einerseits die *Kraftform* und andererseits die *Spitzform.*

Die Laufformen, bei denen wir zwei Gruppen unterscheiden können, sind grundsätzlich gekennzeichnet durch die Länge der Läufe, trockene Bemuskelung und meist ein im Verhältnis zu anderen Rassen kleineres Ohr; die lange Rute ist notwendig zur Steuerung bei schnellen Wendungen etc.

Die Galoppform

Die Galoppformen, zu der die Windhunde zählen, sind überwiegend quadratisch gebaut, zeigen steil, also stumpf zueinander

gewinkelte Gliedmaßen. Der Rücken ist wie ein Bogen gespannt und dehnbar durch außerordentlich kräftige Bemuskelung. Diese schnellt den Rücken bei den gewaltigen Galoppsprüngen vorwärts, wobei die gerade und steil vorgestellte Vorderhand den starken Stoß des vorgeworfenen Körpers auffängt und die Bewegung in den neuen Schwung überleitet.

Alles an diesen Hunden ist lang und schmal, auch der langgestreckte Kopf zeigt fast keinen Stop, beim Barsoi sogar den leicht nach oben gekrümmten Nasenrücken.

Bei der Galoppform wäre die, für die Traberform gewünschte, starke Winkelung ein schweres Handicap: Beim Galopp muß die beidseitig fast gleich und weit vorgestellte Vorderhand den gewaltigen Stoß des von der Hinterhand vorgeworfenen Körpers auffangen *ohne einzuknicken.* Bei zu starker Winkelung wäre hierbei viel zu viel Muskelkraft aufzubringen.

Bei der Galoppform hat aber die Vorderhand nicht nur die Aufgabe, den Stoß aufzufangen, sondern sie muß außerdem noch die Bewegung in den nächsten Sprung weiterleiten. Hierbei wäre das bei stärkerer Winkelung schrägere und beweglichere Schulterblatt ebenso hinderlich. Tatsächlich ermöglicht erst das weniger bewegliche, steilere Schulterblatt die ausreichende und vor allem auch ausdauernd kräftige Galoppaktion.

Bei keiner anderen Form finden wir so extrem lange, schlanke, harte Knochen und gleichzeitig eine im Verhältnis dazu noch *ausgeprägtere Bemuskelung des ganzen Körpers,* die bei den Laufaktionen wichtig sowohl für die Bewegungen der Läufe, wie des Kopfes und Halses ist. Besonders aber auch die auffallend stark ausgeprägte Rücken- und Bauchmuskulatur ist ganz ausschlaggebend an der Gestaltung der Bewegung beteiligt.

Der Windhund, den man als stahlharte, hochgebaute Gestalt bezeichnen kann, *tänzelt* aber, dank seiner steiler gestellten Gliedmaßen auch im Schritt und Trab.

Beim »Überwindhund«, bei dem die Ausgewogenheit zwischen Größe und Substanz nicht gewahrt bleibt, finden wir dann den zu dünnen und feinen Bau der Knochen und des gesamten Körpers, bei übersteilen Gliedmaßen Neigung zu Knochenbrüchen, Steifheit der Muskeln und, dank des nicht ausreichenden Raumes für die inneren Organe, eine schwache Konstitution von Herz und Lunge und Schwächen in der Verdauung.

Die Traberform

Ganz anders ist die *Traberform,* z. B. Schäferhund, gestaltet. Obwohl man auch hier quadratische Formen findet, zeigt sich die *leicht* langgestreckte Form oft als die günstigere. Im Gegensatz zu den Galoppformen wird hier eine *stärkere Winkelung* der Gliedmaßen gewünscht, auf die wir bereits im vorangegangenen Teil eingegangen sind.

Der langgestreckte Rücken hat beim Traben keine übermäßige Arbeit zu leisten. Die beim Traben abwechselnd vorgreifenden Läufe haben niemals das ganze Schwergewicht des Schwunges zu tragen und können sich *gleitend* vorwärtsbewegen. Der trabende Schäferhund hat einen langgestreckten, weichen, federnden Aufbau, darum schleicht und gleitet er auch im Schritt und Galopp.

Die stärkere Winkelung ist nötig, um mit Strecken und Beugen eine möglichst große, federnde, ausdauernde Schrittweise ohne übermäßigen Kraftverbrauch zu ermöglichen.

Dabei erreichen Bestleistungen die Hunde, die sowohl ein gut zurückliegendes, als auch elastisch bemuskeltes Schulterblatt haben, das die Stöße des Aufpralls gut abfedert. Hierzu muß auch das Schulterblatt dem Brustkorb flach anliegen und darf nicht nach außen ausweichen. Wir werden dies später, weil es so wichtig ist, nochmals genauer untersuchen.

Jede *Übertreibung* ist auch bei der *Traberform zu vermeiden!* In der Rumpflänge führt sie unweigerlich zu Weichheit der Muskeln, Lockerung und Schlaffheit des ganzen Gefüges.

Auch überlange Beine verbessern keinesfalls das Laufergebnis: Sie führen, wenn der Rücken gleichzeitig *kurz* ist, *zu steilerer* Gliedmaßenwinkelung, *verändern das Trabergebäude* zur *Galoppform* hin. Ist der Rücken *lang,* verursachen sie eine zu *stark gewinkelte Hinterhand,* leicht vorgelagerten Oberarm und zu hoch aufgerichteten Hals.

Der zu kompakte Brustkorb bringt dem Hund keinesfalls mehr »Substanz« und schwerere Knochen, sondern neigt dazu, tonnenförmig zu werden, so daß ihm das Schulterblatt nicht mehr glatt anliegt und der Hund »lose Schultern« zu haben scheint.

Auch ist es unsinnig, den Hund, statt der gewünschten *leicht* abfallenden Kruppe, hinten bis kurz über den Boden herabzudrücken. Sehen Sie einem solchen Hund beim »Traben« zu, bewegt er sich, dank seiner abschüssigen Kruppe, schleichend und kann weder ausdauernd laufen noch traben, noch springen.

Ein solcher Hund erinnert stark an eine *Hyäne,* die eine ebenso abschüssige Hinterhand hat und, wie bei dieser, sind auch bei dem Hund dann die Hinterbeine in den Fesseln einwärts gebogen, die Folgen sieht man, wenn man dem laufenden Hund von hinten zusieht.

Kraftform

In der zweiten Gruppe finden wir die Hunde mit geringerer Bedeutung ihrer Laufleistung.

Zunächst nennen wir die *Kraftformen,* die rein äußerlich eine untersetzte, breite kraftvolle Körperform im Rechteck im Querformat zeigen. Der Brustkorb nähert sich der Tonnenform, der Rücken ist kurz und breit, die Läufe, im Verhältnis der Körpergröße, kürzer, wodurch der Eindruck der gedrungenen, untersetzten Gestalt entsteht. Rute und Ohren haben keine Bedeutung und sind bei vielen Rassen kupiert, bei anderen zu kurzen, kleinen Formen durchgezüchtet.

Das Schwergewicht dieser Hunde liegt im Vorderteil des Körpers: Der mächtige Kopf, mit oft kräftigem Stop, ruht auf kurzem, dickem Hals und breiter Vorderfront. Die Hinterhand ist, im Verhältnis zur Vorderhand schwächer entwickelt und steiler gewinkelt, so daß sie leicht überbaut wirkt, d. h. die Kruppe höher als der Widerrist ist.

Die Hunde haben einen schweren, massiven Knochenbau und eine, im Gegensatz zu den Windhunden, schwammigere Bemuskelung. Die Haut liegt ihnen, da auch das Bindegewebe insgesamt loser ist, weit und oft faltenreich an.

Die Kürze und Steilheit der Gliedmaßen und die Breite des Körpers ermöglichen einerseits den für diese Hunde sicheren, festen Stand auf dem Boden, bedingen aber gleichzeitig eine geringere Beweglichkeit und, logischerweise, einen fast rollenden, schaukelnden Gang, da das Schwergewicht des Körpers bei der Bewegung weit hin- und herpendelt. Dies verbraucht beim Laufen viel Muskelkraft.

Jede Übertreibung dieser einzelnen Punkte, ob in der Betonung des Kopfes oder des Rumpfes, in der Schwere der Knochen, der Faltenbildung der Haut, — nimmt dem Hund seine ohnehin geringere Beweglichkeit, und beraubt damit auch die angesammelte Kraft jeder Möglichkeit, sich überaupt auszuwirken und *macht sie letzlich sinnlos.*

Spitzform

Die *Spitzform* ist eine der ältesten und am wenigsten veränderte Hundeform, die sich überall auf der Welt findet. Von Anfang an scheint sie, wegen ihrer besonderen

Wachsamkeit und Unbestechlichkeit, als Haushund des Menschen Begleiter gewesen zu sein; ihre größere Arbeitsform finden wir bei den Nordlandhunden, bei denen man die gute Ausgangsposition dieser Hundeform züchterisch sinnvoll nutzte.

Spitze sind quadratische, kräftige, gedrungene Hunde, typisch der spitze Kopf mit geringem Stop, den steil aufgerichteten Ohren, dem kurzen und trockenen Fang, korrektem Scherengebiß. Nirgendwo zeigt der Spitz die vielerlei Domestikationsverunstaltungen anderer Rassen:

Sein Körperbau stimmt sowohl in der Knochenstärke wie in den Proportionen. Die wenig gewinkelten Gliedmaßen stehen fest auf dem Boden; über den kurzen Rücken und der, wegen der steileren Gliedmaßen, leicht überbauten Kruppe, ist die Ringelrute hochangesetzt aufgerollt.

Auch wenn man ihn in unterschiedlichen Größen zu unterschiedlichen Zwecken und in allerlei Farben züchtete, erkennt man ihn, in der Gebrauchsform der Nordlandhunde, im Chow-Chow, aber auch in den Zwergformen sofort heraus.

Beobachtungen am Kopf

Nach der Übersicht über die Gesamterscheinungsformen des Hundes kommen wir nun zu den, den TYP des Hundes besonders kennzeichnenden, Einzelheiten. Ebenso, wie man aus der Silhouette des gesamten Körpers die jeweilige Rasse unschwer erkennen kann, ist dies auch weitgehend möglich, wenn man nur die Kopfform im Umriß wiedergibt.

Der ausgeglichene Kopf des Normalhundes erinnert in vielem an den des Wolfes. Obwohl dies, bei gründlicherer Untersuchung, nur *scheinbar* richtig ist, gehen wir hier nicht auf die tatsächlich erheblichen Abänderungen ein. Für die wissenschaftliche Erforschung der Domestikation sind die Schädelveränderungen ein außerordentlich aufschlußreiches Gebiet; eine Auseinandersetzung damit würde aber in diesem Rahmen mehr verwirren als zum gewünschten Überblick führen.

Bereits im vorangegangen Teil haben wir uns mit dem Hundekopf beschäftigt. Neben dem ausgeglichenen Hundekopf finden wir den sowohl extrem langen, flachen, schmalen Schädel, den Kopf mit dem ausgeprägten Stop und den Kopf mit dem extrem verkürzten Gesichtsschädel.

Und es sind gerade die so ausgeprägt gestalteten Kopfformen, die der jeweiligen Rasse das für sie Typische geben, die uns den ersten Eindruck vermitteln, einen besonders guten, besonders schönen Vertreter dieser Rasse vor uns zu haben.

Keine andere Tierart hat...

Was uns hier interessiert ist, wie weit diese unbezweifelbar anzutreffende erste Wirkung tatsächlich auch die ihr zugeschriebene Bedeutung für die Gesamt-Beurteilung des Hundes hat.

Bei den wildlebenden Caniden finden wir weder die extreme Verkürzung, noch die extreme Länge des Fanges. Immer wieder versucht die Natur auszugleichen und kehrt zu einem Mittelmaß zurück, was sowohl die Körpergröße wie auch die Schädelveränderungen betrifft.

Denken wir hier einmal an den Boxerkopf. Die Möglichkeit der Verkürzung des Fanges ist zweifellos vorhanden, denn sonst wäre es überhaupt nicht möglich gewesen, Bulldoggen, Pekingesen, Möpse usw. zu züchten. Dennoch stellt dieser Kopftyp bei Hunden eine Degenerationserscheinung dar. Wie schon früher erwähnt, erleben wir bei unseren Kulturrassen, wie schnell der Kopf zu seiner Urform zurückkehrt und der Typ verflacht.

Bei den kurzköpfigen Rassen fallen in den Würfen selten Welpen mit zu kurzen Köpfen und werden nie eine Gefahr für die Zucht. Dagegen sind zu lange flache Köpfe z. B. bei Boxern, auch nach der besten Abstammung, keine Seltenheit, die sich hartnäckig immer wieder Durchbruch verschafft.

Noch deutlicher wird dies aber bei den, an und für sich unerwünschten, »Promenadenmischungen« und ist außerordenlich interessant zu beobachten. Selbst ein noch so gut durchgezüchteter Boxer schlägt bei einer Kreuzung mit z. B. Schäferhunden oder Spitzen, aber auch nach Mischungen mit Bastarden undefinierbarer Herkunft *nicht* mit seiner *Kopfform* durch. Im Kapitel über die Wuchsformen werden wir sehen, daß dies *immer* so ist.

Ich habe schon verschiedene Boxerbastarde gesehen, aber in den meisten Fällen war schon bei der Geburt der Welpen oder nach 14 Tagen der lange flache Kopf ein deutlicher Beweis für die »Mischehe«. Ausgewachsene Tiere ließen nie einen Zweifel an ihrer illegalen Abstammung, und vom Boxerkopf war bei ihnen meist nicht einmal eine Andeutung geblieben.

Trotzdem ist es meist möglich, an den ausgewachsenen Hunden den daran beteiligten Boxer zweifelsfrei wiederzuerkennen: Einerseits weist seine Gestalt, andererseits auch das meist gleichzeitig vererbte typische Fell des Boxers, eindeutig auf diesen hin, nicht aber der Kopf!

Andere Hunde, z. B. Schäferhunde und Spitze, die dem Urtyp wohl am nächsten kommenden Hunderassen, schlagen in Mischlingswürfen häufig so dominierend durch, daß es oft schwer ist, festzustellen, ob Bastard oder reinrassig. Diese Schwierigkeit tritt beim Boxer nie auf.

So sehr man auch in Versuchung gerät, den Hund nach der Qualität seines Kopfes zu beurteilen, liegt hierin eine große Gefahr, der sowohl die Richter einerseits, wie auch die Züchter andererseits, leicht und leider häufig erliegen.

Wir müssen uns darüber im klaren sein, daß es »den« guten Kopf, gleich bei welcher Rasse, an sich nicht gibt! Daß ein Windhund mit einem Boxerkopf z. B. ein Unding wäre, leuchtet ja jedem ein. Daß aber ebenso auch der typische Boxer-, Windhund-, Terrierkopf *zuallererst harmonisch zu dem dazugehörigen Körper passen* muß, bleibt im Eifer des Begutachtens leider häufig ohne die nötige Beachtung.

Vielmehr können wir beides beobachten: Die eine Gruppe, die der letztlichen Gestaltung des Kopfes wenig Bedeutung zumißt und die andere, die im Gegensatz dazu den Hund ausschließlich nur nach der Qualität des Kopfes bewertet.

Beide haben im gleichen Maße recht wie ebenso unrecht, weil beide außer acht lassen, daß der gut proportionierte Hundekopf nicht nur ein kosmetisches oder aesthetisches Problem darstellt, sondern von den gleichen Gesetzen gesteuert wird, die dem übrigen Körperbau des Hundes zugrundeliegen.

Genau so unsinnig ist es auch, die Kopfgrößen für einzelne Rassen durch präzise Maßangaben von vornherein festzulegen. Bereits Stephanitz schreibt dazu sehr richtig:

»Ich möchte hier übrigens davor warnen, am lebenden Hunde Kopfmaße zu nehmen oder auf die leider nicht selten in Anzeigen veröffentlichten etwas zu geben. Solche Maße sind ganz wertlos, schon weil bei ihnen aber auch gar keine Gewähr gegeben ist, daß sie in annähernd richtiger und zuverlässiger Weise genommen; ...

... Abgesehen davon aber besagt die Kopflänge gar nichts, selbst ein scheinbar langer kann für den betreffenden Hund noch kurz sein; solche Maßangaben sind also auf den glatten Bauernfang berechnet ...

... *Verhältnismaße für den Kopf gibt es nicht, jeder Kopf muß sich, wie alle anderen Gebäudeteile, auch in das Ebenmaß des Gesamtgebäudes einfügen;* das ist, wie wir sahen, für den Rüden schon anders wie für die Hündin. Ferner muß ein größerer, kraftvoller Hund auch einen kräftigeren, daher schwerer erscheinenden Kopf haben, als ein kleiner, leicht gebauter, ohne daß er ein Dickkopf zu sein braucht.

Nicht die Ausmessungen bestimmen den Adel, die Schönheit der Kopfform, die, wenn gut, edel, trocken, ganz unbestreitbar den Gesamteindruck des Hundes hebt, *sondern die zweckmäßige Gestaltung,* der Schritt und der Verlauf der Umrisse.«

... derart viele Variationen der Kopfformen!

Ebenso geht auch Stephanitz auf die »Nebenwirkungen« unterschiedlicher Kopfgestaltung ein, von der wir noch einiges erfahren werden.

Wenn man selbst Hunde beurteilen will oder beobachtet, wie die Bewertung im Ring ausfällt, kann man feststellen, daß die Versuchung, den Hund »nach dem Kopf« zu bewerten, sehr groß ist — und daß dabei, im Sinne der Rasse, nicht immer vernünftig verfahren wird.

Daher möchte ich hier auf einen, wie mir scheint, besonders wichtigen Gesichtspunkt hinweisen. Während nämlich die Beurteilung von *Körperform, Gangwerk* usw. *für alle* von großer Wichtigkeit ist, weil daran die gesunde Gesamtfunktion des Hundes abzulesen ist, ist die Beurteilung des Kopfes für den *Züchter* ein besonders diffiziles Problem. Er darf sich nicht allein auf die Richterbewertung verlassen, da vielfach ein Hund mit besonders hervorstechender Qualität des Kopfes aus verständlichen Gründen zu gut bewertet wird.

Der Züchter wiederum muß sich die Hunde, mit denen er züchten will, unabhängig von den Ausstellungserfolgen, besonders gründlich ansehen und *darf niemals der Versuchung erliegen, Hunde nach dem Kopf zu züchten!* Warum dies so ist, soll an den folgenden Überlegungen gezeigt werden.

Grundsätzlich unterscheiden sich die Kopfformen durch den langen bzw. überlangen Schädel, mit mehr oder weniger Stop, und durch den Kopf mit stark verkürztem Fang, von dem man richtiger sagen müßte, der Oberkiefer sei *kurz geblieben.*

Für den Züchter ist dabei die Beobachtung wichtig, daß der lange, schlanke Kopf auch mit einem ansonsten langwüchsigen Knochentyp verbunden ist. Gibt er nun zwei Hunde, wegen ihrer besonders feinknochigen, langen und schönen Schädel zusammen, kann es leicht passieren, daß im Ergebnis die Hunde dann insgesamt noch feiner, zu leicht, zu hochbeinig werden, wie man dies bei den Terriern z. B. beobachten kann.

Als weiteres Beispiel für das Kopfproblem dient uns im folgenden der Dobermannkopf nach Zeichnungen von Dorn als Beispiel. Man könnte natürlich auch jede beliebige andere Rasse nehmen, da die Probleme der Auswirkung des übertriebenen Versuches, bestimmte Formen zu erzwingen, auch an anderen Rassen zu erklären wären, da die Gestaltung des Kopfes für den Typ des Hundes entscheidend ist.

„Prinz Modern vom Ilm-Athen" (8 Monate alt) 1909
Die naturgetreue Nachzeichnung eines Lichtbildes läßt deutlich die nach unseren heutigen Anschauungen unschöne starke Wölbung der Augenbogen-Stirnpartie erkennen. Wir finden noch heute bei verschiedenen Dobermännern Anklänge an dieses Erbmal

Das edel gezogene Kopfprofil
Nasenbein- und Stirnbeinlinie verlaufen parallel zueinander

Die edle Form des gestreckten Keilkopfes
Von oben gesehen

Dennoch wurde jeder, so auch der Dobermann-Kopf-Typ, nicht aus aesthetischen Gründen entwickelt, sondern aus praktischen, da auch andere körperliche Merkmale damit verbunden sind, der Kopf insgesamt die Summe einer zweckdienlichen Züchtung darstellt, deren Abänderung auch dem Gebrauchswert abträglich oder nützlich sein kann.

Der Dobermann soll ein »edel gezogenes Kopfprofil« haben, bei dem Nasenbein und Stirnbeinlinie parallel zueinander verlaufen, und von oben den stumpfen, leicht gestreckten Keilkopf zeigen, er muß also kräftig, lang und schlank sein.

Wird hier nun ausschließlich auf den gewünschten Kopf gezüchtet, kommt es leicht zu den im Bilde gezeigten Veränderungen wo wir sowohl die zu starke *Ramsung*, die betonte *Lefzenbildung*, die zu *starke Wölbung der Stirnpartie* oder den zu *spitzen Fang* mit ungenügend ausgebildetem Unterkiefer erkennen können.

Nun wäre dies kein so riesiges Problem, wenn man es nur als einen *Schönheitsfehler*, der lediglich den Kopf verunstaltet, betrachtet. Tatsächlich treten aber, *gemeinsam* mit diesen Merkmalen, auch am übrigen Körper des Hundes typische Veränderungen auf, die nicht nur am Dobermann, sondern *generell* bei Hunden, festzustellen sind, wie wir nun sehen werden. Auch im Kapitel über die Wuchsform ist hiervon noch einiges nachzulesen.

Verbunden mit der *»Ramsung«*, ein besonders kraftvolles Nasenprofil ohne Stop, ist ein insgesamt mehr kräftiger, langer Knochenbau. Sie entsteht, wenn man bei der Selektion auf lange Köpfe gleichzeitig die kräftige Knochensubstanz fördert und zeigt leicht, wenn sie nicht rassemäßig erwünscht und ausgewogen ist, dann einen zu klobigen Hund.

Auch *»Lefzenbildung«* ist ein Zeichen zahlreicher, den Gesamtkörper des Hundes betreffender Veränderungen. Rein äußerlich beobachtet man sie bei Hunden mit Neigung zu faltiger, lose anliegender Haut, größerer Behanglänge und der insgesamt vergröberten Struktur von Knochen, Muskeln und Bindegewebe.

Bei einigen Rassen ist dies durchaus erwünscht, doch führt auch dort die *Übertreibung* zu Hautfalten und der Neigung zu Dermatiden, schlaffer Haut und zum sogenannten Ektropium, dem enormen Klaf-

Normale Backenbildung
Von vorn und unten gesehen

Kopf mit betonter Backenbildung
Backiger Kopf

Starke Ramsung im Bereich des Nasen- und Stirnbeins
Stirnabsatz fehlt. Zuchtuntauglich

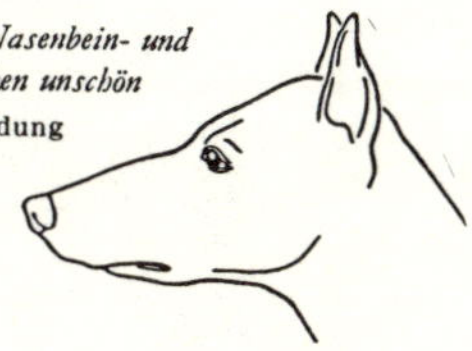

Ramsung des Nasenbeins. Nasenbein- und Stirnbeinprofillinien wirken unschön
Betonte Lefzenbildung

Der fehlerhafte spitze Fang
Unterkiefer ungenügend ausgebildet

fen der Lidspalten bei z. B. Bernhardinern, Neufundländern, Spaniels, Bloodhounds, Bassets.

Bei Hunden, deren Haut eng anliegend sein soll, ist Lefzenbildung verständlicherweise gänzlich unerwünscht.

Bei Schäferhunden, die ein Stehohr tragen, zeigt die Lefzenbildung auch gleichzeitig die oben erwähnten Veränderungen des Körpers und bewirkt damit, durch die Verlängerung der Ohrmuschel, daß die korrekte, aufrechte Ohrhaltung erschwert wird. Letztes ist tatsächlich mehr ein Schönheitsfehler, zeigt aber gleichzeitig eine verborgene Schwäche von Knochen und Bemuskelung an.

Daher hat die bei vielen Rassen gestellte Forderung, daß Lefzen trocken und knapp anliegend sein sollen, einen viel tieferliegenden Sinn.

In diesem Zusammenhang soll auch die *Ohrenform* kurz besprochen werden, die ja beim Dobermann nicht sichtbar wird, weil die Ohren (eigentlich nämlich Hängeohren, was seine Neigung zu Lefzenbildung erklärt!) noch kupiert sind. Wie stark der Ausdruck des Hundes durch die veränderte Ohrform geprägt wird, weiß, wer die unkopierten Dobermann-Köpfe kennt.

Beim *»Normalhund«* und den *Wildhunden* findet man generell das *aufrechtgestellte Stehohr.* Je mehr sich die Rasse zu den langwüchsigen, trocken bemuskelten Hunden hinentwickelt, wird zugleich auch sowohl die Haut dünner, straffer anliegend, als auch das Ohr kleiner, bis hin zum Rosenohr beim Windhund.

Bei den, im Gegensatz dazu, faltenreichen, kompakten, untersetzteren Hundetypen, findet sich die Neigung zur dickeren, loseren Haut und den vergrößerten Hänge- oder Schlappohren.

Die mehr oder weniger aufgewölbte *Stirn* findet ihre Extreme in den »kurzköpfigen« Rassen und den überstreckten Kopfformen. Wo diese nicht, rassetypisch erwünscht und ausgewogen, zum Gesamtbild des Hundes passen, fehlt sowohl dem überlangen, wie dem extrem kurzen Kopf die Kraft.

Auf diesen Punkt werden wir später bei den Wuchsformen nochmals zurückkommen. Praktisch hat die Kiefer- und Nasenbeinverkürzung als Folge die verkleinerte Stirn- und Nasennebenhöhle, wie auch Gebißfehler. Die zu scharfe Einbuchtung führt nicht nur zu Gaumenmißbildungen und Atembeschwerden, sondern begünstigt auch, da sie oft bei Hunden mit loser Haut auftritt, übermäßige Faltenbildung und Ekzeme.

Auch der fehlerhafte, *spitze Fang* findet sich gerade dort leicht, wo man versucht, dem Hund zu einem schlankeren, schmaleren Kopf zu verhelfen, als es seine übrige Konstitution eigentlich erwarten läßt. Der schwache Unterkiefer zeigt dann, daß nun der Hund insgesamt tatsächlich zu leicht und windig geworden ist, zeigt dünne Knochen, mangelhaften Brustkorb usw.

Daher gilt, daß bei der Beurteilung ein Hund mit »Superkopf« besonders kritisch zu betrachten ist: Erst die Begutachtung des gesamten Hundes läßt erkennen, aufgrund welcher Eigenschaften dieser Kopf zustande kam.

Insgesamt ist es, wenn man sich nach geeigneten *Zuchthunden* umsieht, günstiger, nach einem Hund mit einem *guten, aber mittelmäßigen Kopf* und einem *ebenso guten, mittleren, ausgewogenen Körperbau* zu suchen, da hierbei das Nachfolgen von unerwünschten Extremen weniger zu befürchten ist.

Beobachtungen an den Vordergliedmaßen

Wir kommen nun zu einem wichtigen Punkt, der Vordergliedmaße und besonders der Schulter unseres Hundes. Festzustellen ist, daß man früher diesem Körperteil bei unseren Hunden weit mehr Beachtung geschenkt hat, als es heute der Fall ist. Das Nachlassen dieser Aufmerksamkeit ist wohl dem Umstand zuzuschreiben, daß, im Gegensatz zu früher, aus verständlichen Gründen viel weniger auf die »Gebrauchsform« des Hundes geachtet wird, Ausnahmen, die die Regel bestätigen, sind die Angehörigen der Jagd- und einige Gebrauchshundrassen.

Auch ist es nur wenigen möglich, den Hund als Begleiter neben dem Rad oder dem Pferde herlaufen zu lassen, wie es noch in den alten Ausführungen vieler Rassekennzeichen heißt.

Und daß der Hund wenigstens täglich »Gassi« geführt wird, hat er mehr der Notwendigkeit des Verdauungsspazierganges zu verdanken, und er schafft diese knapp bemessenen Gänge auch bei schlechtester Gestaltung seines Körpers.

So merkwürdig es auch klingen mag, die »Un«-gestaltung unserer Hunderassen ist überwiegend eine Folge der enormen Veränderungen, die *unser* zivilisiertes Leben in nur wenigen Jahren erfahren hat. Heute ist es tatsächlich ein Problem, dem Hund ausreichend Bewegung zu verschaffen, überdies empfindet auch der weitgehend motorisierte Mensch einen kurzen, strammen Marsch von ein oder zwei Stunden bereits als Anstrengung.

So ist es auch erklärlich, daß kaum jemand in der Praxis bemerkt, wenn sich grobe Gebäudefehler in den Rassen ausbreiten. Das, was heute der »Gebrauchshund« bei den Leistungsprüfungen an Körperarbeit vollbringen muß, ist nicht der Rede wert.

Aber auch der ganz normale Haushund zeigt zunehmend die Spuren ungenügender Bewegungsanforderungen. Zunehmend wird eine körperliche und seelische Verkümmerung des Rassehundes beklagt, dessen Zucht mehr und mehr der »allmächtigen Tyrannin Mode, das dümmste aller dummen Weiber« (Konrad Lorenz) folgt, und dabei die natürlichen Bedürfnisse nicht ausreichend beachtet.

Wir haben bereits früher festgestellt, daß in dem Begriff *»Fleischfresser«* sehr viel mehr enthalten ist, als ein Hinweis auf die Ernährung. Der Stoffwechsel des Hundes, der ja auch ausschlaggebend für die *gesamte körperliche* und *seelische* Leistung eines gesunden Tieres ist, kann sich nur bei ausreichender Bewegung entfalten.

Denken wir hier an Konrad Lorenz, der seiner Scotch-Terrier-Hündin Ali in seinen Hundegeschichten ein Denkmal setzt. *»So« schreibt er, »waren 'Scotties' vor fünfunddreißig Jahren. Und heute?«* Lesen Sie einmal selbst nach, wie Konrad Lorenz beschreibt, wie Ali eine Katze *einen Baum hinauf verfolgt!*

Konrad Lorenz schreibt dazu: »... *Und nun frage ich die Züchter: Wäre es nicht besser, mit einem solchen wackeren, schneidigen und treuen Hund zu züchten, selbst dann, wenn er bei der »Punktebewertung« nach Körperproportionen schlechter abschneidet als jene wohlgeformten Triumphe rassischer Schnurrbartpflege?«*

Daß solche Kritik aufkommen kann, liegt weniger daran, *daß* Rassemerkmale beachtet werden, als vielmehr daran, daß *diese* Rassemerkmale zunehmend ein überwiegend — für niemanden ernsthaft sinnvolles — *Schönheitsideal* beinhalten.

Aber gerade darin liegt ja der ungeheure Reiz der Hundezucht, die so zahlreichen Fähigkeiten, die in dem genetischen Ausgangsmaterial liegen, aufzufächern und daß dabei, trotz aller Unterschiede, gesunde, »richtige« Hunde, die sich den so unterschiedlichen Bedürfnissen des Menschen anpassen, entstehen können und sollten.

Wir können uns daher keinesfalls auf den Standpunkt stellen, daß unsere Hunde keine körperliche Ausdauer benötigen. Lassen wir auch die bequemen Ausreden, daß er das, was er laufen muß, auch mit einer steilen Schulter schafft und Ausdauer letzten Endes nur Trainingssache ist. Wir dürfen nicht davon ablassen, für ihn ein korrektes Gebäude und einwandfreies Gangwerk anzustreben.

Aber auch darüber müssen wir uns im klaren sein: Noch so gute Umwelt- und Lebensbedingungen, die wir unseren Hunden ermöglichen, nützen überhaupt gar nichts, wenn der Hund von vornherein keine guten Anlagen hat!

Als Beispiel nöchte ich hier von meinen eigenen Hunden einiges erzählen. Mein »Heiner v. Zwergeck« hatte idealen Kopf, Hals und Vorderhand, aber leider eine schwache Hinterhand. Trotzdem war er ein ausdauernder Läufer, der nicht nur 40, sondern 50 km neben dem Rad spielend schaffte!

Seine Zwingergefährtin »Warthe v. Dom« war schon nach 10 km kaum noch zu bewegen, weiter zu laufen. Die Hündin war keineswegs ausgepumpt, sondern die Ursache lag an ihrer sehr steilen Schulter, welche die Stöße beim Laufen und Springen nur unvollkommen abfederte. *Man sah ihr an, daß ihr jeder Schritt weh tat, wie einem Wanderer, der mit zu engen Stiefeln marschiert.*

Beide Hunde hatten die gleiche Aufzucht mit großem Auslauf im Freien. Hier lag das Versagen des einen Hundes nicht am Training, sondern an dem *Vorderhandmangel.* Wir haben, wie man daran sieht, allen Grund, dem Körperbau größte Aufmerksamkeit zu schenken.

Ich bringe heute Zeichnungen der Knochen von drei verschiedenen Vorderläufen. Zur Erinnerung sei nochmals aufgeführt, welche Aufgaben sie zu erfüllen haben:

1. Die Aufgabe, das Gewicht zu tragen.
2. Das Auffangen und Abfedern des Stoßes beim Gehen, Laufen oder Springen.
3. Das Vortreiben der Vorderhand beim Wenden.
4. Das Leiten der seitlichen Verschiebung beim Vortreten.
5. Hilfe bei der Erhaltung der Balance.

Der Grundstock für die ganze Vorderhand ist das Schulterblatt. Die meisten Rassen verlangen ein »langes«, ein »schräges« oder ein »gut nach hinten geneigtes« Schulterblatt. Diese Bezeichnungen wollen im großen und ganzen dasselbe sagen.

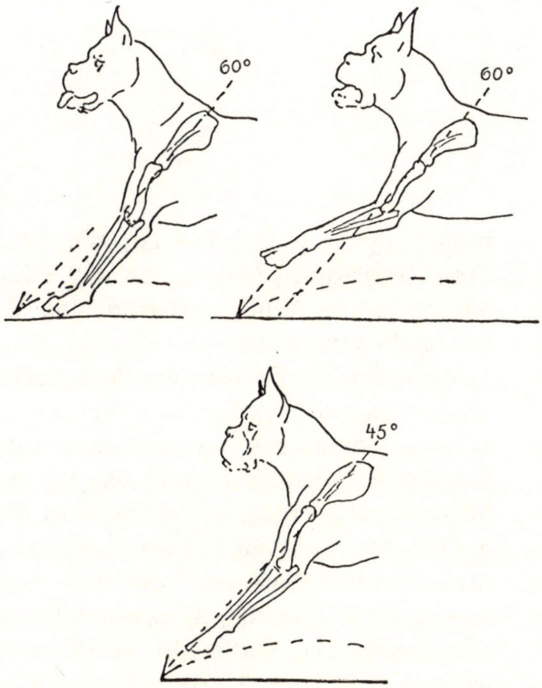

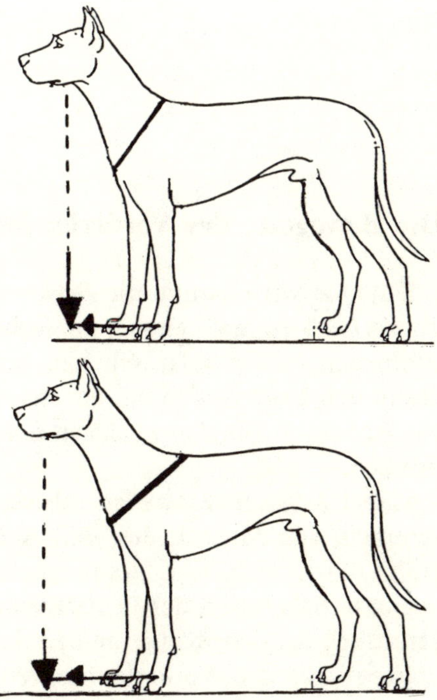

Doch ich will einige praktische Beispiele anführen. Wie die Flugbahn einer Kugel einen Bogen beschreibt, so macht auch jeder Schritt des Hundes, gleich in welcher Gangart, einen Bogen, der vom Augenblick des Erhebens der Pfote beginnt und mit dem Auffußen endet. Wollen wir uns über die Schrittweise des Hundes klar werden, müssen wir uns das Schulterblatt, das wir bereits im letzten Kapitel beschrieben haben, einmal in der Bewegung ansehen.

Ich habe schon bei der Beschreibung des Knochengerüstes darauf hingewiesen, daß das Schulterblatt der Länge nach einen Knochengrat besitzt, der zum Ansetzen der Muskeln dient. Dieser Grat ist beim Abtasten mit dem Finger deutlich zu fühlen. Stellen Sie nun den Hund in eine normale, ruhige Position und denken Sie sich eine Linie als Verlängerung des Knochengrates bis zum Boden. Hier ist dann etwa auch der Punkt der Reichweite des Vorderlaufs.

Aber auch am Hund selbst können Sie die Reichweite seines Ausschreitens messen: Die Länge vom Buggelenk bis zum obersten Rand des Schulterblattes entspricht einerseits der Distanz, in der der Hund nach vorn ausschreitet (d. h. er setzt die Pfote etwa in Höhe von Ohr oder Auge unterhalb des Kopfes ab) und entspricht andererseits auch dem Vorwärtsschub, durch die Stemmbewegung der Vorderhand.

Die Bewegung des Vorderlaufes

Schauen wir uns nun die *Bewegung des Vorderlaufs* einmal genauer an: Sobald die Pfote den Boden verlassen hat, muß der Hund den Lauf vorführen, um ihn in Ausgangsposition für den nächsten Schritt zu bringen.

Dabei arbeiten zahlreiche Muskeln zusammen: Ein Muskel, der vom Arm zum Hals führt, zieht den Lauf nach vorn. Gleichzeitig erledigt der fächerförmige Sägemuskel, der den Körper an den Schulterblättern mit den Vorderläufen verbindet, mehrfache, sehr komplizierte Aufgaben: Er gibt dem Körper, der in diesem Muskel, wie bereits beschrieben, wie in einer Hängematte ruht, festen Halt.

Dieser Muskel besteht aus zwei Teilen: Dem Halsteil und dem Brustteil. Während nun der Vorderlauf nach vorn gehoben wird, zieht sich der Brustteil des Sägemuskels zusammen, wobei sich das Schulterblatt an seinem Befestigungspunkt leicht dreht und senkt, und folglich das Schultergelenk angehoben wird und so den Lauf vorwärts-abwärts führt.

Da der Mittelpunkt dieser Vorwärtsbewegung fast in der Mitte des Oberarms liegt, führen die für die Rückwärtsbewegungen verantwortlichen Muskelkontraktionen auf dem Schulterblatt die annähernd kreisförmige Bewegung des Schulterblattes, des Schultergelenkes und der Vordergliedmaße aus.

Wenn sich der Brustteil des Sägemuskels zusammenzieht, muß sich folglich der Halsteil entspannen; nur so kann sich das Schulterblatt bewegen. Diese umschichtige Muskelaktion ermöglicht auch, daß sich die Gliedmaße, in harmonischer Aufeinanderfolge, ohne Ruck und Stoß, in zwei entgegengesetzte Richtungen bewegen kann.

Während der Vorderlauf *vorschwingt*, wird er gleichzeitig *angewinkelt*. Das Schultergelenk wird stärker gewinkelt, da zunächst der Oberarm nach hinten-oben gezogen wird, ebenso das Ellenbogengelenk, wobei der Unterarm nach vorn-oben gehoben wird und sich der Vorderfuß nach unten abwinkelt. Der Vorderarm verringert so seine Länge, und dies spart Kraft.

Ist das Bein in die richtige Lage gehoben, werden durch Muskelarbeit wieder alle Gelenke gestreckt, so daß der Vorderlauf etwa der Längslinie des Schulterblattes folgt und auffußen kann, wobei das Fußgelenk leicht federnd nachgibt, um sich sogleich wieder für das Aufstemmen des Beines durchzustrecken.

Hierbei ist interessant, zu beobachten, daß sich die Art und Weise, in der der

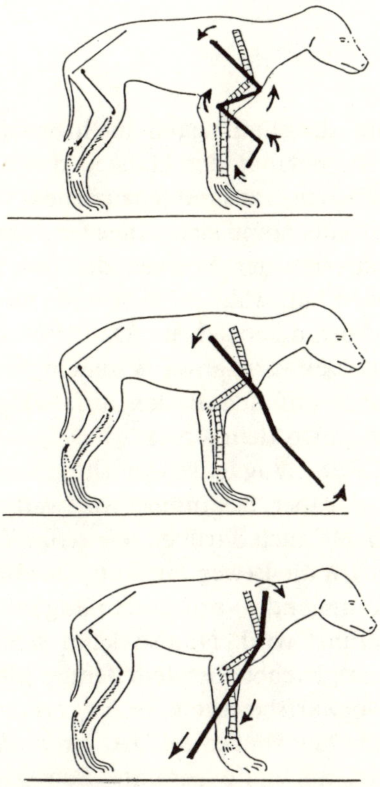

Hund die Pfote auf den Boden setzt, bei unterschiedlicher Geschwindigkeit ändert. Bei *langsamen* Bewegungen setzt der Hund die Pfote gleichzeitig mit Zehen- und Sohlenballen auf, geht dann in der Abstemmbewegung auf die Zehenballen und stößt sich mit diesen vom Boden ab.

Bei der *schnelleren* Bewegung berührt der Hund zunächst mit den Zehenballen den Boden, senkt den Fuß dann auch auf den Sohlenballen ab, so daß er einen Augenblick lang sowohl mit den Zehen- wie mit dem Sohlenballen den Boden berührt. D. h. der Fuß senkt sich etwas ab, wobei er bei sehr großer Geschwindigkeit auch im Fußgelenk etwas nachgeben kann, und federt dann, in der Stemmbewegung, sowohl das Fußgelenk streckend, wie auch den Sohlenballen wieder anhebend, von den Zehenballen vom Boden ab.

Dies ist eine sehr wichtige Beobachtung: Sie erklärt, warum beim Hund die *Pfoten »gut aufgewölbt«* sein müssen: Nur bei gut aufgewölbten Pfoten ist dieses federnde Wechselspiel zwischen Zehen- und Sohlenballen möglich, das, wenn man zusieht, wirkt, als träfen die Pfoten, leicht wie ein Ping-Pong-Ball, auf den Boden, um, ähnlich wie der Ping-Pong-Ball, sofort wieder nach oben zu schnellen.

Hat der Hund gespreizte Pfoten, geht er unelastisch, wie ein Mensch mit Plattfüßen und braucht daher viel mehr Kraft. Ebenso geht es dem Hund, dessen Fußgelenke nicht straff genug sind, der, dank der Schwäche von Muskeln und Bändern »durchtritt«. Das rasche Abfedern ist nicht mehr möglich und der Hund braucht auch so, um sich abzufedern, sehr viel mehr Kraft und mehr Zeit.

Sobald der Lauf ganz nach vorn gebracht ist, beginnt der Halsteil des Sägemuskels sich zusammenzuziehen, der Brustteil entspannt sich hingegen, ebenso entspannt sich der Muskel, der das Bein angehoben hat, während sich seine Gegenspieler zusammenziehen. Dadurch kann der Lauf rückwärts-abwärts schwingen, die Pfote setzt auf den Boden auf, während sich das ganze Bein streckt.

Diese Bewegung ist sehr wichtig, weil sie sowohl darüber bestimmt, *wie weit ausgreifend,* als auch darüber, *wie schnell und harmonisch* die Bewegung, von der Hinterhand kommend, vorn aufgefangen und weitergeführt wird. Nur so kann sich der Hund mit gleichbleibendem Tempo gleichmäßig vorwärtsbewegen. Je *langsamer* die Bewegung der *Vorderhand* ist, um so *langsamer* ist auch die gesamte *Bewegungsweise!*

Dabei lastet das Körpergewicht des Hundes auf der Vorderhand, sie trägt federnd sowohl das Gewicht, wie sie ebenso die Vorwärtsbewegung weiterbringt.

Wie wir wissen, ist der Körper in der Muskelschlinge des großen Sägemuskels aufgehängt. Das Körpergewicht wirkt zunächst auf dessen Brustteil, so daß das Schulterblatt abwärts und rückwärts federnd nachgibt, wobei sich der Winkel am Schultergelenk vergrößert oder verkleinert. Dieser Bewegung wirken zahlreiche Muskeln entgegen, u. a. auch der Halsteil des Sägemuskels, der sich nun zusammenziehen muß.

Insgesamt arbeiten zahlreiche, kunstvoll konstruierte Muskeln an der Vorderhand zusammen, die sowohl das Körpergewicht auffangen, den Rumpf stoßdämpfend stützen und außerdem noch an der Schubwirkung beteiligt sind.

Das Schulterblatt ist zwar beweglich mit dem Rumpf verbunden, doch ist die Verbindung *straff,* da sie ja viel Halt geben muß, so daß sich das Schulterblatt nur in einem bestimmten Maße um seine Befestigung drehen kann.

Daher ist die *richtige* Schräglage des Schulterblattes zum Brustkorb sehr wichtig, da so der Winkel, den es mit dem anschließenden Oberarmknochen bildet, bestimmt wird. Bei größerer Schräglage bildet sich die bei der Traberform erwünschte stärkere Winkelung, während bei der Galopperform der Winkel, aus statischen Gründen, flacher sein muß.

Betrachten wir nun die Zeichnung nochmals. Das Bild 1 zeigt den normalen Vortritt bei richtig gelagertem Schulterblatt.

Ist nun die Reichweite bei einer Schulterlage von 60° nicht genügend, d. h. »zu steil«, um die Vorderpfote weit genug vorzusetzen, muß der Hund versuchen, sich anderweitig zu helfen. Er tritt deshalb kürzer und steiler zu Boden, was einen härteren Stoß und ein eventuelles Rutschen zur Folge hat. Dieser Stoß wird in erster Linie von den Fesseln abgefangen und zieht die ganze Schulterformation in Mitleidenschaft.

Der Fehler, zeigt er sich beim Reitpferd, bringt jeden Reiter durch die Stöße zur Verzweiflung und hätte, bei längerer Belastung, das Zusammenbrechen des Tieres auf der Vorderhand zur Folge.

Eine weitere Möglichkeit besteht für den Hund darin, daß er die Vorderarmmuskeln in stärkere Aktion treten läßt, um diesen Fehler auszugleichen. Der Vorderlauf wird für eine längere Zeit und höher in die Luft gehoben als bei normaler Gangart.

Von vielen Hundebesitzern und Richtern wurde dieser *steppende Gang* sehr bewundert. Auch die, bei langsamerer Bewegung, tänzelnden Schritte der Windhunde kommen so auf Grund der steileren Winkelung zustande.

Bei Kutschpferden wurde er zeitweise als elegante und auffällige Gangart sehr hoch geschätzt. Es waren aber fast immer Pferde, die in ihrem Bau wenig Boden deckten, und man versuchte auch bei Trabern, die zu langsam für die Rennbahn waren, durch entsprechenden Beschlag, Verlängerung der Zehen und Verkürzung der Fersen, diesen Gang zu erzielen; ja man schreckte auch nicht vor der Verkürzung der Sehnen durch Brennen zurück, um das Hochheben der »Knie« zu erreichen.

Beide Gangarten, die ich hier schilderte, verbrauchen viel Kraft und mindern die Schnelligkeit. Daraus wird aber auch deutlich, daß man niemals die Vorder- oder Hinterhand getrennt beurteilen darf: Nur wenn sie in Länge und Winkelung harmonisch zusammenpassen, sind eine gute Bemuskelung und kraftsparende Bewegungsfolge möglich.

Der Hund kann den Mangel der Vorderhand noch dadurch ausgleichen, daß er die Hinterhand mehr anstrengt, um durch einen größeren Nachschub weiter voranzukommen. Logischerweise führt dies zu einem wenig förderlichen schaukelpferdähnlichen Galopp, der wie bei einem Hasen bergab Vorteile bringt, die aber bergauf wieder verloren gehen.

Ist die Vorderhand steiler, dafür aber die Hinterhand im Verhältnis zu stark gewinkelt, kann es durch den ungenügend aufgefangenen, zu starken Schub von hinten zum Überschlagen kommen. Für einen Hund mit dieser Bauart ist es vorteilhaft, sich auf keine große Schnelligkeit zu verlegen, denn die mangelhafte Vorderhand begrenzt auch die Leistungsfähigkeit der Hinterhand.

Betrachtungen zur richtig ausbalancierten Vorderhand

Um die Vorderhand zu beurteilen, stellen Sie Ihren Hund ruhig hin, suchen die Mitte des Schulterblattes und stellen die Vorderpfote mit dem Hinterballen senkrecht unter diesen Punkt. Sie sehen dies auf meiner Zeichnung bei B.

Interessant ist der Vergleich mit der unter A gezeigten Vorderhand, die deutlich zeigt, daß die starke Winkelung bedingt ist durch die Länge des Oberarmknochen und der Laufknochen. Wir können die unterschiedlichen Auswirkungen beim Schäferhund, also den Traberformen, und bei den Windhunden, d. h. Galopperformen, genau beobachten. Auch hier kann man erkennen, daß extreme Hochläufigkeit nicht die besseren Trab-Ergebnisse bringt, da diese zu steilerer Winkelung führt.

Vorderhand C ist die beim Terrier übliche *»steile Terrier-Front«*. Die Winkelung bei dieser Vorderhand fehlt nicht wegen eines schlecht gelagerten Schulterblattes,

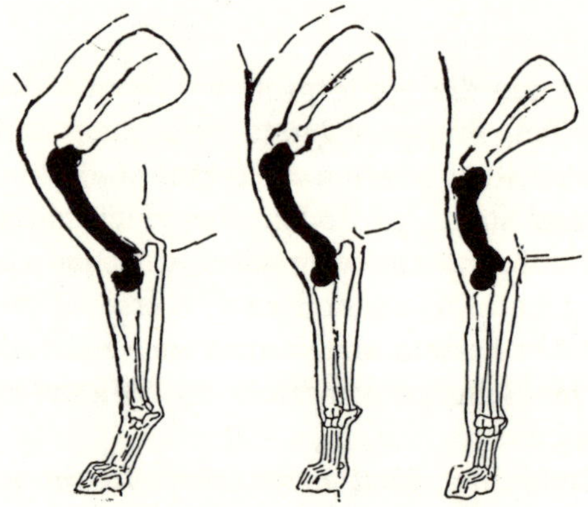

sondern in der Hauptsache wegen der im Verhältnis kurzen Oberarmknochen.

Wir müssen hier noch auf die Länge des Oberarmknochens eingehen, da er, ebenso wie das Schulterblatt, wichtig für die ausgewogene und vor allem die weit ausgreifende Bewegung ist. Auch bei bester Schulterlage kann ja der Hund den Schritt nur so weit vorbringen, wie dies die Länge seiner Knochen erlaubt.

Bei allen Hunderassen ist der Oberarmknochen (bis auf ganz wenige Ausnahmen) *länger als das Schulterblatt.*

Bei den »steiler gestellten« Rassen ergibt sich die sogenannte »Terrierfront« dadurch, daß der Oberarmknochen, im Vergleich zu anderen Rassen, *verhältnismäßig* kurz ist.

Bei der Beschreibung dieser Tatsache hat sich bei einigen Autoren ein Fehler eingeschlichen, der — ungeprüft — immer wieder zitiert wird. Diese bemerken dazu, daß mit länger werdendem Unterarm sich der Oberarm entsprechend verkürze, was nicht stimmen kann, denn sonst würde in der Hochrechnung schließlich nur noch ein rudimenterer Oberarm vorkommen.

Richtig ist, daß bei hochläufigeren Hunden der Unterarm ein verhältnismäßig stärkeres Längenwachstum als der Oberarm hat, sich also die Proportionen zwischen diesen beiden zugunsten des Unterarms verschieben.

Wenn der »kurze« Oberarm also, im Winkel an das Schulterblatt anschließend, nach hinten verläuft, reicht er sehr viel weniger weit unter den Körper, d. h. diese Hunde haben fast keine »Vorbrust«, sondern unterstellen den Körper sehr weit vorne. Auch beim Vorwärtsschwingen hat ein solches Bein eine geringere Reichweite, der Hund zieht daher das Bein ziemlich hoch und streckt es dann, möglichst weit vorgreifend, wieder aus, so daß sich hierbei der steppende Gang ergibt.

Je länger das Schulterblatt, desto länger sind auch die dazugehörigen Muskeln. Daher finden wir das von allen Hunden längste und schmalste Schulterblatt beim Barsoi. Auf die Wechselbeziehung von Schulterblatt und Brustkorb haben wir bereits in den früheren Kapiteln hingewiesen.

Zusammengefaßt kann man sagen, daß, je länger Schulterblatt und Oberarm, je schräger beider Lage, um so größer ist sowohl die Bewegungsmöglichkeit des Laufs nach vorne, wie aber auch die *Schulterfreiheit.* Letzterer sollten aber, was leider viel zu selten gesagt wird, auch *Grenzen* gesetzt sein. Eine zu große Schräglagerung des Schulterblattes bietet nicht mehr die ausreichende Festigkeit und kann schwere Bewegungsstörungen nach sich ziehen, da jetzt den Muskeln bei der Stemmbewegung eine übergroße Kraftanstrengung abgefordert wird!

Fragen wir uns nach all diesen Betrachtungen: Wie ist es möglich, daß jetzt mit einem Male die mangelhaften Schultern so überhand nehmen? Wir haben sie doch früher nicht gekannt.

Eine Antwort darauf haben wir bereits am Anfang dieses Kapitels gefunden. Eine weitere Erklärung ergibt sich aus einem Schreiben des Herrn Rittmeisters v. Stephanitz über den Körperbau des Schäferhundes. Er *verwirft darin jede Übergröße* bei den Hunden.

Beim Boxer z. B., wurde die Größe der Hunde von ursprünglich 45 cm auf 62—63 cm heraufgeschraubt, weil die Diensthundrassen diese Größe besitzen sollen. Auch bei anderen Rassen versucht man, die Körpergröße heraufzuschrauben, bzw. die Proportionen nach modischen Gesichtspunkten zu verändern, um sie zu beeindruckenden Giganten zu gestalten. (Aber auch die unproportionierten Zwerge sind ein oft trauriges Kapitel.)

Dabei kann man den »zu langen Körper« erzielen, bei dem dann Vorder- und Hinterhand nicht mehr harmonieren. Gleicht man nun auch dies noch aus und züchtet den Hund mit längeren Beinen, so verliert der Hund dadurch, im besten Falle, seine Traberform und entwickelt sich zur steilergestellten Galopperform.

In Wahrheit ergeben sich dabei aber meistens sehr unglückliche Mischformen aus beiden, die sich in keiner Bewegungsart ausdauernd und mühelos bewegen können. Doch, und dies ist ein wichtiger Punkt: Viele Leute sind dann, völlig zu Unrecht, beeindruckt von besonders großräumigen oder besonders stark gewinkelten oder sonstwie hervorstechenden Hunden, deren Unausgewogenheit, Typveränderung oder Fehlkonstruktion, da sie ja zunächst einmal nicht auffällt, sich erst in schwerwiegenden Folgeschäden zeigt.

Vor allem das Züchten der Riesengrößen führt zu schwerwiegenden Proportionsveränderungen. Obwohl man verhältnismäßig leicht »Riesenwuchs« erzeugen kann, mit überlangen, massigen Knochen und übermäßiger Bemuskelung, zeigt sich hier die Unproportioniertheit in einer anderen, sehr viel tiefgreifenderen Dimension.

Die inneren Organe machen nämlich das forcierte Überwachstum des Skeletts nicht mehr mit! Die bei diesen Hunden beobachteten schweren Bewegungsmängel sind daher nicht nur die Folge unzureichender Skelett- und Muskelentwicklung.

Die bei den Riesenrassen anzutreffende Schwäche besonders der Hinterhand zeigt an, daß das Rückenmark das Wachstum der Wirbelsäule nicht voll mitgemacht hat und so die nötigen Impulse, ohne die ja die schönsten Knochen nichts nützen, nicht mehr ausreichend geben kann.

Ebenso findet man bei den großen Hunden zahlreiche Gesundheitsstörungen, von denen ich nur an Magentorsionen, schwere Herzfehler usw. erinnern möchte. Sie zeigen, daß nicht nur die äußeren Körperproportionen gestört sind, sondern das Verhältnis der inneren Organe nicht mehr mit dem Körper harmoniert.

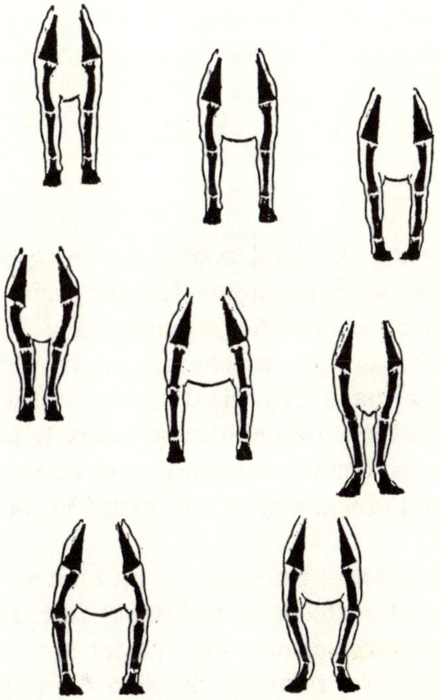

Einzelne Punkte der Vorderhand

Sehen wir uns einmal zusammenfassend an, was zur Vorderhand in den Rassekennzeichen festgelegt wurde und, mit gelegentlichen Abweichungen, für viele Rassen gilt und fragen uns nach den Gründen.

»Die Schulter« soll (meistens) lang und schräg, gut geschlossen und anliegend, nicht zu stark mit Muskeln bepackt sein. Der Oberarm lang und zu den Schultern im rechten Winkel liegend.

Die Ellenbogen dürfen weder zu stark an die Brustwand gedrückt noch abstehend sein. Der Unterarm senkrecht, lang und stramm bemuskelt;

Über die Schräglage des Schulterblattes und die notwendige Länge des Oberarmes haben wir uns ja bereits genügend informiert. Was aber bedeutet »... *anliegend, nicht zu stark mit Muskeln bepackt sein.*« Dieser Satz führt, um es gleich im voraus zu sagen, zu vielen Mißverständnissen, weil er etwas Richtiges meint, es aber unklar ausdrückt.

Ein langes, schmales, gut zurückliegendes Schulterblatt ist nämlich *niemals* »mit starken Muskeln überlagert«, weil es immer mit langen, schlanken Muskeln korrespondiert.

Was also sonst soll mit diesem Hinweis ausgedrückt werden? Untersuchen wir eine »zu stark bemuskelte« Schulterpartie genauer, stellen wir zunächst fest, daß das Schulterblatt kürzer und breiter ist, der Ellenbogen dazu neigt, sich nach auswärts zu drehen.

Außerdem stellt man fest, daß die Schulterblätter, tastet man ihren oberen Rand ab, nicht so dicht beieinander liegen. Viele schließen hieraus, dies sei die »lose« Schulter, was falsch ist, weil man sie bei Hunden tatsächlich fast nie wirklich vorfindet.

Der Begriff »lose Schulter« wurde, wie so vieles, aus der Pferdebeurteilung übernommen, wo eine durch Bänderschwäche zu lose Verbindung von Schulterblatt und Rumpf gebildet wird und das Schulterblatt sich »lose« bewegt.

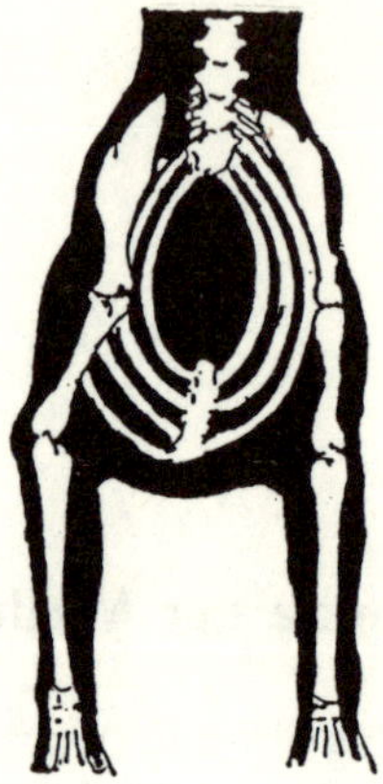

Geht man der Ursache der mit starken Muskeln bepackten Schulterpartie bei Hunden nach, (die ja bei einigen Rassen durchaus zum Erscheinungsbild gehört) findet man, daß die Ursache dafür der breite, mehr tonnenförmig gewölbte Brustkorb ist, den wir bei den Kraftformen, z. B. der Bulldogge und deren breiter Front kennen.

Aber selbst bei Hunden mit breiter Front sind ausgedrehte und abstehende Ellenbogen ein Fehler, der die Ausdauer und die Schrittweite mindert. Sie sind ein Zeichen sowohl für ein dem Brustkorb schlecht angepaßtes Schulterblatt, wie auch für dessen unzureichend kräftige Verbindung mit dem Brustkorb. Dadurch werden die, um das Schulterblatt angeordneten, ohnehin schon kräftigen Muskeln noch mehr beansprucht und gezwungen, sich überproportional zu entwickeln.

Ausgedrehte Ellenbogen sind auch das Ergebnis zu großer Anstrengungen im Welpenalter, wodurch die Bänder überdehnt werden; sie sind auch bei insgesamt schlappen, bänderweichen Hunden zu finden.

Bei zu breiter Brust und abstehenden Ellenbogen streben die Vorderläufe gern unten zusammen. Die boden- oder zehenenge Stellung zeigt bereits beim stehenden Hund etwas einwärts gedrehte Pfoten, im Laufen geht der Hund »über den großen Zeh«, was einen watschelnden, kreuzenden Gang ergibt.

Auch der angedrückte Ellenbogen ist immer ein Fehler, da auf diese Weise der Körper *auf* den ihn unterstützenden Vorderfüßen ruht, statt, wie es richtig wäre, zwischen den beiden Schultern zu hängen.

Meist ist dies die Folge einer zu schmalen Brustbreite. Je breiter dabei gleichzeitig der Rücken des Tieres ist, um so wackliger ist sein Stand. Die verminderte Standfestigkeit versucht das Tier auszugleichen, indem es entweder den Unterarm, stets aber den Vordermittelfuß, leicht nach außen dreht, was aussieht, wie ein altmodisches Sofa und nicht wie ein Hund und ziemlich vornehm als »Französische- oder Tanzmeisterstellung« bezeichnet wird.

Bei all diesen Formen, Sie finden sie in den Zeichnungen abgebildet, ist die säulenähnliche Unterstützung der Vorderhand unterbrochen und verliert daher an Kraft. Die Zeichnung B zeigt die normale Knochenlage und den richtigen Stand.

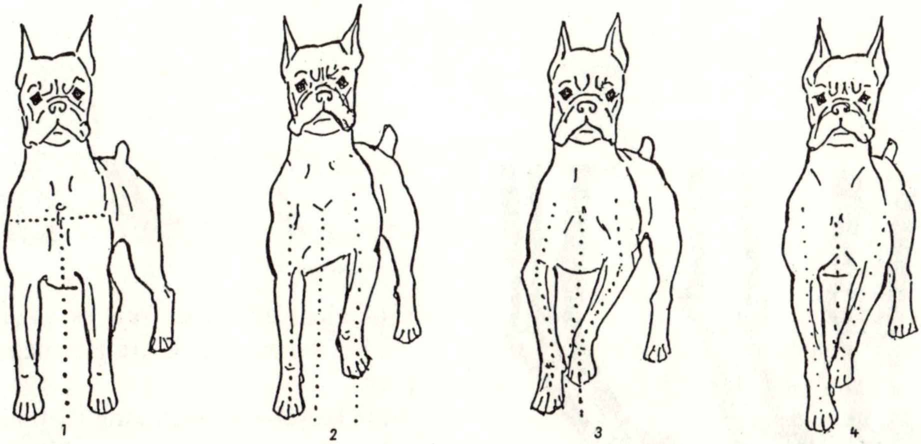

Die beiden Vorderläufe (Unterarm und Vordermittelfuß) müssen *von vorn* gesehen gerade sein, senkrecht zum Boden parallel zueinander stehen und starke, fest gefügte Knochen haben.

Sie sehen dies bei Bild 1. Der Schwerpunkt des Körpers liegt in der Mitte und wird gleichmäßig von beiden Seiten getragen. Das ist der korrekt gebaute Hund im Stand. Beginnt nun der Hund zu gehen, hebt er die eine Pfote; dabei muß er, um nicht aus dem Gleichgewicht zu kommen, das Körpergewicht auf die andere Seite verlagern. (Bild 2)

In den Rassemerkmalen mancher Hunderassen wird verlangt, daß der Hund auch in der Bewegung die Glieder senkrecht zum Boden bewegt. Tatsächlich sehen Sie auch diese Gangart (Bild 2) bei breit gebauten Hunden und in der langsamen Bewegung.

Man kann sie auch beim Vorführen der Hunde im Ausstellungsring beobachten (besonders in Amerika). Dort wird der Hund an der Leine sehr straff gehalten, der Kopf hochgezogen und dabei so gleichzeitig dem Tier eine Stütze gegeben, welche es ihm erleichtert, diese Gangart beizuhalten.

Ein sich frei bewegender Hund wird aber immer das Bestreben haben, je mehr und je schneller er läuft, von dieser Gangart freizukommen. Für ihn ist es weit vorteilhafter, das Körpergewicht und damit den Schwerpunkt des Körpers, möglichst gradlinig nach vorn zu treiben, da die Schaukelbewegung von rechts nach links unnötig Kraft kostet.

Auf diese Weise setzt er die Pfoten nah an die Schwerpunktlinie. (Bild 3) Ich erinnere Sie an die Fährte des wegen seiner großen Laufleistung bekannten Fuchses, er »schnürt«, seine Fußabdrücke liegen schnurgerade hintereinander, d. h. eigentlich *in*einander, so daß dies die kraftsparendste, ausdauerndste Laufform ist.

Ein solches Gangwerk kann nie als fehlerhaft gewertet werden, denn bei normalem Knochenbau, guter Schulterlage und gesunden Gelenken werden sich die Pfoten gegenseitig nicht berühren oder behindern.

Die Übertreibung zeigt Bild 4, wo der Hund wegen ausgedrehter Ellenbogen sehr unwirtschaftlich läuft.

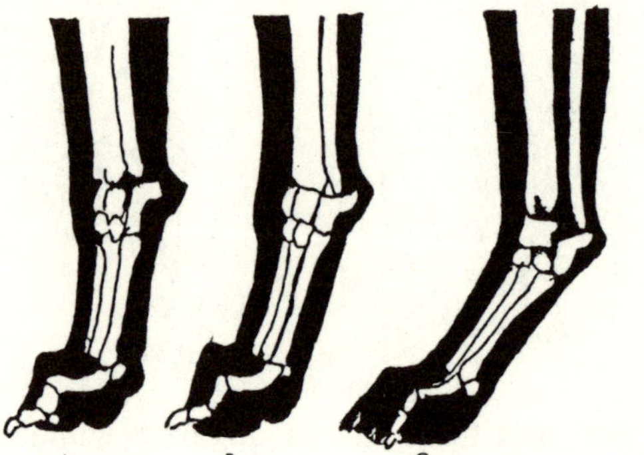

Der Vordermittelfuß soll, von ***vorne gesehen*** *senkrecht,* ***von der Seite*** *gesehen, nicht die gerade Fortsetzung des Unterarmes bilden, sondern (meist) leicht schräg zum Boden stehen.*

Die wichtigste Aufgabe des Vordermittelfußes besteht darin, den Stoß federnd aufzufangen. Er muß daher, von vorn gesehen, senkrecht unter dem Unterarm stehen, damit er nicht seitlich abknicken kann.

Er soll nicht übermäßig lang sein und sollte, von der Seite gesehen, gerade oder in leichtem Winkel nach vorn stehen. Steht der Fuß zu tief über dem Boden, erscheint er zu lang, ist aber meist einfach zu schwach konstruiert, spricht man von »weicher Fesselung«, dabei tritt der Hund bei Überlastung oder Ermüdung leicht durch. Steht der Fuß senkrecht zu Unterarm und Boden, spricht man von »steiler Fesselung«, die ein entsprechend unelastisches Auffußen nach sich zieht.

Vergleichen Sie bitte die Abbildungen A und B. Steile Fesseln eignen sich mehr,

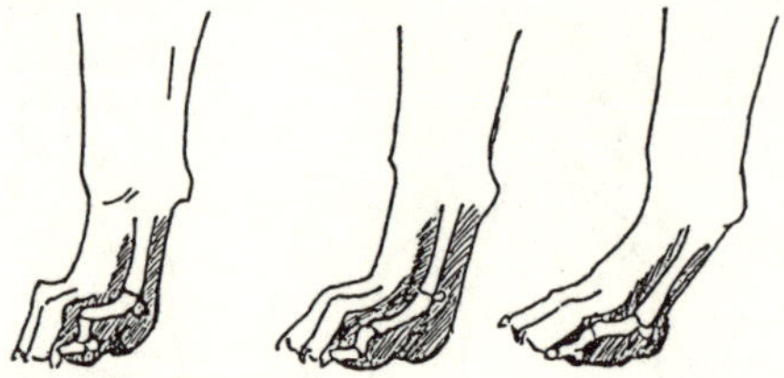

ein Gewicht zu tragen, als es abzufedern und sind daher bei den Kraftformen vorzuziehen.

Eine Fessel wie Zeichnung C, finden wir häufig bei Konstruktionsfehlern ihrer überlagerten Knochen (Schulter, Oberarmbein und findet sich meist bei Hunden mit langem Rücken). Hier müssen die Sehnen und Muskeln die Arbeit der Knochen mitübernehmen, die Tiere sind wenig leistungsfähig, ermüden frühzeitig.

Die Pfote soll klein sein, mit geschlossenen, gewölbten Zehen (Katzenpfoten) und harten Sohlen.

Bild 1 zeigt die erwünschte Katzenpfote und 2 die Hasenpfote. Die Katzenpfote hat kurze, gut aufgewölbte Zehenglieder. Sie leistet, kompakt und gut geschlossen, daher mehr Widerstand gegen Verletzungen und ein Wundlaufen dürfte bei ihr ganz selten in Frage kommen.

Die Hasenpfote hat längere Knochen und kann oft den Stoß nicht federnd abfangen und ist, wegen ihrer langen feinen Zehenknochen und Gelenke leicht Verletzungen ausgesetzt.

Die Vorderpfote muß aber, da sie nicht nur zum Laufen, sondern auch zum Graben und Festhalten eingesetzt wird, kräftig sein. Die Laufformen haben mehr längliche, die Kraftformen mehr rundere Pfoten.

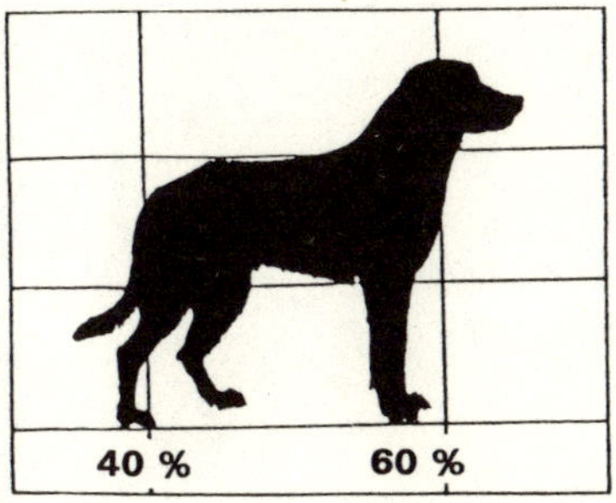

Vorn Bodenkontakt
1.5 mal länger als hinten

Die Vorderpfoten sind meist größer als die hinteren, was wegen ihrer stärkeren Belastung auch nötig ist: Beim stehenden Hund ruhen 60% des Körpergewichts auf der Vorderhand, beim laufenden Hund etwa das Körpergewicht. Die Hinterpfoten dagegen sind nur mit etwa 4/5 des Körpergewichtes belastet! Auch ist die »Kontaktzeit«, d. h. die Dauer der Bodenberührung während der Schritte, vorn 1,5 mal so lang wie hinten. (Nach Wegner)

Die Sohlen können gar nicht derb und hart genug sein, was aber auch nur möglich ist, wenn die Hunde genügend Auslauf haben. Die Krallen sollen kurz und kräftig sein, man darf sie, wenn der Hund auf hartem Boden läuft, nicht hören.

Sind sie zu lang geworden, müssen sie gekürzt werden, da sonst die Gefahr gespreizter Zehen besteht. Die Pfotenbildung paßt sich dem Untergrund an, auf dem der Hund überwiegend läuft. Bei Wölfen findet man meist weniger fest gefügte Fußabdrücke, da der Fuß sich so sandigem oder unebenem Boden besser anpaßt.

Vielleicht wird es bei diesen Beobachtungen an der Vorderhand allen Lesern klar, daß die Rassemerkmale nicht nur willkürlich zusammengestellte Punkte sind und dies auch niemals werden dürfen! Weil bei unseren Hunden aber die natürliche Auslese, welche die Natur bei den auf freier Wildbahn lebenden Tieren zur Anwendung bringt, fehlt, müssen wir uns bemühen, *mit unserem Verstand das Gesunde und Nützliche der Naturgesetze zu erkennen und zu erhalten und alles das zu beseitigen, was nachteilig ist.*

Beobachtungen an der Hinterhand

Den großen Unterschied zwischen Bau, Funktion und Zweck der Vorder- und Hinterhand haben wir schon bei der Skelettbeschreibung ausführlich besprochen. Jetzt wollen wir uns wieder mehr mit den praktischen Auswirkungen beschäftigen.

Probieren Sie es einmal selbst aus und drücken mit der Hand auf den Widerrist des Hundes, so wird es auch einem erwachsenen Mann schwer fallen, einen Hund an dieser Stelle niederzudrücken.

Beim Druck auf die Kruppengegend aber wird der Hund nachgeben oder, falls er dies nicht will, den Rücken hochwölben, um ihn so zu verstärken und damit versuchen, sich dem Druck zu widersetzen.

Die beim Druck stabilere Schulter und Vorderhand haben die Aufgabe, den Körper zu tragen und zu stützen, während die beim Druck elastischere *Hinterhand*

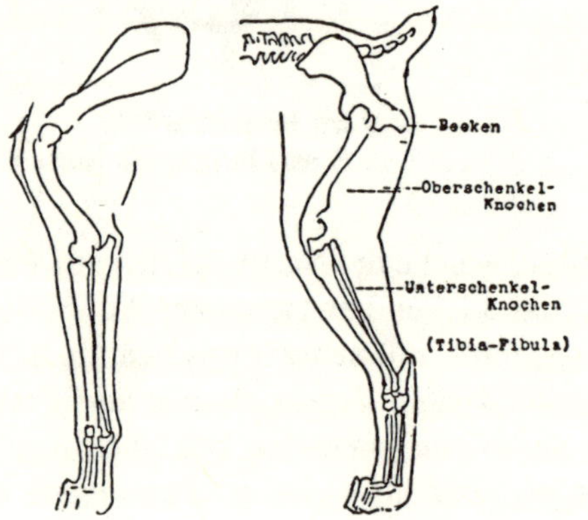

A 1 A 2

eigentlich das Gegenteil bewirkt, nämlich überwiegend dazu dient, ihn aus der Gleichgewichtsstellung zu bringen, den Körper vorwärts zu treiben. Die Abb. A 1 und A 2 zeigen Ihnen zur Erinnerung nochmals den Unterschied der Winkelung von Vorder- und Hinterhand.

Sie sehen daraus, daß die Hinterhand stärker als die Vorderhand gewinkelt ist. Dabei ist es aber nicht ganz richtig zu sagen: »Durch die Winkelung erhält die Hinterhand die vermehrte Kraft und Leistungsfähigkeit.«

Wenn man auch bei Hunden, die »schwächer in der Hinterhand« sind, meist feststellen kann, daß die Winkelung nicht ausreichend ist, ist die *eigentliche Ursache das mehr oder weniger gute Längenverhältnis der einzelnen Knochen, wodurch die mehr oder weniger günstige Winkelung gebildet wird.*

Jeder Rassezuchtverein legt speziell für eine bestimmte Rasse auch die Angaben für die Hinterhand fest. Bei der Beurteilung der Hunde werden dann Vergleiche der Vorzüge, Mängel und Abweichungen innerhalb einer Rasse festgestellt.

Wenn man andererseits die Angaben zur Hinterhand verschiedener Rassen miteinander vergleicht, meint man zunächst, sehr große Abweichungen feststellen zu können, die sich nicht übertragen lassen; bei näherer Betrachtung finden sich erstaunlich viele Gemeinsamkeiten.

Für alle Hunderassen gilt, daß die Hinterhand *immer* insgesamt im Mittel etwa 6—10% *länger* ist, *als die Vorderhand.* Während wir bei der Vorderhand feststellten, daß, bei den steiler gestellten Rassen, der Oberarm im Verhältnis kürzer ist, findet sich dies beim *Oberschenkelknochen* nicht.

Tatsächlich gibt es keine Rassenunterschiede in der Länge des Oberschenkelbeins im Verhältnis der Hinterextremität. Messungen haben ergeben, daß der Oberschenkel im Mittel etwa 42% Anteil der Gesamtlänge der Hinterextremität hat!

Bei den meisten Rassen ist der Unterschenkel geringfügig kürzer als der Oberschenkel, Ausnahmen sind die steiler gestellten Rassen, wo der Unterschenkel geringfügig länger als der Oberschenkel ist und andererseits kurzläufige Hunde.

Merke:
Längerer Rücken = stärker gewinkelte Hinterhand
Kürzerer Rücken = weniger gewinkelte Hinterhand

Der Sinn des vielen Messens und Rechnens wird deutlich, wenn wir dabei feststellen, daß sich auch hier die scheinbar unübersehbare Rassenvielfalt auf wenige Grundformen zurückführen läßt.

Tatsächlich ist es so, daß sich im Aufbau des Hundekörpers allgemein bestimmte Gesetzmäßigkeiten erkennen lassen, mit denen wir uns ja schon mehrfach beschäftigt haben und von denen man gar nicht genug wissen kann.

Die *Laufformen* (Galopper- und Traberform) unterscheiden sich deutlich von den *Kraftformen.*

Die *Galopperform* zeigt insgesamt sehr lange Extremitäten, wobei die Verlängerung besonders Unterarm, Oberschenkel- und Unterschenkelknochen betrifft.

Bei der *Traberform* sind Unterarm und Unterschenkel etwa von gleicher Länge wie die ihnen zugehörigen Oberarm und Oberschenkel.

Bei den *Kraftformen* zeigt sich deutlich, daß Unterarm und Unterschenkel im Verhältnis kurz sind, ja, sogar weniger lang sein können, als Oberarm und Oberschenkel.

Die Ausgangsgröße für eine gut entwickelte Hinterhand ist also immer der Oberschenkelknochen von guter Länge. Bei den Laufrassen allgemein ist aber der Oberschenkel, im Verhältnis zum Becken, deutlich länger als bei den übrigen.

Noch einige weitere Messungen sind in diesem Zusammenhang interessant. Man hat auch die Länge des Beckens und ihr Verhältnis zur Länge der Wirbelsäule untersucht, und dabei nur geringe Schwankungen innerhalb der Rassen festgestellt; wieder sind es die steiler gewinkelten Laufrassen, deren steiler gestelltes Becken geringfügig kürzer ist.

Leider sind die vor vielen Jahren durchgeführten Messungen an verschiedenen Hunderassen nur noch in den Archiven der Bibliotheken und unter Schwierigkeiten zu bekommen. Sie würden weit mehr, als dies beim Vergleich der speziellen Standardbestimmungen möglich ist, Klarheit über bestimmte anatomische Grundvoraussetzungen schaffen.

Viele Forderungen, die in den Standards aufgestellt und dann wieder geändert werden mußten, weil sie in der Praxis nicht die gewünschten Ergebnisse brachten, führten zu unnötigen Fehlschlägen. Man hätte sich diese ersparen können, wenn man die Zusammenhänge richtig erkannt hätte.

Es ist daher außerordentlich bedauerlich, daß man diese Skelett-Messungen nicht mehr weitergeführt hat. Der normale Hundebesitzer kann sie an seinen Tieren

Merke:
Der Oberschenkelknochen steht immer in Relation zur Gesamtlänge der Wirbelsäule d.h. die richtige Rückenlänge ist entscheidend!

nicht durchführen, weil genaue Ergebnisse nur am Skelett, nicht aber am lebenden Tier, zu ermitteln sind. Auf diese Weise werden schwerwiegende Veränderungen, die die von der Natur gesetzten Normen mißachten, viel zu spät an ihren Folgen erkannt und häufig werden dann auch nicht immer die richtigen Gegenmaßnahmen ergriffen.

Bereits vor Jahren stellte eine Kommission fest, daß die Standards zahlreiche »physiologische und psychologische« Fehler enthielten, was nichts weiter bedeutet, als daß, aus Unkenntnis bestimmter Voraussetzungen und Zusammenhänge, die falschen Maßnahmen ergriffen wurden, um das erwünschte Zuchtziel zu erreichen. Statt der erwünschten Verbesserung der Rasse wurden Hunde mit gesundheitlichen Mängeln erzeugt.

Wie sehr die Bemühungen um die Gestaltung der Hinterhand sich in den Abänderungen der Standards ablesen lassen, soll hier am Beispiel des **Rottweiler** gezeigt werden.

Der oben genannten Kommission lag auch der Standard des Rottweiler von 1921 vor, der verlangt: *»Der Oberschenkel sollte kurz, breit und stark bemuskelt sein.«* Sehr richtig stellte die Kommission zu diesem Punkt fest, daß der »kurze, breite Oberschenkel keine guten Hinterläufe ergibt«.

Wie man weiß, ist die Bestimmung im gültigen Standard des Rottweiler seit vielen Jahren berichtigt und heißt nun: *»Oberschenkel nicht zu kurz, breit und stark bemuskelt, Unterschenkel lang … usw.«*

Wir wollen aber noch etwas bei dem Beispiel des Rottweiler bleiben, weil es sehr deutlich zeigt, daß die Proportionsprobleme häufig auf *andere* Ursachen zurückzuführen sind, als man zunächst annimmt.

Wenn im neueren Standard der längere Oberschenkel, wie auch ausreichend lange Unterschenkel, gefordert werden, zeigt dies, daß sich die *Grundform* des Rottweilers von der *Kraftform* mehr zur *Laufform* hinentwickeln mußte.

Wir wissen bereits, daß die Länge der Extremitäten und rasse-unabhängig besonders der Oberschenkelknochen, in einer bestimmten Relation zur Gesamtlänge der Wirbelsäule steht.

Wir können nun gleich einmal selbst überprüfen, ob es sich als richtig erweist, wenn wir dieser Erkenntnis folgend annehmen, daß *auch* der *Körperbau* und *nicht nur* die *Beinlänge* des »alten« Rottweiler *anders* gestaltet gewesen sein muß.

Vergleichen wir nun die beiden Standards, finden wir sofort die Bestätigung.

Im alten Standard soll *»die Brust mehr rund als oval sein, der Rücken gerade und stramm, eher kurz als lang ...«* während der *neue Standard einen etwas längeren Rumpf als Widerristhöhe fordert.*

Daraus wird einerseits deutlich, wie wichtig es ist zu wissen, welche Voraussetzungen insgesamt nötig sind, um eine bestimmte Porportionsänderung, bzw. eine Verbesserung der Gebrauchsform, zu erzielen.

Andererseits lernt man, daß es richtiger ist, sein Augenmerk in diesem Falle auf die richtige Rückenlänge zu richten. Während der Oberschenkel dem Auge verborgen bleibt, ist das Verhältnis Rückenlänge/Widerristhöhe leicht zu erkennen.

Unnötig zu sagen, daß dies nicht nur im Falle des Rottweilers, sondern bei allen Rassen die gleiche Gültigkeit hat!

Die Bewegungen der Hinterhand

Wir wollen uns nun einmal die *Bewegungen der Hinderhand* ansehen, die Sie in der Zeichnung verfolgen können.

Wie bei der Vorderhand beginnen wir damit, daß sich die Pfote vom Boden hebt, vorgebracht und gestreckt wird. Bei dieser Bewegung werden Hüft-, Knie- und

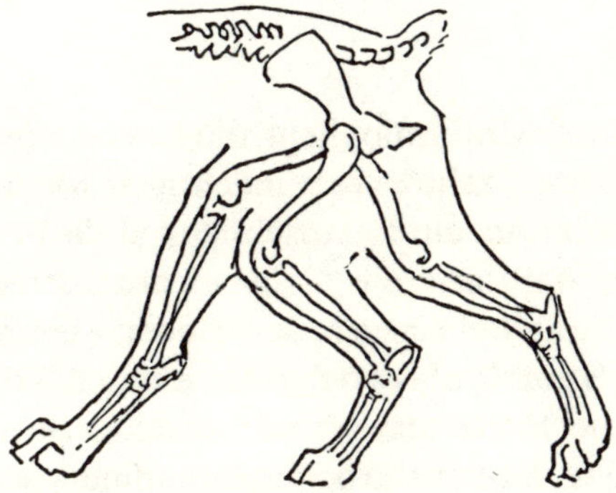

C 1 C 2 C 3

Sprunggelenk gebeugt, wobei sich das Trägheitsmoment verringert und es dem Hund ermöglicht, das Bein mit einem Minimum an Kraft vorzuführen.

Auch hier besorgt die Zusammenarbeit vieler Muskeln das Vorbringen des Laufes und das Beugen der Gelenke. Der Hinterlauf streckt sich nach vorn und berührt dann, indem er sich rückwärts-abwärts senkt, zunächst mit den Zehenballen, dann dem Fersenballen den Boden (1), die Pfote verläßt den Fleck nicht, bei 2 berührt die ganze Pfote den Boden, sind alle Gelenke gewinkelt und geht dann im Stemmen auf die Zehenballen über. Hierbei ergeben sich ähnliche Auffußungsformen, wie wir sie bereits bei der Vorderhand beschrieben haben, die Zeichnung zeigt die langsamere Bewegung.

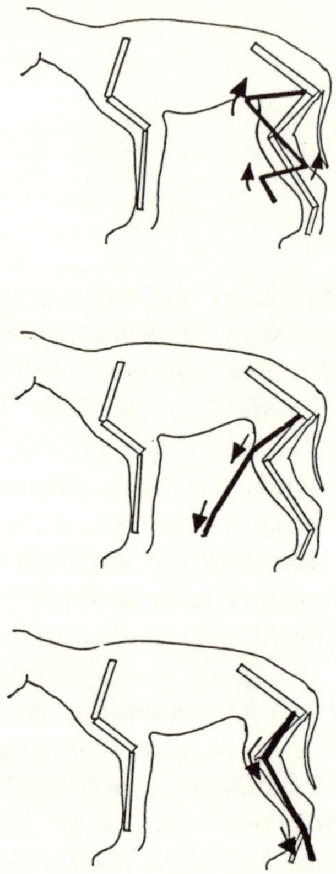

Dies wird ermöglicht durch das Zusammenspiel zahlreicher mächtiger Muskeln, die nun, indem sie anschließend dafür sorgen, daß sich die Gelenke durchstrecken und das Bein gegen den Boden stemmen, die Schubkraft entwickeln, die den Körper in die Höhe und vorwärts treibt. Sprung- und Kniegelenk arbeiten zusammen, solange das Bein den Boden verlassen hat.

Sobald sich aber die Pfote auf dem Boden befindet, streckt sich das Sprunggelenk, während sich das Kniegelenk beugt. Dadurch erhält das Sprunggelenk seine Stabilität, während der mächtige, mittlere Kruppenmuskel und die Hinterbackenmuskeln das Bein zurückführen. Das Gewicht wird jetzt von den Zehen getragen. (3)

Wenn Sie sich dieses vor Augen führen, werden Sie sich fragen, wieso die Belastung der Hinterhand insgesamt geringer sei als die der Vorderhand.

Wir müssen uns darüber im Klaren sein, daß an der von hinten erfolgenden Schubkraft nicht nur die Muskeln der Hinterhand beteiligt sind. Vielmehr wird auch der Schwerpunkt, der weit vor der Hintergliedmaße liegt, auch von der Vorderhand gehoben und zieht so seinerseits den Körper im »Fallen« noch weiter nach vorn.

Aber auch der für Hunde typische, häufige Wechsel von einer Gangart in die andere wird von der Vorderhand eingeleitet, wobei diese eine höhere Schrittzahl durchführt als die Hinterhand, wie dies die nebenstehend abgebildeten Untersuchungen von Erich von Holst sehr deutlich zeigen.

Ebenso strecken und senken sich Hals und Kopf und »ziehen« so zusätzlich auch den Schwerpunkt weiter nach vorn. So sind auch die »Schwebephasen« zu erklären, wo der Körper im Schwung seiner Bewegung zeitweilig ohne Bodenkontakt dahinschwebt.

Noch deutlicher zeigt dies der Galoppsprung des Windhundes, der, nach dem

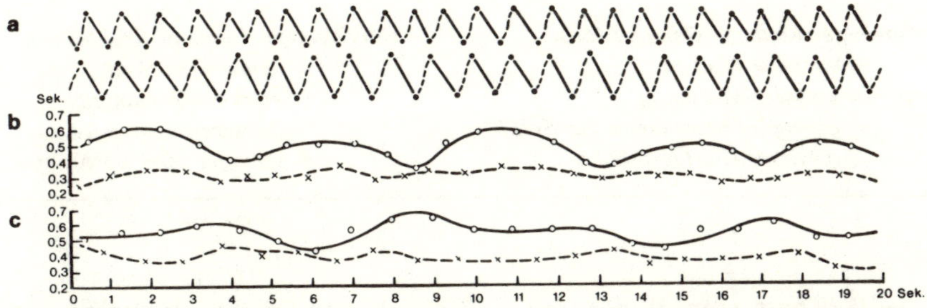

Trabender Schäferhund; in a kurvenmäßige Auswertung eines Filmstreifens: oben Bewegung des rechten Vorderfußes, unten des rechten Hinterfußes (auf 25 Schritte der Vorderbeine kommen hier 20 der Hinterbeine; vgl. den Filmausschnitt. In b ist fortlaufend die Zeitdauer jeder einzelnen Bewegungsphase (Stemmphasen o-o, Schwingphasen X -- X) des Vorderbeinrhythmus, in c das gleiche für den Hinterbeinrhythmus eingetragen.

Filmausschnitt, der einen freitrabenden Setter zeigt. In Reihe 1, 2 und am Schluß in Reihe 7 besteht Paßgang; in den Reihen 3—6 überholen die Vorderbeine die Hinterbeine um einen ganzen Schritt.

(Aus: Holst, zur Verhaltensphysiologie bei Tieren und Menschen.)

Merke:

Hochbeinige Hunde = Galopperform	*Hochbeinige Hunde = Traberform*
= kürzerer Rücken	*= längerer Rücken*
= steilere Winkelung	*= stärkere Winkelung*
= geringere Reichweite der Schritte	*= größere Reichweite der Schritte*
= größerer Kraftverbrauch	*= weniger Kraftverbrauch*

Abschnellen des Körpers vom Boden mit der Vorderhand, diese unter sich zieht, unter gleichzeitiger extremer Vorbringung der Hinterläufe, *daß an dem Schub der Hinterhand auch Vorderhand, Kopf und Hals beteiligt sind.*

Die Vorderhand hebt den Schwerpunkt nach oben, wobei sich auch Kopf und Hals aufrichten, während die Hinterhand den Körper parallel zum Boden vorantreibt, wohingegen die Vorderhand die Aufgaben hat, den Körper voranzuschieben, anzuheben und aufzufangen.

Wenn von der Hinterhand verlangt wird, sie solle kräftig gewinkelt und gut bemuskelt sein, kann man dies nun am Bewegungsablauf gut erklären. Erst die ausreichende Länge von Ober- und Unterschenkel ermöglicht es, das Hinterbein ausreichend weit nach vorn unter den Körper zu bringen und eine gute Schrittlänge zu erzielen.

Bei der Erklärung der Unterschiede, die wir bei den Laufformen in der Gestaltung der Hinterhand finden, sind mehrere Gesichtspunkte zu berücksichtigen.

Da bei allen Rassen die Länge des Oberschenkels abhängig ist von der Länge der Wirbelsäule, zeigt sich, daß die »langbeinigen« Rassen im Verhältnis lange Unterschenkel haben. Dies ist bei den normalen Traberformen nicht erwünscht, weil sie, da dies gleichzeitig eine insgesamt steilere Winkelung hervorruft, den gleichmäßig federnden Gang beeinträchtigt.

»Hochbeinige« Hunde haben gleichzeitig einen »kurzen« Rücken, den man unschwer bei Windhunden, Terriern, Spitzen erkennt: aber auch bei anderen in der Hinterhand steilen Rassen kann man ihn feststellen. Folglich ist die Reichweite ihrer Schritte nicht so groß, d. h. sie benötigen, um die gleiche Strecke zurückzulegen, eine größere Schrittanzahl, also mehr Kraft auch insofern, als sie den Schwerpunkt weniger weit nach vorn schieben und daher dessen »Zugkraft« weniger in Anwendung kommt.

Bei den Windhunden wird dies durch eine besondere Konstruktion der Wirbelsäule ausgeglichen, die schon von vornherein stärker gewölbt ist und sich überdies, in der Bewegung, zusammenzieht und so den Körper, wie der Bogen den Pfeil, zusätzlich zur Schubkraft der Hinterhand, nach vorn treibt.

Als nächstes müssen wir, wenn wir die Bewegung der Hinterhand beobachten, verfolgen, auf welche Weise der, durch das Anstemmen der ausgestreckten Hinterläufe, ausgeübte Schub eigentlich auf den Körper übertragen wird.

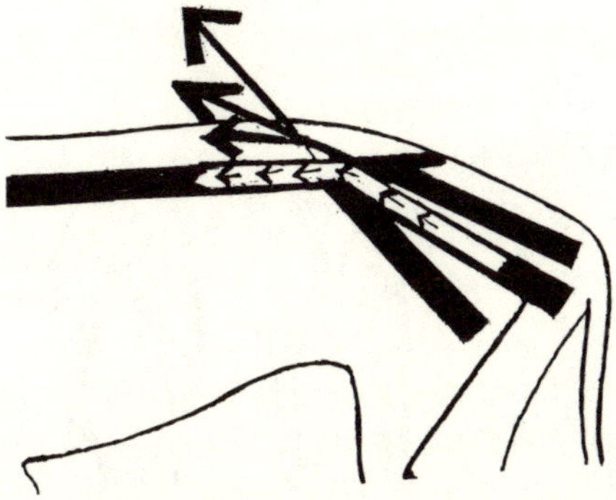

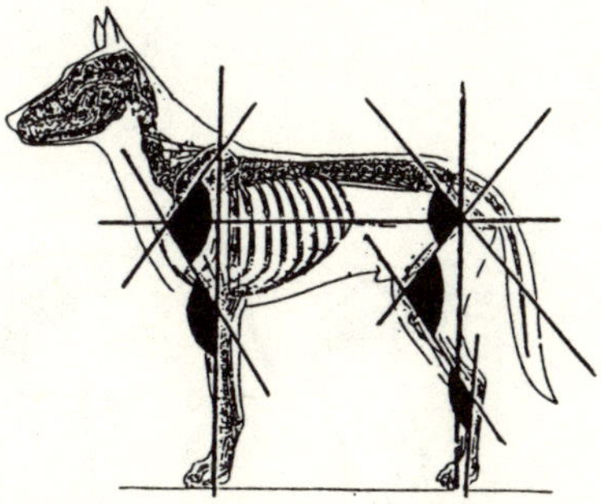

Die Verbindungsstelle der Hinterhand mit der Wirbelsäule ist das Becken. Im Gegensatz zur Vorderhand-Gruppe, die verhältnismäßig beweglich am Körper anschließt, muß die Hinterhand *weit stabiler mit dem Körper verbunden sein.* Sie darf die Schubkraft nicht durch ein elastisches Zwischenstück abmildern.

Betrachten wir das Hinterbein in der extremsten Ausstreckung, sehen wir, daß es eine Linie mit den Beckenknochen bildet, deren oberen Rand wir ja auf der Kruppe gut fühlen können. Jetzt wird deutlich, daß auch der Winkel, den das Becken zur Wirbelsäule bildet, für die reibungslose Weitergabe des Schubes an die Wirbelsäule von großer Bedeutung ist.

Ist das Becken zu steil gelagert, ergibt sich gleichzeitig eine schrägere Lage des Oberschenkels. Auf diese Weise wird aus dem Vorwärtsschub ein Aufwärtsschub, d. h. statt sich in der leicht aufsteigenden Wirbelsäule fortzusetzen, geht er in gerader Linie des Beckens darüber hinaus und kann sich nicht voll auf den Körper auswirken. Auch die mehr waagerechte Kruppe erbringt keine optimalen Leistungen.

Wenn wir der Bewegung des Körpers weiter folgen, sehen wir, daß sie am günstigsten in einer ununterbrochenen Linie von der Hinterhand über Becken und Wirbelsäule verläuft. Daher ist es verhängnisvoll, wenn der Hund im Rücken nicht fest ist und im extremsten Fall einen Sattelrücken hat und durchhängt.

Grundsätzlich gilt, daß der Rücken — in Hinsicht auf die Bewegung — so gestaltet sein muß, daß er die Bewegung gleichmäßig weiterleitet. Sie können dies besonders deutlich an der Hinterhandgestaltung des Windhundes sehen: Dem extrem abgewinkelten Becken kommt die sich nach unten wölbende Wirbelsäule gut entgegen und ermöglicht das Zusammenziehen des Rumpfes, wie es ebenso den nachfolgenden Schub gut weiterleitet. Weitere Gesichtspunkte zum Rücken besprechen wir etwas später.

Wie wir ausführlich besprochen haben, müssen Vorder- und Hinterhand sich in der Bewegung harmonisch ergänzen. Während wir bei der Vorderhand der Schräglage des Schulterblattes, von Widerrist zum Brustbein, besondere Aufmerksamkeit schenken, gilt dies bei der *Hinterhand* für die *Schräglage des Beckens* und die *Neigung der Kruppe.*

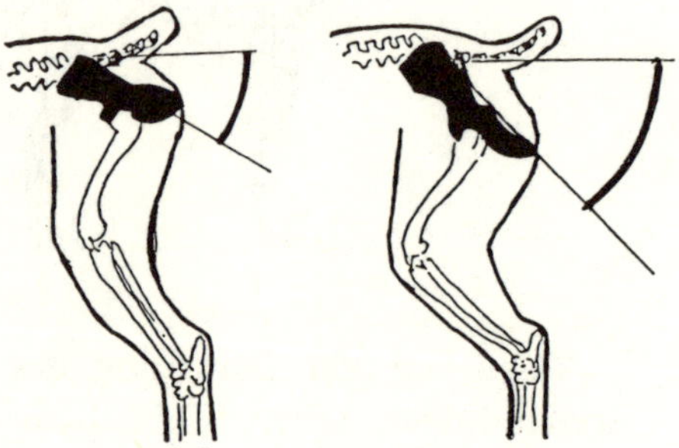

B 1 B 2

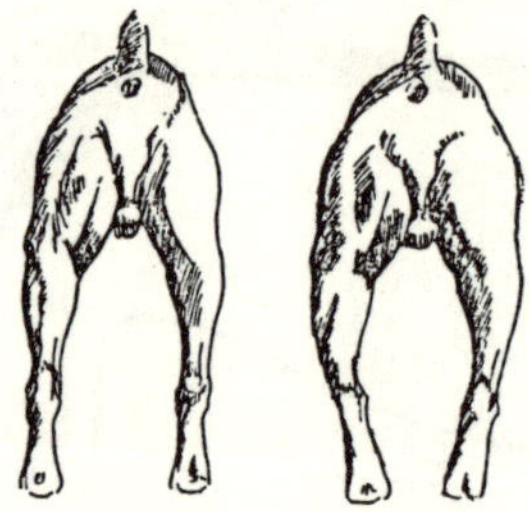

D 1 D 2

Am Beispiel des Boxers zeigt Zeichnung 1 ein mehr waagerecht gelagertes Becken, welches als steifes oder flaches Kreuz bezeichnet werden kann. Die Zeichnung 2 zeigt ein schräger gelagertes Becken, wie es sich auch bei der Pferdezucht als nützlich und leistungsfähig erwiesen hat.

Interessant ist, daß die *flache Kruppe* z. B. bei *Polo-Ponys* nicht unerwünscht ist, da diese Pferde eine *größere Wendigkeit* auf der *Hinterhand* besitzen, was dadurch erklärlich ist, daß dieses Gefüge eben *tauglicher zum Stützen,* als zum Vortreiben ist.

Einzelne Punkte der Hinterhand

Wie auch bei der Vorderhand wollen wir noch einige, in den Standards festgehaltene Bestimmungen für die Hinterhand unter die Lupe nehmen.

*Die **Hinterhand** soll, von der Seite gesehen, lang und muskulös ausgebildet sein, ohne Anzeichen von Schwäche.*

*Das **Oberschenkelbein** liegt dem Rumpf und der Bauchwand schräg an, seine Länge bestimmt die Winkelung und die nötige Tiefe.*

*Die **Schenkel** müssen von richtiger Länge sein und kraftvoll, mit gut ausgeprägten Unterschenkeln.*

*Das **Knie** muß festgefügt, Knie- und Sprunggelenk müssen gut gewinkelt sein. Die Sprunggelenke stehen tief. Der Hintermittelfuß muß länger als der Vordermittelfuß, aber nicht zu lang sein.*

__Von hinten gesehen__ müssen die Beine parallel zueinander stehen, die Kniegelenke dürfen weder ein- noch ausgewinkelt sein, die »Fesseln« stehen parallel zueinander.

Wie wir schon weiter vorn besprochen haben, entstehen die Probleme der Hinterhand durch eine ungünstige Proportion der Knochenlängen. Daher ist es völlig ausgeschlossen, einen Hund z. B. nur nach einer *Abbildung* in Seitenansicht zu beurteilen.

Vielfach wird dort nicht nur, wie oft bei den Rücken, retuschiert, sondern der Hund gleich in eine *unnatürlich gestreckte Position gestellt,* wodurch man auf dem Bild eine ausreichende Körperlänge und *gute Gestaltung* der Hinterhand *vortäuschen* kann.

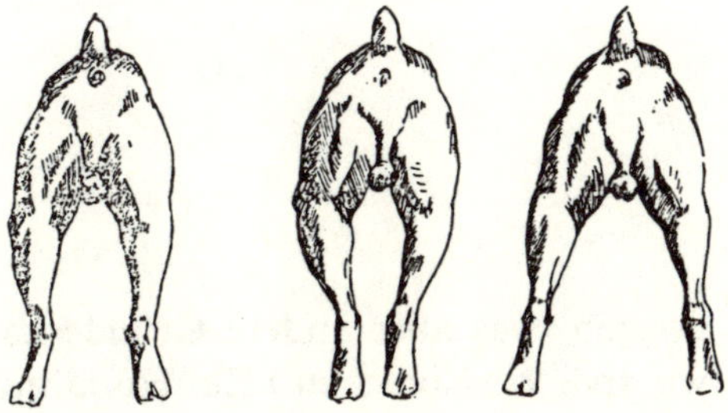

D 3 D 4 D 5

E 1 E 2 E 3

Die wirklich gute Gestaltung des Hundes kann man daher letztlich nur in der *Bewegung* sehen, wobei man den Hund sowohl *von der Seite,* als auch *von hinten* betrachten muß. Wir müssen uns allerdings hier mit Abbildungen begnügen und das so Beschriebene dann am lebenden Hund beobachten. (Abbildung D 1—5.)

D 1 zeigt eine *korrekte Hinterhand,* die Hinterläufe senkrecht zum Boden stehend, so daß die Stützlinien nicht unterbrochen werden.

D 2 ist eine o-beinige Hinterhand. Bei dieser stehen die Stützen nicht senkrecht, weil die Knie eingedrückt sind, was durch die nach außen strebenden Unterschenkel und dem nach *innen* geneigten Hintermittelfuß ausgeglichen wird. Sie ist unkonstruktiv, weil sich die Beine bei der Bewegung leicht behindern.

D 3 und D 4 sind das Gegenteil davon. Die Stütze ist noch stärker durchbrochen als bei 2. Sie zeigen einen zu engen Stand der Hinterfüße. Hervorgerufen wird der *»kuhhessige Stand«* durch auswärts gerichtete Knie. Die Unterschenkel gleichen in Richtung nach innen aus, die Sprunggelenke aneinander gedrückt, der Hintermittelfuß zeigt zum Ausgleich wieder nach außen.

D 5 ist eine Stellung, die ein frei laufender oder stehender Hund verhältnismäßig selten einnimmt. Wohl aber sehen wir sie oft im Ausstellungsring bei einem Hund, der sehr aggressiv ist und sich stark in die Leine legt. Hierbei können wir dann auch die Triebkraft der Hinterhand beobachten. Der Hund stellt sich dabei nicht selten nur auf die Hinterhand auf und stemmt sich vorn in Halsband und Leine.

Ähnlich zeigt die Skizze E 1—3 die Hinterhand von der Seite. E 1 zeigt die korrekte Stellung, E 2 und 3 abweichende Stellungen. Ist bei einer solchen Aufnahme der Hund mit der Vorderhand höher gestellt, so wird dies uns über viele Mängel hinwegtäuschen. Wir werden kein richtiges Bild erhalten über die Wölbung des Rückens und wie weit die Kruppe steif ist.

Ebenso wird die Winkelung oft besser, oder auch schlechter erscheinen, als sie wirklich ist. Wollen wir den Hund eingehend in allen Punkten der Hinterhand mustern, so müssen wir streng darauf achten, daß er ganz korrekt in der Normalstellung steht. Bei einer Beurteilung *nur* nach Photografien ist daher immer Vorsicht geboten.

Bei den Pferdezüchtern wird ein senkrecht zum Boden stehender Hintermittelfuß verlangt und ein gut gewinkeltes Sprunggelenk. Hierbei ist die Länge des Sprungbeinhöckers ausschlaggebend für die Hebelwirkung. Je länger und weiter er nach hinten herausragt, je offener wird folglich sein Winkel zum Unterschenkelknochen.

Bei Hunden wird ein gut gewinkeltes, *»tiefgestelltes«* Sprunggelenk gewünscht. Dies besagt nichts weiter, als daß einerseits der Unterschenkel die richtige Länge und andererseits der Hintermittelfuß kurz sein muß, damit die richtige Winkelung des Sprunggelenkes entstehen kann. Die Sache mit dem »tiefen« Sprunggelenk ist ein Punkt, bei dem, durch den Vergleich mit dem Pferd, viele Mißverständnisse entstehen.

Wieder helfen uns rassenvergleichende Messungen an Hunden weiter. Diese haben gezeigt, daß der Hintermittelfuß *immer* in einem bestimmten Verhältnis zur Wirbelsäulenlänge (im Mittel etwa 12 %) steht. (Ausnahmen sind hierbei nur die Bulldoggen, was aber andere Gründe hat, die wir später besprechen.) Ein Hund mit langem Rücken hat also auch sowohl einen längeren Vorder- als auch Hintermittelfuß.

Der, *beim ausgewachsenen Hund,* scheinbar längere oder kürzere Hintermittelfuß ist also eine optische Täuschung, die durch die jeweilige Länge des Unterschenkels bewirkt wird. Ist der Unterschenkel im Verhältnis zu lang, kommt es zur sogenannten Säbelbeinigkeit, weil der Hintermittelfuß nicht senkrecht zum Boden steht. Ist er zu kurz, ist das Sprunggelenk zu steil, nicht günstig gewinkelt und erscheint »zu hoch«.

Hier führen die Vergleiche mit dem Pferd deswegen zur Irrtümern, weil das Sprunggelenk bei Pferden *scheinbar* sehr viel höher vom Boden steht, als bei Hunden. Leider wird dabei nicht beachtet, daß das *Pferd* ja nicht, wie der Hund, auf den Zehen steht, sondern auf den Zehen*spitzen.* Würde man dies ausgleichen, kämen dann auch entsprechende Verhältnisse zutage.

Wenn ich oben erwähnte, daß dies für den *ausgewachsenen* Hund so ist, hat dies durchaus einen Sinn. Sicherlich haben Sie auch schon oft mit Vergnügen *die »dicken, tapsigen Pfoten« junger Hunde* betrachtet. Die großen »Füße« scheinen gar nicht zu dem übrigen Körper zu passen.

Das liegt daran, daß dieser Teil des Hundebeins sehr viel *früher* fertig ausgebildet ist, da ja die Gelenke schon sehr früh ihre vollständige Funktion haben müssen. Bei noch nicht voll ausgewachsenen Hunden ergibt sich also hier eine, zunächst unwichtige, Unproportioniertheit, die sich aber mit dem noch folgenden Längenwachstum der Laufknochen ausgleicht.

Ein amerikanischer Richter sagte mir einmal: Wenn Du Deinen ganzen Hund nach nur zwei Teilen seines Körpers beurteilen willst, so sieh das Schulter- und das Sprunggelenk an, ob die in Ordnung sind. Wenn diese zwei stimmen, ist das ganze Gebäude harmonisch.

Daran kann man sehen, wie sehr doch immer noch Punkte aus der Beurteilungslehre des Pferdes in den Köpfen vieler Leute spuken. Sicherlich kann man an Schulter- und Sprunggelenk vieles erkennen.

Die tatsächlichen Gründe, warum ein *Hund* mehr oder weniger vollkommen ist, lassen sich nur herausfinden, wenn man sich darüber im Klaren ist, zu welcher der Körperformen der Hund gehört.

Jede Veränderung aus diesen bestimmten Proportionen führt sofort zu einer Beeinträchtigung, und man kann dann die Folgen regelrecht am *ganzen* Hund nachprüfen; man findet sie keinesfalls nur *an einer Stelle,* sondern immer, mehr oder weniger ausgeprägt, am ganzen Gebäude des Hundes.

Beobachtungen an Wirbelsäule und Rücken und Lende

Auf die vielfache Bedeutung der Wirbelsäule wurde in fast allen vorangehenden Kapiteln hingewiesen, so daß hier eine nochmalige genaue Beschreibung entfallen kann.

Im übrigen können wir uns auch insofern kurzfassen, weil die meisten, dem »Rücken« zugeschriebenen Mängel ihre wirkliche Ursache in Mängeln des gesamten Körperbaues haben, die sich fast sämtlich am »Rücken« ablesen lassen.

Daher ist auch der »Rücken« das Lieblingskind der »Fachleute«; über nichts reden sie mehr, länger und lieber und nirgendwo am Hund wird mehr herumgemogelt und retuschiert, als am »Rücken«!

Uns interessiert jetzt, was in den Standards die den Rücken betreffenden Bestimmungen bedeuten. Bitte betrachten Sie dazu die Skizzen 1 bis 5.

In den Rassekennzeichen werden — wie wir sehen werden aus gutem Grund —

Nr. 1 Brettgerader Rücken.
Unkonstruktiv und in der Natur fast nicht vorkommend, hat meist immer die Anlage zum Senkrücken.

Nr. 2 Normaler, gerader Rücken,
mit gut entwickeltem Widerrist und ganz gering gewölbter Nierenpartie.

Rücken und Rumpf gemeinsam besprochen; da heißt es dann mit rassetypischen Abwandlungen:

> *Der Widerrist soll gut markiert, der ganze Rücken kurz, gerade, breit und stark bemuskelt sein und ohne irgend ein Anzeichen von Schwäche.*
>
> *Die Lendenpartie soll (mehr oder weniger) aufgewölbt sein, der Hund »gut aufgerippt.«*

Wie wir bereits früher festgestellt haben, ist die Wirbelsäule keineswegs brettgerade und die Forderung nach dem »geraden« Rücken ist vielmehr so zu verstehen, daß dort keine extremen oder gar den natürlichen Wölbungen *entgegengesetzte,* erlaubt sind.

Aber nicht nur der leicht mißzuverstehende Wortlaut in den Standards, sondern auch Zeichner und Photographen haben, zur Festigung dieser Illusion, durch Jahrzehnte hindurch ihr Unwesen getrieben.

Nicht nur, daß man Hunde in den Zeichnungen nach einem Wunschbild gestaltete, sondern es wurde sowohl, indem man die Hunde in unnatürlichen Positionen fotografierte, als auch, indem man dann diese Fotos auch noch kräftig retuschierte, wahrhaft Erstaunliches geleistet und die tatsächlichen Verhältnisse verfälscht.

Und nur dank der mangelhaften anatomischen Kenntnisse der Hundebesitzer betrachteten diese die *Bilder mit Ehrfurcht* und die *eigenen Hunde besorgt* und *geniert.* Offensichtlich wird diesen immer wiederholten Bildern mehr Glaubwürdigkeit zugebilligt als den lebenden Beweisen, den Hunden.

So paradox es klingen mag: Entspricht ein Hund, weil er so aussieht, wie ein Hund aussehen muß, nicht dem *Bild,* wird nur zu leicht behauptet, der *Hund* sei mangelhaft!!!

Als Beispiel will ich an die ausgeschnittenen Hälse und an die retuschierte Halshaut auf den Boxer-Bildern erinnern. Sehen Sie sich nur die Galerie von Foxterrier- und Schnauzerbildern, die unnatürlich nach hinten ausgezogenen Schäferhunde usw. an. Freilich gibt es diese sogenannten brettgeraden Rücken, sie werden aber vielfach leider durch Fettpolster und flaches Kreuz vorgetäuscht und hängen in Wahrheit, wegen des zu großen Gewichtes, leicht durch ...

Nr. 3 Zu stark aufgezogene Lendenpartie,

Nr. 4 Karpfenrücken

Nr. 5 Senkrücken. Die unkonstruktiveste und fehlerhafteste aller Rückenformen.

Und auf den Fotos sehen manche Rücken oft fast wie mit dem Lineal gezogen aus, was wohl auch oft genug zutrifft. Wir können heute oft ein unretuschiertes Bild gar nicht sehen, weil wir uns bereits derart an diese falschen verlogenen Darstellungen gewöhnt haben.

Zeichnung 1 zeigt nun einen solchen geraden, kurzen Rücken. Dieses sind nun aber Rücken, wie sie in Wirklichkeit (glücklicherweise) kaum vorkommen.

Im Ring versuchen die Amerikaner, sie durch krampfhaftes Aufrechthalten der Rute zu erreichen, oder vielmehr so darzustellen, weil sie, den Bildern mehr Glauben schenkend als der Natur, den Rücken ihrer Hunde wenigstens entsprechend *erscheinen* lassen möchten.

Aber auch bei anderen Rassen werden zahlreiche Tricks und Retuschen eingesetzt, um dem Rücken ein solches Aussehen zu geben. Dabei muß gerade dieser Teil der Wirbelsäule *besonders stabil* sein, und verläuft daher — bei einem normal und gesund gebauten Hund — immer in einem *sanft ansteigenden Bogen* über die Kruppe, um dann dort wieder sanft abzufallen.

Hunde, deren Rückenlinie tatsächlich so horizontal läuft, neigen daher zum *Senkrücken.* Und überlegen Sie nur, wie die Last einer trächtigen Hündin den brettgeraden Rücken nach unten ziehen würde.

In Abbildung 2 finden Sie die bei sehr vielen Rassen erwünschte leicht gewölbte »Nierenpartie«.

Abbildung 3 zeigt den sog. *Kamelrücken,* bei dem die Lendenwirbelsäule viel zu stark aufgewölbt ist und auch zu stark abfällt.

Zeichnung 4 zeigt den sogenannten *Karpfenrücken* bei dem Rücken- und Lendenwirbelsäule ebenfalls zu stark aufgewölbt und nicht elastisch-federnd sind.

Zeichnung 5: Unzweifelhaft ist der *Sattelrücken* der schlimmste der gezeigten Gebäudefehler. Dieser verstärkt sich fast immer bei fortschreitendem Alter, die Muskeln sind oft schwach und wenig leistungsfähig, der Hals ohne Adel. Dieser Rücken beeinträchtigt in hohem Maß die Leistungsfähigkeit.

Wie gesagt, leider lassen die Standards ganz außerordentlich an Klarheit zu wünschen übrig, denn bereits die Ausführung,

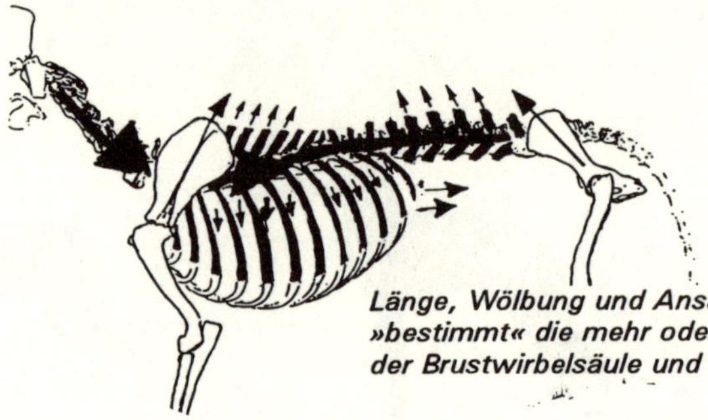

Länge, Wölbung und Ansatzpunkt der Halswirbelsäule »bestimmt« die mehr oder weniger ausgeprägte Aufwölbung der Brustwirbelsäule und die Konstruktion des Brustkorbes

daß ein Rücken »ohne Zeichen von Schwäche sein soll«, sagt ja eigentlich gar nichts. *Wann ist ein Rücken schwach oder stark und wie mißt man das?*

Auch diesmal müssen wir, um die Ursachen des »guten« Rückens zu erforschen, nach den Gründen suchen, die zur Bildung des Rückens führen. Hals-, Rücken-, Lenden- und Schwanzwirbelsäule bilden ja ein, für den Bau des Hundes, logisches Ganzes. Damit der Hund stehen, gehen, laufen, springen kann, sind ja viele seiner Gliedmaßenteile, wie wir gesehen haben, in einem bestimmten Verhältnis zur *Gesamt*länge der Wirbelsäule.

Und ebenso, wie die einzelnen Körperproportionen in einem bestimmten Verhältnis zur Wirbelsäulenlänge stehen müssen, gilt dies umgekehrt auch.

Ganz ihrer Länge gemäß verbindet sich die Halswirbelsäule, in mehr oder weniger ausgeprägter Bogenform, mit der Brustwirbelsäule und bestimmt damit auch den Bogen, in dem diese wieder sich aufwölbt.

Je *weiter* die Halswirbelsäule nach *unten verläuft,* gleicht dies die anschließende Brustwirbelsäule mit einer *stärkeren Aufwölbung* aus, was sich in ihrem ganzen weiteren Verlauf auch fortsetzt und ihr die nötige Spannkraft verleiht. Beachten Sie die, besonders bei Windhunden, stark aufgerichtet getragene Halswirbelsäule, die in scharfem Bogen in die Brustwirbelsäule übergeht.

Beim hochangesetzten, *kurzen* Hals ist die untere Halskrümmung zu hoch und daher verläuft die Wirbelsäule flacher. Die Wölbung der Brustwirbelsäule bestimmt auch die Gestaltung des mehr oder weniger ausgeprägten *Widerrist.* Daher haben wir bei den *Kraftformen* auch wieder den weniger betonten Widerrist, die geradere Rückenlinie, die senkrecht stehenden, stärker gewölbten Rippen usw. usw.

Wenn auch beim Hund nicht die Dornfortsätze, sondern die Schulterblätter am Widerrist zu spüren sind, bestimmt trotzdem die Länge und Wölbung der Hals- und Brustwirbelsäule auch den ausgeprägten, langen Widerrist. Die Dornfortsätze entwickeln sich erst durch den Zug der daran befestigten, längeren oder kürzeren Muskeln in den ersten Lebensjahren vollständig und bestimmen letztlich, wie harmonisch sich die einzelnen Körperabschnitte des Hundes zu einem ausgewogenen Gesamtbild verbinden.

Nicht nur die Länge der Dornfortsätze, sondern ihre Neigung weit nach hinten bewirkt, daß der Widerrist weit in den Rücken reicht. Stehen diese Dornen steil, ist der Widerrist kurz und zeigt dies, indem er hinten zum Rücken scharf abgesetzt ist und nicht in geschwungener Linie weiterläuft.

Von der Wölbung der Wirbelsäule hängt auch die Konstruktion des *Brustkorbes* ab. Besonders, wenn es heißt, ein Hund solle »gut aufgerippt« sein, bedeutet dies, daß die »falschen«, hinteren Rippen schräger gestellt sind und weiter nach hinten reichen, damit möglichst wenig Zwischenraum zwischen der letzten Rippe und dem Darmbeinwinkel ist.

Bei gleicher Länge und *steilerer* Lage stehen die Rippen zu *nahe* beieinander, was auf Kosten der Brustkorblänge geht. Der Querdurchmesser des Brustkorbes geht immer auf Kosten des Längendurchmessers; die Lage der Rippen wird durch die mehr oder weniger starke Wölbung der Wirbelsäule bestimmt.

Wenn es heißt, der Rücken solle *breit* und *kräftig* sein und *gut bemuskelt,* ist dies mißverständlich, und gelegentlich wird hierbei ein sehr leicht gebauter, dafür aber gut mit Speck belegter Hund für »fest im Rücken« gehalten.

Die *kraftvoll* gestaltete *Lendenwirbelsäule* hat nicht nur kompaktere, sondern größere und enger verzahnte Wirbel; man kann auch die besonders breite Knochengrundlage abtasten. Dies sind die *breiten Querfortsätze,* die nichts anderes als verkümmerte Rippen sind.

Wenn verlangt wird, der »Rücken« solle »kurz« sein, geht die Unsicherheit schon weiter. Von wo nach wo mißt man einen Rücken und ab wann und unter welchen Umständen, ist er zu kurz oder zu lang? Die einen erklären dies so, indem sie festlegen, die Lendenwirbelsäule solle im Verhältnis zur Brustwirbelsäule möglichst kurz sein.

Bei Messungen hat sich gezeigt, daß einerseits die *Halswirbelsäule* und die *Lendenwirbelsäule* andererseits, in etwa dem *gleichen Verhältnis zur Gesamtlänge* der *Wirbelsäule* stehen, (im Mittel etwa 26–27 %). Beobachten Sie also Hunde, die *im Rücken zu lang* erscheinen, sehen Sie, daß es auch mit der *Halslänge ähnliche Schwierigkeiten* gibt und umgekehrt. Häufig kann man dann bei Schäferhunden z. B. beobachten, daß sie den Kopf auf zu stark aufgerichtetem langen Hals tragen.

Betrachtet man die praktische Nutzanwendung, stellt sich heraus, daß gemeint ist, die Lendenwirbelsäule müsse den Abstand zwischen Brustkorb und Kruppe überbrücken und dabei *keinesfalls durchhängen* oder *einen Buckel* haben.

Tatsächlich wird dies aber einerseits durch den weit nach hinten reichenden

Brustkorb und durch die kompakten Wirbel erreicht, und andererseits dadurch, daß die ganze Wirbelsäule nicht in einer Horizontalen verläuft, sondern bereits mit dem hinteren Teil der Brustwirbelsäule einen *leicht aufwärts geneigten Bogen* bildet, ohne allerdings zu einem Karpfenrücken aufgekrümmt zu sein.

Der Anfang der Lendenwirbelsäule ist die letzte Rippe, ihr Ende vor dem Darmbeinrand. Je *kräftiger* sich der *Brustkorb* nach *hinten* entwickelt und je *breiter* die *Querfortsätze* der *Lendenwirbelsäule* sind, umso *schöner* und *kraftvoller* wirkt der *Rücken.*

»Rückenfestigkeit« ist also keinesfalls nur Sache der Lendenwirbelsäule. Sie wird auch durch die Verbindung Lendenwirbelsäule-Kreuzbein und durch das Becken, seine Lage und Tiefe hergestellt, die durch Muskelverbindung an der Brücke mittragen. Immer wieder zeigt sich, daß Vorzüge oder Mängel sich nicht an *einem* Punkt zeigen, sondern immer mit der gesamten Körperstruktur im Zusammenhang stehen.

Wichtig ist das nach hinten ragende *Sitzbein,* sein Abstand zum Darmbeinwinkel zeigt die Lage des Beckens. Das Sitzbein ist wichtige Muskelansatzstelle und sollte möglichst lang und nach hinten reichen. Dann erweist sich auch eine horizontale Kruppe als unvorteilhaft, da sie zeigt, daß die Wirbelsäule nicht im ausgleichenden Bogen ausläuft und nicht genügend Gegenspannung erhält.

Ebenso verwirren auch die Hinweise auf die *kraftvolle »Lendenpartie«.* Ob damit nun ein Teil der Lendenwirbelsäule gemeint wird, oder von der Bauchpartie die Rede ist, ergibt sich oft erst aus dem Zusammenhang.

Die mehr oder weniger aufgezogene *Bauchpartie* ist typisch für einzelne Rassen. Ganz einfach ist es so, daß sie z. B. hochaufgezogen wirkt, wenn der Brustkorb besonders tief ist, weil sie den Abstand von unterem Brustbein bis zum Schambein verbindet und so die *Bauchlinie* bildet.

Tatsächlich sagt dieser Passus keinesfalls irgendetwas über eine ganz besondere Bauchpartie einer Rasse aus, sondern beschreibt nur den Brustkorb- und Rippenverlauf und -übergang näher.

Es ist daher überflüssig, die vielen Möglichkeiten, wie die Bauchpartie verlaufen soll, zu beschreiben, weil sich diese immer aus dem Zusammenhang mit dem Brustkorb, der Beinlänge, der Winkelung etc. ergibt.

Daher ist es auch müßig, über die Gestaltung der Bauchpartie, wie dies einmal

nachzulesen war, in der Form nachzusinnen, daß eine hochgezogene Bauchpartie meist auch einen steiler gestellten Hund bewirke. Hier wurden, wie so oft, Ursache und Wirkung verwechselt. Man sollte versuchen, dies vermeiden zu lernen.

Ganz einfach ist es so, daß sie zu lang *wirkt,* wenn der Abstand zwischen Brustkorb und, grob gesagt, Kruppe, zu weit ist.

Doch, was ist zu lang? Denken sie an die hochaufgezogene Bauchpartie bei z. B. Windhunden, die man auch bei anderen Rassen mit tiefem Brustkorb und größerer Beinlänge findet.

Bei Rassen, deren Brustkorb tonnenförmiger ist, ist diese Partie keinesfalls so hoch aufgezogen, was also zeigt, daß diese Linie so ist, wie sie, vom unteren Brustbeinrand aufsteigend, nach oben sein kann.

Somit haben wir unsere Betrachtungen über den Hund, seine Bewegungen und seine Beurteilung beendet. Vielleicht wird doch der eine oder der andere aus ihnen eine nützliche Lehre ziehen. Fehler, die wir seit Jahrzehnten überwunden glaubten, zeigen, wie hartnäckig sie sich trotz allen Fortschritts halten können; ja, es zeigt sich, daß es sogar noch möglich ist, weitere dazu zu erfinden.

Lernen wir wieder, daß Schönheit und Leistung untrennbar miteinander verbunden sind.

Vor allem sollten wir uns mehr und mehr mit den dazu nötigen Grundbedingungen vertraut machen. Ein wenig Einblick soll uns nun noch das letzte Kapitel bringen, das die Ursachen der verschiedenen Wuchsformen zum Thema hat.

Fünfter Teil

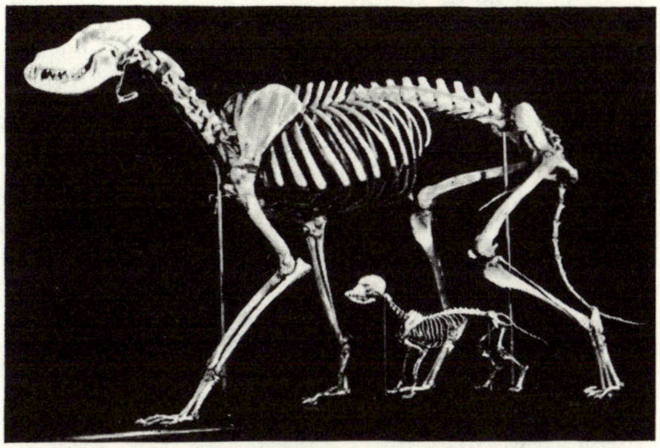

Der riesige Unterschied bezüglich der Größe und Mächtigkeit zwischen den Skeletten eines ungeheueren Bernhardiners und eines Zwergpudels

Betrachtungen zu Riesen und Zwergen

Von den verschiedenen Rassen und Wuchsformen des Hundes

Eine Lehrerin erzählte mir einmal, daß ihre Schulkinder gar nicht so besonders erstaunt seien, wenn im Unterricht von den fast 400 Hunderassen die Rede sei. Aber, daß sie *alle,* von Chihuahua bis Irish Wolfhound, vom Wolf abstammen sollen, könnten sie sich einfach nicht vorstellen. Diese Frage, sagte die Lehrerin, könne sie nie so recht befriedigend beantworten; eigentlich wüßte sie es selbst ganz gern genauer, wie diese Unterschiede eigentlich zustande kämen.

Die beiden Fragen, nämlich erstens, ob der Hund vom Wolf oder von anderen hundeartigen Tieren abstammt und zweitens, dank welcher Voraussetzungen es möglich ist, daß es unter den Hunderassen mehr Abweichungen ihrer Körperform als bei jeder anderen Säugetierart gibt, haben die Wissenschaftler immer wieder beschäftigt. Die dabei gewonnenen Erkenntnisse sind aber auch heute für uns von Bedeutung.

Es ist wirklich erstaunlich, auf welche vielfache Weise man sich bemühte, diesen Rätseln auf die Spur zu kommen, denn es ging und geht eine große Faszination davon aus, da es nicht nur interessant war, in bezug auf die Haustierwerdung und Weiterentwicklung einer einzelnen Tierart, sondern sich dabei vielfache Verbindungen zur Entwicklung des Menschen ergaben.

Solange man, aufgrund von Vergleichen der äußeren Gestalt, nach dem Ahnherrn des Hundes suchte, kamen *mehrere* wilde Hundeartige in die »nähere Wahl«. Man überlegte, daß sowohl Wolf, Fuchs, Schakal, Coyote *Ähnlichkeiten* zeigten, und verglich die lebenden Hunderassen auch mit den zum Teil unvollkommenen bildlichen Darstellungen der alten Kulturvölker, um

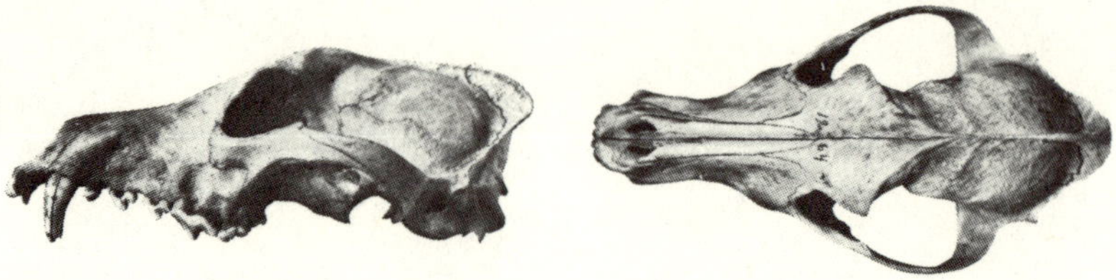

Schädel eines Dingo

sich so ein Bild der mutmaßlichen Zusammenhänge zu machen. Noch 1892 kann man in einem französischen Hundebuch lesen, daß der deutsche Schäferhund eine Mischung aus Fuchs und Wolf sei, vom ersteren habe er die Intelligenz, vom letzteren den Mut geerbt ... und seine Leistung sei ganz unglaublich ...

Wie diese »nähere Wahl« dann durch die wissenschaftliche Erforschung eingegrenzt werden konnte, wie da Meinungen und Gegenmeinungen, Entdeckungen und Vermutungen, Beweise und Gegenbeweise sich aneinanderreihen, zeigt, wie oft Erkenntnisse, die man für gesichert hielt, durch neuere Forschungsergebnisse ersetzt oder ergänzt werden mußten.

Lange Zeit hat noch Konrad Lorenz eine Abstammung vom Goldschakal vermutet, dies aber dann widerrufen: »Durch neue Forschungen, insbesondere durch die sehr genauen Untersuchungen von Alfred Seitz, wird die Annahme unwahrscheinlich, daß der Haushund im wesentlichen von dem Goldschakal abstammt.«

Wenn wir hier auch nicht näher auf dies Thema eingehen können, sollen hier nur drei Wege, die Abstammung des Hundes nachzuweisen, genannt werden.

In seinem bereits 1901 erschienenen, berühmten Buch: »*Die praehistorischen Hunde in ihrer Beziehung zu den gegenwärtig lebenden Hunderassen*« beschreibt Th. Studer seine Arbeitsweise:

»... aber der Vergleich unserer heute existierenden Hunderassen, mit einem reichen Material von Resten prähistorischer Hunde, dürfte doch etwas zur Kenntnis der Entstehung der mannigfaltigen Form des Haushundes, die gegenwärtig existieren, beitragen ...

Ich habe mich hier nur an den in den Überresten am *besten erhaltenen* und zugleich *charakteristischen Körperteil gehalten, den Schädel,* von dem uns reiches Material erhalten wurde und der, wie wir sehen werden, auch für die Rassenunterschiede von großer Bedeutung ist ...«

Tatsächlich ist es Studer, aufgrund der exakten *Schädelvermessungen* sowohl an Schädelresten, wie an verschiedenen Canidenschädeln und Haushunden gelungen, die »Vaterschaft« des Wolfes weitgehend nachzuweisen.

Ein anderer Weg war, die *genetischen Zusammenhänge* zu erforschen. So unternahm z. B. der russische Genetiker N. A. Iljin 1923 im Moskauer Zoo zahlreiche Züchtungs- und Kreuzungsversuche und Rückkreuzungen zwischen Wölfen und Hunden. An den Ergebnissen konnte er nachweisen, daß tatsächlich Wolf und Hund den gleichen genetischen Regeln folgen.

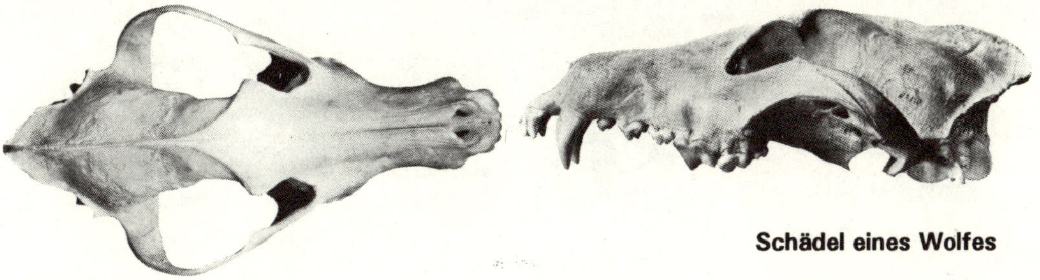

Wissen entsteht durch Arbeit: Aus vielen Einzelergebnissen, die auf den Kenntnissen und Anregungen früherer fußen, fügen Wissenschaftler das große Mosaik der Domestikation zusammen, wobei nicht zuletzt auch drittens die moderne Verhaltensforschung wesentliche Beiträge liefert.

Was alles gezählt, gemessen, gewogen, verglichen wurde, sei nur noch in Stichworten und sehr unvollständig aufgezählt: *Kopfform, Zahl der Zähne; Gehirn: Furchung, Form, Gewicht und Veränderungen; innere Organe, Herz, Nebennieren, Schilddrüse, Bluteiweißuntersuchungen; Kreuzungen zwischen Haushunden und Wölfen und Schakalen einerseits, Kreuzungen zwischen extremen Hunderassen untereinander andererseits; Vergleiche der Lebensform, Rudelbildung, Verhalten ...*

Aus dem oben genannten Buch von Studer seien zwei Zitate wiedergegeben, die sich mit den *Kopfformen* des *Wolfes* einerseits und denen des *Hundes* andererseits beschäftigen. Über den ***Wolf*** schreibt er u. a.:

»... ich kann nur bestätigen, daß mir kein Canide, überhaupt kein wildes Säugetier bekannt ist, dessen Schädel solchen Variationen unterworfen ist, wie der Wolf. Und dabei handelt es sich nicht etwa um geographisch gesonderte Abarten, sondern um Individuen, die nebeneinander in der nämlichen Region und unter analogen Bedingungen vorkommen.«

Nach Angaben zu Größen (Studer nennt Basilarlängen von 272 mm, 240 mm, 243 mm, 187 mm) kommt er auf die Beschaffenheit des Hirnschädels, Entwicklung der Crista sagittalis, der Stirnhöhlen und die Breite der Stirn:

»... Bei vielen Wölfen ist die Stirn stark gewölbt, in der Medianlinie eingesenkt, der Gesichtsteil setzt sich scharf vom Hirnteil ab. Bei anderen ist die Stirn flach, die Profillinie von der Stirn zum Nasenrücken gerade, nur die Nasenbeine sind, wie bei allen Wildhunden, in der Mitte ihrer Fläche mehr oder weniger eingesattelt.

Die Unterschiede rühren von der verschiedenen Entwicklung der Crista sagittalis und der Stirnhöhlen ab. Ist die Crista, wie bei großen, alten männlichen Tieren, sehr stark, so neigen sich von deren Basis die Seitenwände des Schädels dachartig abfallend nach dem Jochbogenansatz, wo der Schädel dann seine größte Breite erlangt. Bei schwach entwickelter Crista, so bei weiblichen Tieren und besonders solchen, die in Gefangenschaft geboren sind oder von Jugend an in Gefangenschaft waren, wölbt sich dagegen der Schädel nach außen.

Sind ferner die Stirnhöhlen stark entwickelt, so wird die Decke der Stirn aufgetrieben. In der Medianlinie, welche die Höhlen nicht erreichen, bleibt sie eingesenkt, zugleich hebt sich die Stirn über den Gesichtsteil empor und dieser setzt sich dann mehr oder weniger deutlich vom Hirnteil ab. Bei schwach ausgebildeter Stirnhöhle bleibt die Stirn flach ...

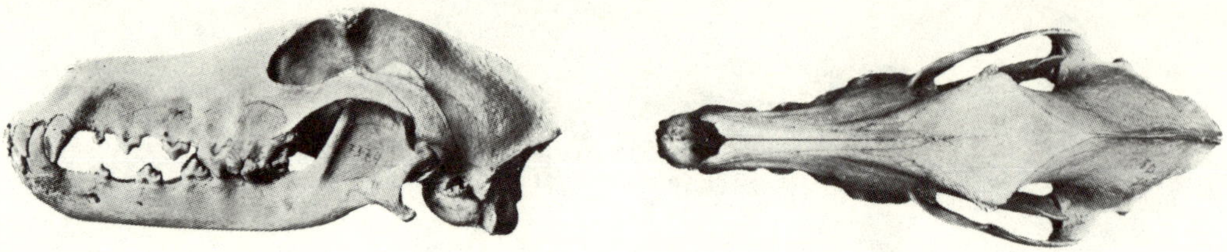

Schädel eines Barsoi

Zu den Haushundschädeln schreibt Studer u. a.:

»Für genauere Beschreibung des Haushundschädels bleibt nur übrig, die Schädel der Hauptrassen einer kurzen Charakterisierung zu unterwerfen.

Bei Auswahl derselben müssen wir berücksichtigen, daß bei jeder Rasse die Züchtung bestrebt war, entweder große Formen, schließlich Riesenformen zu erzielen, andererseits kleine bis Zwergformen. Es wird sich also darum handeln, jeweilen die ursprüngliche Mittelform ausfindig zu machen.

Die Riesenformen kennzeichnen sich zumeist durch disproportionale Verhältnisse, gewisse Teile, so mitunter das Gebiß, sind auf den ursprünglichen Verhältnissen zurückgeblieben und unverhältnismäßig schwach, zuweilen einzelne Teile, der Oberkiefer gegenüber dem Unterkiefer oder der Gesichtsschädel gegenüber dem Hirnschädel, sind im Wachstum zurückgeblieben oder umgekehrt vergrößert, die Parietalleisten sind gewöhnlich sehr stark entwickelt, ebenso der Hinterhaupthöcker und mitunter auch die Jochbogen.

Die kleinen Formen zeigen in ihrem Schädelbau im wesentlichen die Jugendcharaktere, der Hirnschädel ist gewölbt, ohne Leisten und Kämme, der Gesichtsteil verkürzt, schmal, das Gebiß häufig gegenüber der Größe des Schädels unverhältnismäßig stark.

Mitunter bleibt der Schädel nicht nur auf der jugendlichen, sondern auf der Embryonalstufe stehen, der Hirnschädel ist dann blasig aufgetrieben, fast kuglig, das Gesicht sehr klein, die Stirn und Hinterhauptsfontanellen bleiben zeitlebens offen ...

... Das *Verhältnis* von *Hirnlänge* zu *Gesichtslänge* zeigt sich bei Hunden auch verschieden; bei einigen ist die Hirnlänge größer als die Gesichtslänge, wie bei Schakalen. Bei anderen gleichgroß (Pariahunden, Windhunden, Collies und häufig bei großen Hunden, Bernhardinern), oder kleiner als die Gesichtslänge (Deerhounds und einigen Bernhardinern) ...

... Das einzige Merkmal, das konstant den Haushundschädel gegenüber dem eines wilden Caniden unterscheiden läßt, ist die *Stellung und Form der Augenhöhlen.*

Beim Haushund ist, gegenüber Wolf und Schakal, die Augenachse mehr nach vorn gerichtet, die Orbitalebene bildet mit der Stirnebene einen stumpfen Winkel, der vordere Augenrand ist steiler ...

Dieser Unterschied gibt dem Hund ein ganz anderes (freundlicheres) Aussehen. Er wird dadurch bedingt, daß beim Haushunde nicht nur die Stirnhöhlen, sondern der ganze vordere Schädelraum erweitert ist und so die ganze Stirndecke emporgetrieben wird, dadurch wird die Stirn über den Gesichtsschädel vorgepreßt, der vordere Augenrand wird steiler gestellt und der Jochbogenansatz am Oberkiefer tiefer und etwas zurückversetzt, der Augenrand mehr kreisförmig (...) und wenn wir den Schädel von oben betrachten, ist viel weniger von der Augenhöhle sichtbar als beim Wolf oder Schakal ...

Wenn wir diesen Unterschied (Winkel der Orbitalebene mit der Stirnebene) betrachten, ist der Unterschied zwischen Wildhunden und Haushunden ziemlich bedeutend. Nur ist bemerkenswert,

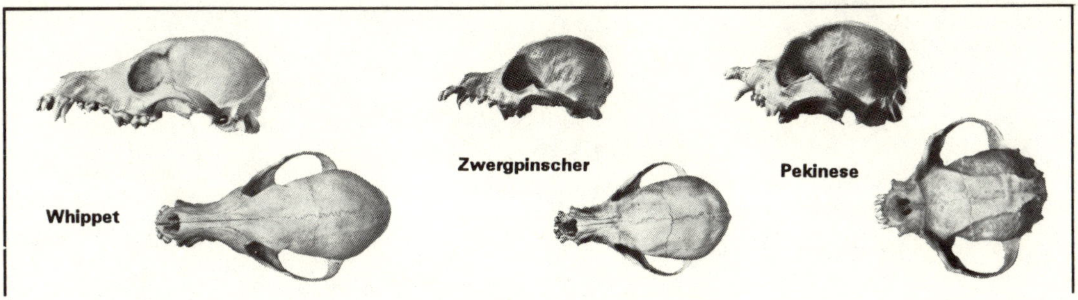

daß bei primitiven Hunderassen, wie Schäferhunden, Battakhunden, Deerhounds ... eine größere Annäherung an Wildhunde existiert, als bei moderneren Rassen.«

Interessant ist, daß auch »der« Wolf, als natürliche Ausgangsform und »Maß aller Hunde«, keinesfalls so genormte Gestalt- und Größenmerkmale zu haben scheint, wie es vielfach hingestellt wird, sondern daß auch dieser, je nach den äußeren und persönlichen Lebensumständen, offensichtlich auch erhebliche körperliche Veränderungen aufzeigen *kann.*

Von vielen derartigen Veränderungen nahm man lange Zeit an, sie seien *ausschließlich* die Folge von Gefangenschaftshaltung oder Domestikation, da sie *immer* bei entsprechend gehaltenen Tieren beobachtet werden.

Ganz sicher ist es allerdings, daß so extreme Veränderungen, wie wir sie heute bei unseren Haushunden finden, die sowohl die Kopfform als auch die Körpergröße betreffen, unter wildlebenden Hundeartigen nicht zu finden sind.

In diesem Rahmen interessieren uns allerdings die Vergleiche zwischen Stammform und Wildform gar nicht so sehr, da sie nur die Erklärung, daß es Unterschiede gibt und worin sie bestehen, bietet, uns aber wenig darüber verrät, wie es eigentlich dazu kommt, daß es so unterschiedliche Wuchsformen wie Bulldogge, Chihuahua, Barsoi und Shar-Pei gibt. Oder, anders gefragt, wie wächst ein Hund eigentlich? Wie kommt es dabei zu Zwergenwuchs einerseits und Riesenwuchs andererseits?

Immer wieder wurde behauptet, daß bei neugeborenen Welpen Unterschiede in der Schädelform nicht feststellbar seien und die charakteristischen Merkmale sich erst nach dem Zahnwechsel herausbilden. Hilzheimer stellte fest, daß sich die Schädel ganz junger Hunde so wenig unterscheiden, daß es unmöglich sei, die jeweilige Rasse zu erkennen. Ebenso wurde behauptet, daß Zwerghundwelpen so groß wie Welpen von Normalhunden sind, und daß die Unterschiede ebenfalls erst nach der Geburt ausgeprägt würden.

Zu beiden Feststellungen gibt es *Berichtigungen.* Nach umfangreichem Untersuchungsmaterial an neugeborenen und Saugwelpenschädeln (u. a. Schäferhund, Barsoi, Whippet, Pekinese, Griffon, Mops, Bulldog, Afghane) »ließen sich zweifelsfrei erkennbare Rasseunterschiede feststellen« (D. Starck); ebenso ist das Gewicht neugeborener Hunde abhängig von dem Gewicht der Rasse der Mutter und der Mutter selbst (Sierts-Roth), was so extreme Werte wie *875 g bei neugeborenen* deutschen *Doggen* und *60 g* bei *Affenpinschern* wohl deutlich genug zeigen.

Untersuchungen zu Wachstumsvorgängen oder: Wie wächst ein Hund eigentlich?

Wenn man nun herausbekommen möchte, in welcher Weise ein Hund eigentlich wächst, muß man sich zunächst vor Augen führen, daß *jede* Bauform, ja, alles Leben, ob Tier oder Pflanze seine ***Gestaltung*** nur ***ungleichen Wachstumsvorgängen*** zu verdanken hat.

Jedes Lebewesen beginnt ja zunächst als ursprünglich kugelige Eizelle. Würde diese gleichmäßig wachsen, könnte überhaupt nichts anderes als wieder Kugelformen daraus entstehen, die sich durch nichts, als durch ihre Größe, unterscheiden würden.

Schon hieraus ergibt sich, daß sich bereits vor der Geburt angebahnt haben muß, was wir später an den Welpen unterschiedlicher Rassen feststellen werden, daß der *Wachstumsverlauf* sowohl der *verschiedenen Tiere,* wie auch der einzelnen *Körperteile ganz unterschiedlich verläuft.*

Selbst, wenn man davon ausgeht, daß Welpen bereits bei der Geburt rassemäßig unterschiedlich größer oder kleiner sind, erreichen sie doch in wenigen Monaten ganz extreme Werte.

So ist eine von Gisela Weise vor einigen Jahren im Institut für Haustierkunde in Kiel durchgeführte Untersuchung sehr aufschlußreich, wobei sie sowohl den *allgemeinen* ***Verlauf des Wachstums*** *bei verschiedenen Hunderassen* verglich, aber auch untersuchte, in welcher ***Reihenfolge die Wachstumsvorgänge an einzelnen Körperabschnitten*** zu beobachten sind.

Diese Untersuchung hat auch für uns, wenn wir nach Grundlagen der Beurteilung des Hundes suchen, erhebliche Bedeutung. Schon die Beurteilung des ausgewachsenen Tieres ist keine ganz einfache Angelegenheit. Wieviel schwerwiegender ist aber oft die Auswahl eines Welpen oder Junghundes, für die es ja, außer einigen »Wesenstests«, eigentlich kaum Angaben gibt.

Aber auch Züchter möchten sich oft gern selbst ein Bild über die mutmaßliche Entwicklung eines Wurfes oder einzelner Welpen machen und suchen nach Hinweisen, in welcher Form eigentlich das Wachstum der Welpen verläuft.

Beobachtungen an einem Kleinpudelwurf

Sehr interessant ist daher, was G. Weise bei einer genauen Beobachtung eines Kleinpudelwurfes feststellte. Die dabei gefundenen Meßwerte übertrug sie in ein Koordinatensystem und erhielt so Kurven, die den Wachstumsverlauf der Tiere innerhalb bestimmter Zeitabschnitte wiedergeben.

Bis zu etwa einem Monat liegen die Entwicklungskurven aller Tiere in ihrer Entwicklung dicht beieinander. Danach aber beginnen sich deutliche Unterschiede abzuzeichnen, die aber nicht kontinuierlich beibehalten werden.

Die mit 8 1/2 Monaten ausgewachsenen Tiere sind dann ganz unterschiedlich, die Differenz zwischen größtem (56 cm) und kleinsten (40 cm) Tier in der Körperlänge ist immerhin 16 cm. Verglichen mit dem ersten Monat verhalten sich die Größenverhältnisse der ***Körperlänge:***

	Kleinste	:	Größte
1 Monat	1	:	1.2
ausgewachsen	1	:	1.4

Während der gesamten Entwicklung zeigten alle Tiere deutliche ***Wachstumsschübe.*** Das kleine Tier zeigt bis zum vierten Monat eine ziemlich kontinuierliche Wachstumskurve, die dann plötzlich abknickt und dann, bis zum Ende, nur noch mit geringer Steigerung weiterläuft.

Insgesamt lassen sich bei allen Welpen des gleichen Wurfes Wachstumsschübe beobachten, die aber keinesfalls bei allen gleichzeitig und an den gleichen Wachstumsabschnitten auftreten.

Dabei kann es dann durchaus passieren, daß zunächst kleine Welpen zeitweilig oder sogar endgültig ihre Geschwister »überholen«. Aber auch das Gegenteil tritt ein und ist ganz normal, daß plötzlich ein Welpe sehr verlangsamt wächst und nach einer Pause einen neuen Wachstumsschub erbringt.

Welcher Welpe eines Wurfes schließlich der größte oder der kleinste ist, liegt keinesfalls von Anfang an fest; erst nach zwei Monaten oder noch später wird die dann bestehende Größenordnung etwa beibehalten.

So unterschiedlich, wie sich die Körperlänge entwickelt, ist auch das Wachstum bei den Tieren keinesfalls bei allen gleichzeitig abgeschlossen. Wenn man nur drei Welpen vergleicht, sieht man es sofort:

Körperlänge	**nach Tagen**	**ausgewachsen**
43 cm	166	5 1/2 Mon.
56 cm	177	6 3/4 Mon.
50 cm	220	7 1/4 Mon.

Jeder Züchter beobachtet, daß seine Welpen sich sehr unterschiedlich entwickeln und daß auch die Proportion der Welpenkörper sich laufend verändert. Allerdings kommt er niemals dazu, hier irgendwelche bestimmten Regeln zu erkennen, da, wie es auch der Pudelwurf zeigt, die Geschwister keinesfalls gleichzeitig und maßstabgerecht wachsen.

Bei den Pudelwelpen ist auch hinsichtlich der ***Brustlänge*** die Streuungsbreite innerhalb des Wurfes groß. Besonders interessant ist, daß es offensichtlich keine Korrelation zwischen der Entwicklung der Körper- und der Brustkorblänge gibt. Ebenso zeigen die Vergleiche des ***Brustkorbumfanges,*** daß die Werte innerhalb des Wurfes weit auseinanderliegen. Die ***Brusttiefe*** wird bei allen Tieren relativ früh erreicht, allerdings brauchen einige Tiere dazu nur bis zu 3 1/2 Monaten, andere haben erst mit fünf Monaten ihren Endstand erreicht.

Ebenso zeigt sich eine große Streuungsbreite in der Erreichung der ***Kreuzbreite.*** Auch bei dem ***Extremitätenwachstum*** gibt es große Variationen. Bemerkenswert ist, daß bei allen Tieren der Vorderfuß, einschließlich der dazugehörigen Gelenkverbindungen, zuerst fertig ist, während Ober- und Unterarm noch wachsen, und entweder zu gleichen Zeiten fertig sind oder aber der Unterarm, bei später besonders langbeinigen Tieren, noch längere Zeit weiterwächst.

Auch beim ***Kopf*** ist die Wachstumsdauer unterschiedlich und die Streuungsbreite innerhalb des Wurfes hoch. *Bei der Geburt besitzen alle Welpen bereits relativ breite Köpfe,* eine größere Zunahme erfolgt nur in den ersten drei Monaten und geht dann sehr langsam weiter.

Die ***Schnauzenlänge*** wird frühestens erst nach vier Monaten ihren Endwert erreichen, die Schnauzenbreite dagegen ist meist schon mit 1—2 Monaten, spätestens nach drei Monaten ausgewachsen.

Die ***Ohren*** stellen, ähnlich wie die Schnauzenbreite, ihr Längenwachstum frühzeitiger als die anderen Kopfmaße ein, nämlich zwischen 3 1/4 bis 4 Monaten. Es zeigt sich also auch im Wachstum des Kopfes, daß sich die Einzelmaße unabhängig voneinander entwickeln, aber in Beziehung zur Gesamtkörperlänge stehen:

Die Kopflänge des kleinsten Pudels ist 12,2 cm, das größte der Geschwister bringt es auf 17,4 cm. Das gleiche Verhältnis zeigt sich aber auch, wenn man ihre Körperlängen miteinander vergleicht.

Während ein Welpe des Wurfes seine Kopfbreite bereits mit vier Monaten erreicht hat, nimmt seine Kopflänge noch 1 1/4 Monate lang zu, während beim Kopfwachstum der übrigen Wurfgeschwister Länge und Breite gleichzeitig fertig sind. Bei kleineren Tieren zeigt sich hier die Tendenz zu frühzeitigerem Wachstumsende.

Insgesamt zeigt bereits die Beobachtung eines *einzigen* Wurfes eine große Variationsbreite im Wachstumsabschluß. Der Zeitpunkt des Wachstumsendes ist aber *nicht* an die *Größe* des Tieres gebunden. Es gibt keine feste Reihenfolge, in der die einzelnen Körperabschnitte ihr Wachstum beenden.

Von den Wachstumsschüben

Als Norm kann gelten, daß bei den ***Extremitäten*** der Vorderfuß samt seiner Gelenke zuerst »fertig« ist, das gleiche zeigt sich auch an den Hinterextremitäten.

Bei der Geburt ist der Oberarm länger als der Unterarm; nach der Geburt geht das Wachstum in entgegengesetzter Weise weiter, wobei sich an Ober- und Unterarm die Wachstumsschübe abwechseln. Nach 2 1/2 Monaten hat der Unterarm den Oberarm überholt, es zeigen sich also jetzt umgekehrte Verhältnisse wie vor der Geburt, wo der Oberarm bevorzugt gewachsen ist. Das ***Rumpfwachstum*** ist unterschiedlich: Es gibt plötzliche Wachstumsschübe der Körperlänge, die die Größenordnung der Geschwister zeitweilig oder endgültig ändern.

Besonders interessiert dabei natürlich, wie sich das ***Wachstum einzelner Körperabschnitte*** verhält. Dabei wird der Unterschied vom ***Anfangsstand*** (100% bei der Geburt) mit den zu verschiedenen *Zwischenstadien* bis zum völligen *Wachstumsende* erreichten Werten verglichen.

Die dabei errechneten Prozentzahlen zeigen die ***Wachstumsintensität.*** Dies macht die Entwicklung: erstens sämtlicher Körpermaße untereinander vergleichbar, ermöglicht zweitens sowohl den sicheren Vergleich der Tiere aus einem Wurf, wie auch drittens Vergleiche mehrerer Generationen einer Rasse und macht viertens auch Tiere verschiedener Rassen miteinander vergleichbar.

Insgesamt zeigten sich bei den Kleinpudeln ***drei Wachstumszeiträume,*** in denen sich Phasen mit besonders intensiver, sowie auch solche mit geringer oder keiner Zunahme bei allen Körpermaßen feststellen ließen.

Auch zeigte sich, daß ***Wachstum ein sich verlangsamender Prozeß ist,*** d. h. die *höchsten* Zuwachsraten sind in den *ersten* Wochen nach der Geburt, bei den Pudeln waren es die ersten zwei Monate. Während dieser Zeit wuchsen aber keinesfalls alle Körperteile von Anfang an in der gleichen Intensität, sondern es lösten sich Wachstumsschübe und -pausen ab.

Um dies nur an wenigen Beispielen zu erklären: Während z. B. alle Rumpfmaße, ebenso auch Oberarm, Unterschenkel, Kopfbreite, Ohren früh ein rasantes Wachstum beginnen, setzt das Wachstum von Oberschenkel, Unterarm, Kopflänge erst etwas später ein.

In der *mittleren* Phase, die etwa bis zum 6. Monat einschließlich dauert, zeigen sich mittlere und relativ *gleichmäßige Zuwachsraten.* Allerdings zeigt sich hier, daß die größeren Tiere bereits nach vier Monaten in die dritte Phase, in der nur noch sehr *geringe Zuwächse* erfolgen, kommen.

Eine feste Reihenfolge der Wachstumsintensität verschiedener Körperteile läßt sich nicht aufstellen, denn innerhalb der einzelnen Wachstumsabschnitte gibt es zu unterschiedlichen Zeiten Pausen, die dann von vermehrten Schüben abgelöst werden oder aber das Wachstumsende zeitlich hinausschieben.

Bei den Kleinpudeln war das Wachstumsende der einzelnen Körperteile (wenn auch nicht bei allen Tieren gleich) in etwa zwischen dem fünften und sechsten Monat feststellbar, danach folgte dann nur *minimale Zunahme.*

Wie sich das Wachstum der Extremitäten in den drei Phasen entwickelte, zeigt die nachstehende Tabelle.

Übersicht über die Wachstumsintensität der Extremitätenteile in den drei Wachstumsphasen

1. Phase (4.—56. Tag)	
Metacarpalia + Phalangen	195%
Metatarsalia + Phalangen	186%
Unterschenkel	175%
Oberschenkel	157%
Unterarm	148%
Oberarm	142%
2. Phase (56.—153. Tag)	
Unterschenkel	175%
Oberschenkel	164%
Unterarm	164%
Metatarsalia + Phalangen	147%
Oberarm	109%
Metacarpalia + Phalangen	92%
3. Phase (153.—254. Tag)	
Unterschenkel	67%
Unterarm	55%
Oberarm	52%
Oberschenkel	46%
Metacarpalia + Phalangen	46%
Metatarsalia + Phalangen	23%

Ebenso ist es aber auch recht interessant, um wieviel einerseits einzelne Körperteile überhaupt und im Vergleich zu den anderen »größer« geworden sind (Anfangszustand 100%) und andererseits, in welchem Zeitraum sich dies vollzieht.

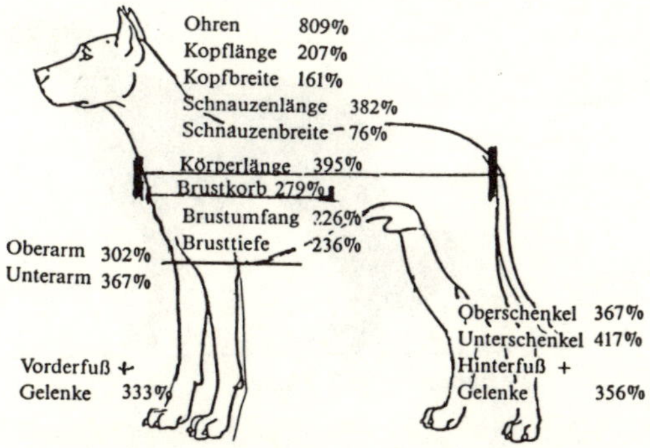

Übersicht über das Wachstum einzelner Körperabschnitte

Körperabschnitt	Endgröße	Erreicht in Tagen Zeitpunkt frühester	letzter
Rumpf:			
Körperlänge	395%	166	221
Brustkorb	279%	141	221
Brustumfang	226%	124	221
Brusttiefe	236%	106	243
Kreuzbein	305%	52	243
Extremitäten:			
Oberarm	302%	140	243
Unterarm	367%	177	243
Vorderfuß + Gelenke	333%	105	176
Oberschenkel	367%	124	224
Unterschenkel	417%	117	243
Hinterfuß + Gelenke	356%	116	176
Kopf:			
Ohren	809%	106	176
Kopflänge	207%	124	243
Kopfbreite	161%	52	221
Schnauzenlänge	382%	124	176
Schnauzenbreite	76%	23	117

Beobachtungen am Barsoi

Als Vergleich ist die Entwicklung des Barsoi sehr interessant. Er ist sehr viel größer, schlank und sehr gut durchgezüchtet. Hier fällt, beim Vergleich der Wachstumskurven, ***sofort ein großer Unterschied zu den Pudeln auf.*** Innerhalb des Barsoi-Wurfes verläuft das *Wachstum* der Geschwister sehr viel *einheitlicher* und *gleichmäßiger,* die Entwicklungskurven der einzelnen Tiere laufen vielfach parallel.

In der ersten Phase setzt, anders als bei bei den Pudeln, *die größte Intensität erst nach 2—3 Wochen geringeren Wachstums ein.* Die Kurven zeigen dann einen insgesamt *steileren* Anstieg, was jedoch nicht nur ein Zeichen größerer Intensität ist, sondern durch die gleich höheren Ausgangswerte der Barsois bedingt ist.

Aus den vielen Vergleichszahlen sei nur die Zunahme des Kopfes im Vergleich gezeigt, es entwickelt sich

	Kopf:			**Schnauze:**		
30.—137. Tag	Länge	:	Breite	Länge	:	Breite
Barsoi	3,0	:	1	6,0	:	1
Pudel	2,3	:	1	3,4	:	1

Zum Schnauzenwachstum des Barsois ist aber noch zu ergänzen, daß bei ihm *bereits bei der Geburt die Schnauze länger als breit ist,* während bei *anderen Hunderassen*

Unterschiedliche Dauer des ersten Wachstumsschubes

Pudel 56 Tage

Barsoi 150 Tage

die Schnauzenbreite die Schnauzenlänge übertrifft. Auch beim Barsoi stellt sich die Größenordnung unter den Geschwistern erst im Laufe der Zeit heraus.

Interessant ist, daß im Gegensatz zu den Pudeln, deren deutliche Wachstumszunahme nach 5—6 Monaten langsamer wird, die **Barsois** auch ab diesem Zeitpunkt noch kräftig weiterwachsen. Sie wachsen also nicht nur **intensiver**, sondern noch dazu über einen viel **längeren Zeitraum,** d. h. sind später »fertig«. Der erste intensive Schub, (Pudel etwa 56 Tage) zieht sich beim *Barsoi* über *mindestens 150 Tage* hin, usw.

Beobachtungen am Dackel

Wie aber entwickelt sich ein so anders gestalteter Hund wie z. B. ein Dackel? Seine Wachstumskurven zeigen ein wahrlich erstaunliches Bild. Ganz anders als die vorgenannten Rassen entwickelt er sich, bis auf Körperlänge, Kopfwachstum, *nicht kontinuierlich, sondern schubweise.*

Seine Wachstumsphasen werden unterbrochen durch Zeiträume, in denen keine Zunahme erfolgt. Dies zeigen besonders die Wachstumskurven der Extremitäten, bei denen drei regelrechte Wachstumsstops verzeichnet wurden, die aber nicht koordiniert liegen. Um es zu verdeutlichen, sei es hier aufgeführt:

Dackel: Wachstums-Stops

Wachstums-Stops des Dackels

	1. Stop von bis Tag	2. Stop von bis Tag	3. Stop von bis Tag
Oberarm	55.—88.	100.—122.	130.—142.
Unterarm	36.—55.	77.—88.	100.—110.
Vorderfuß	88.—100.		
Oberschenkel	36.—55.	77.—88.	120.—Ende gering
Unterschenkel	55.—77.	88.—100.	110.—122.
Hinterfuß	77.—100		

Daraus sehen sie, daß der Dackel nicht etwa insgesamt weniger oder langsamer wächst, sondern seine seltsamen Proportionen den großen **Wachstumsstops** seiner **Extremitäten** verdankt, während Kopf und Körperlänge sich »ungestört« entwickeln können. Ähnliche Abläufe zeigen vermutlich alle extrem kurzläufigen Rassen.

Beobachtungen an verschiedenen Rassen

In welcher Form wiederholen sich die bei Pudel, Barsoi und Dackel festgestellten Abläufe auch bei anderen Rassen unterschiedlicher Größe? Einige der dort von G. Weise gefundenen Werte sollen das Bild abrunden.

I	II	III
Große Rassen	**Mittlere Rassen**	**Kleine Rassen**
Barsoi	Wolfspitz	Kleinpudel
Airedale	Chow-Chow	Langhaardackel
Rottweiler		
Irish Setter		

Auch beim Vergleich verschiedener Rassen untereinander zeigen sich ähnliche Abläufe, wie sie auch bei einem einzelnen Wurf *einer* Rasse beobachtet wurden. Die unterschiedlichen Tiere halten ihre Größenverhältnisse zueinander nicht ein, d. h. *eine Rasse überholt die andere.* Wir wollen einmal sehen, wie das abläuft.

Man muß sich dabei klar machen, daß *in der Körperlänge im ersten Monat die absoluten Werte von Barsoi und Dackel nur 10 cm voneinander abweichen!* Nach vier Monaten hat sich die Differenz zwischen ihnen bereits verdreifacht, es sind jetzt 30 cm!

Ebenso erstaunlich ist die Entwicklung des *Rottweiler,* der bis 1 3/4 Monaten mit

Reihenfolge der Rassen

Oberarm:	
1. Monat	Airedale, Rottweiler länger als Barsoi
2. Monat	Barsoi hat sie »überholt«
Unterarm:	
1. Monat	Rottweiler, Airedale länger als Barsoi
4. Monat	Barsoi hat überholt Airedale, Rottweiler
Hinterextremität:	
bis 2. Monat	Rottweiler, Irish Setter größer als Barsoi
Hinterextremität:	
ab 2. Monat	Barsoi hat höchsten Wert
Oberschenkelwachstum:	
45.—75. *Tag*	Chow-Chow höherer Zuwachs als Airedale
50. Tag	überholt Chow-Chow auch Irish Setter
Unterschenkel:	
bis 1 1/2 Monate	Airedale, Rottweiler mehr Zuwachs als Barsoi
bis 2. Monat	Rottweiler mehr Zuwachs als Barsoi

Merke:

Voraussagen über die körperliche Entwicklung eines Welpen sind möglich anhand der in bestimmten Entwicklungsabschnitten erreichten Maße (in Klammern als Anhaltspunkt das Alter in Tagen; rassebedingte Abweichungen entsprechend beachten!):

seiner Körperlänge das größte aller Tiere ist, dann wird er vom Barsoi »überholt«.

Das Wachstum der *Extremitäten* verändert zwischen den *kleinen und mittleren Rassen* (Gruppe II und III) in allen drei Entwicklungsabschnitten die Größenverhältnisse nicht.

Im Gegensatz dazu verschieben sich die Größenverhältnisse der großen Rassen im Laufe der Monate erheblich, siehe die Tabelle auf der vorhergehenden Seite!

Es entwickeln sich also innerhalb weniger Monate erhebliche ***Proportionsverschiebungen innerhalb der Rassengruppen.*** Beim *Rottweiler* sind bis zum 30. Tag *sämtliche* Extremitätenabschnitte länger als die des Barsoi, dieser »holt auf« etwa um den 60. Tag, und nach 120 Tagen liegt der Barsoi *erheblich* höher, da er ein entsprechend *intensiveres Längenwachstum* entwickelt.

Ebenso zeigt sich im ***Extremitätenwachstum,*** daß hier die Gruppierung nach Rassen nicht den Zuwachsraten der Körperlänge entspricht, da sich Gruppe II mehr wie Gruppe I entwickelt, und der Kleinpudel verhält sich bei den entsprechenden Werten mehr wie Gruppe II. D. h. er bekommt keine kurzen Dackelbeine.

Interessant ist auch die ***Kopfentwicklung.*** Es gibt kaum Überschneidungen, da der Barsoi bereits schon vom ersten Monat an die höchsten Werte zeigt, der Airedale nimmt mit seinem langgestreckten Kopf den zweiten Platz ein.

Bis zum zweiten Monat scheint der Rottweiler in seiner Zuwachsrate dem Barsoi nicht viel nachzustehen, dann aber bleibt sein Längenwachstum deutlicher hinter dem des Barsoi und Airedale zurück; der Irish Setter zeigt 1 1/2 Monate lang gleiche Werte wie der Rottweiler, dann wird die Zunahme geringer.

Bei der Kopf*breite* zeigt sich, daß der *Rottweiler seinen breiten Kopf von Anfang an hat,* so daß die Zuwachsraten der Rassen sich nicht überschneiden. Über die Entwicklung der Schnauzenlänge des Barsoi haben wir bereits früher berichtet.

Aus diesen wenigen Beispielen kann man sehen, daß die ***Proportionsunterschiede,*** die ***einzelne Rassen*** zeigen wenn sie ausgewachsen sind, ***nicht** in allen Körperabschnitten schon **von Geburt an gegeben sind.*** *Welpen können ein anderes Proportionsverhältnis zeigen, als entsprechende erwachsene Tiere.*

Voraussagen über die mutmaßliche Entwicklung eines Hundes kann man also nur nach den zuerst »fertigen« Körperabschnitten vornehmen und von da an versuchen, hochzurechnen.

1. Abschnitt:
Schnauzenbreite (23)
Kopfbreite (52)
Kreuzbein (52)

2. Abschnitt:
Vorderfüße (105)
Brusttiefe (106)
Ohren (106)

3. Abschnitt:
Hinterfuß (116)
Unterschenkel (117)

4. Abschnitt:
Kopflänge (124)
Brustumfang (124)
Oberschenkel (124)
Schnauzenlänge (124)

5. Abschnitt
Oberarm (140)
Brustkorb (141)

6. Abschnitt
Körperlänge (166)
Unterarm (177)

Man kann zusammenfassend feststellen, daß *innerhalb* eines Wurfes der *Riese* bedingt wird durch die Wachstums*intensität,* nicht aber die Wachstums*zeit.* Der *Kleinste* in einem Wurf hört nicht früher auf zu wachsen, sondern *wächst weniger stark;* er kann sogar über längere Zeit Zuwächse zeigen und doch der Kleinste bleiben. Besonders gravierend wirkt sich aus, wenn ein schwaches Wachstum auch noch früh endet.

Mit Sicherheit folgt die Wachstumsintensität zuerst einer ***bestimmten genetischen Konstellation.*** Schwankende Werte innerhalb eines Wurfes zeigen, daß hier die Tiere, wenn nicht eine krankheitsbedingte Störung dafür verantwortlich ist, doch ganz *individuell ausgestattet sein können,* je nachdem, wie gut die Rasse durchgezüchtet ist, was sich aus dem Vergleich Pudel/Barsoi und der unterschiedlichen Streuungsbreite ergibt.

Beim ***Kopf*** sind zuerst *Schnauzenbreite* und *Kopfbreite* erreicht, diese haben aber insgesamt überhaupt die geringste Zunahme des ganzen Körpers.

Beim ***Rumpf*** sind *Kreuzbreite, Brusttiefe zuerst erreicht,* ansonsten alle anderen Körpermaße etwa zum gleichen Zeitpunkt fertig, wenn es auch immer wieder Zeiten verlangsamten Wachstums und verstärkten Wachstums gibt; nur der Dackel zeigt den zwischenzeitlichen *absoluten* Stillstand.

Bei allen bisher gezeigten Beispielen entwickeln sich also die extremen Differenzen erst *nach* der Geburt. Tatsächlich ist es so, daß Welpen *vor* der Geburt ganz andere und recht einheitliche Längenverhältnisse zeigen:

Längenproportionen der Extremitäten bei der Geburt

Oberarm	:	Oberschenkel	1 : 1
Unterarm	:	Unterschenkel	1 : 1
Unterarm	:	Oberarm	8 : 10
Unterschenkel	:	Oberschenkel	9 : 10

und sich die Differenzen, nämlich eine gerade umgekehrte Entwicklung, erst nach der Geburt einstellen.

Vor der Geburt wächst der Oberarm schneller als der Unterarm, der Oberschenkel schneller als der Unterschenkel, aber weniger stark als der Oberarm.

Nach der Geburt hat der Oberarm geringere Zuwachsraten als, in aufsteigender Folge: Oberschenkel, Unterarm, Unterschenkel.

Von Größen- und Proportionsunterschieden

Die oben beschriebenen Hunderassen unterscheiden sich sowohl durch die *Körpergröße* als auch durch die *Kopfform.*

Die typischen Kopfformen entwickeln sich erst nach der Geburt

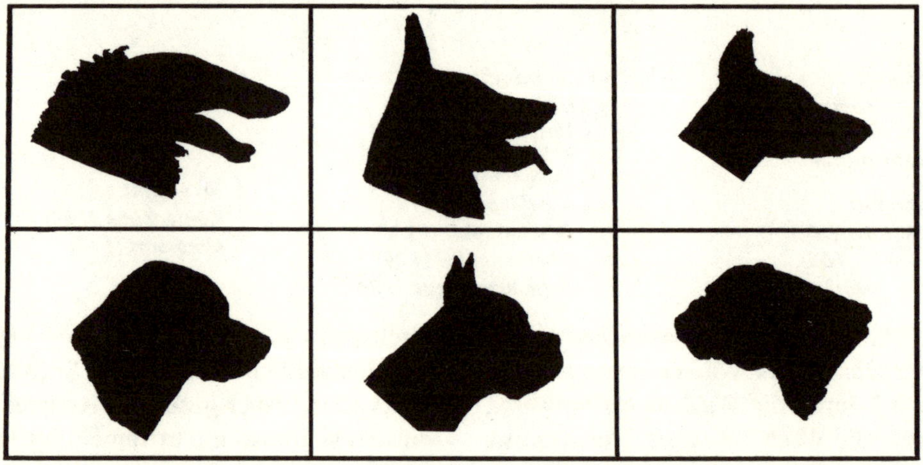

Erst im Verlauf ihres Wachstums ergibt sich, daß der *Dackel kurzbeinig* wird, wie andererseits der *Barsoi extrem lange Gliedmaßen* und *Kopflänge* entwickelt, daß der *Rottweiler*, trotz anfänglicher »Spitzenstellung«, weder am Kopf noch an den Gliedmaßen das Längenwachstum des Barsoi mitmacht.

Wenn wir jetzt hier noch einen Boxer oder eine Bulldogge anfügen, ergibt sich, daß wir die Hunde im Prinzip zwei großen Gruppen zuordnen können: Sie unterscheiden sich, abgesehen von der Größe, durch den besonders breiten oder den besonders langen schmalen Kopf und zeigen die damit verbundenen Merkmale dann auch im ganzen übrigen Körperbau wieder.

Wir können deutlich unterscheidenden den

linearen- oder Langschädeltyp
vom
lateralen- oder Breitschädeltyp

Einen dieser beiden finden wir in allen, und sei es den extremsten Rassen, wieder. Aber es ist schon erstaunlich, wenn man vom Wolf, als der mittleren, normalen Größe ausgeht, in wieviel Variationsmöglichkeiten er sich verwandeln ließ.

Dabei fällt natürlich zuerst sofort auf, daß auch der Wolf und überhaupt alle ***wildlebenden Caniden*** eher zu den ***linearen oder Langschädeltypen*** gehören, dies also die natürliche Ausgangsform ist, die weder extreme Längen- noch extreme Breitenentwicklung des Kopfes zeigt.

Die ***lateralen oder Kurzschädeltypen,*** sind daher ***Abweichungen,*** die allerdings vereinzelt auch bei wildlebenden Tieren und Knochenfunden festzustellen sind.

August Brinkmann, der sich intensiv mit diesen Themen befaßt hat, erwähnt, daß er die typische Schnauzenverkürzung nicht nur bei domestizierten Wölfen und frühen Hunderesten gefunden habe.

Er entdeckte Schädelveränderungen besonders auch bei grönländischen Hunden, die unter ernährungsmäßig schlechten Verhältnissen lebten. Dort wurden die Junghunde nicht, wie bei uns, sorgfältig aufgezogen, sondern mußten um ihre Nahrung kämpfen. Einige dieser Hunde zeigten den verkürzten Kopf, worin Brinkmann eine *Wachstumshemmung* sah, die eben auch zu Kurzschnauzigkeit und zum Zusammenschieben der Zähne führt.

So erklärt sich, daß die Neigung zu breiten Köpfen, die einen mehr oder weniger verkürzten Fang zeigen, auch ein Zeichen der Domestikation ist, da dort die erheblichen Veränderungen der Lebensumstände zu der Umgestaltung des gesamten Organismus führen.

Die ganz *extremen Formen der Schädel- und Skelettveränderung* findet man allerdings *ausschließlich bei den durchgezüchteten Kulturrassen,* wo Domestikation *und* Inzucht dazu beigetragen haben, neue Gleichgewichtsbeziehungen in der Zusammensetzung der Erbmasse zu schaffen, *ohne die Gene selbst zu verändern.*

Vom Körperwachstum vor und nach der Geburt

Auf welche Weise kommen nun diese Größendifferenzen wohl zustande? Bereits bei Versuchen an Frosch-Embryos hat man festgestellt, daß man das vorgeburtliche Wachstum einzelner Körperteile verändern kann. Bei der Ausbildung des Extremitätenskeletts geht der Wachstumsimpuls von Humerus und Femur aus, die zunächst kugelig gebildet sind.

Von ihnen aus bildet sich, vereinfacht gesagt, in Richtung weg von Ellenbogen und hin zum Knie, die sich allerdings erst später ausbilden, das Wachstum aus zu Schulter und Becken, zu Unterarm und Unterschenkel.

Durch Zugaben von Vitamin E, Thyroxin, Cortiron kann man im Embryo die ganze Ordnung durcheinanderbringen, so daß sich das Wachstum nicht mehr wohlproportioniert entwickelt. Bei einem dieser Versuche zeigte sich, daß der Oberschenkelknochen so rasant wuchs, der Beckengürtel in die Extremität hineingezogen wurde; das Ileum verbog sich dann rückwärts und ragte bis in die Unterschenkel hinein ...

Es zeigt sich also, daß die Körperformen, selbst wenn sie ihre endgültig proportionierte Gestalt bei der Geburt noch nicht zeigen, dennoch auf bestimmten Zuständen bereits innerhalb des Embryo aufbauen, letzlich auf seine Organe, die die Fähigkeit haben, die Stoffwechselgeschwindigkeit zu beeinflussen.

Leben, beim Tier wie bei der Pflanze, geht von einer ersten Zelle aus. Diese teilt sich bis hin zu den Anlagen verschiedener Knospen, die wir beim ***Tier*** normalerweise nicht zu sehen bekommen, sie aber von den

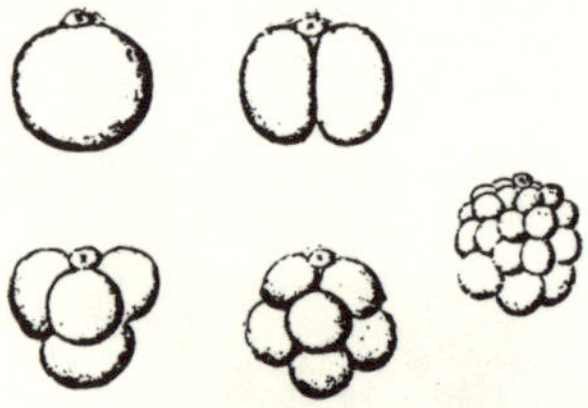

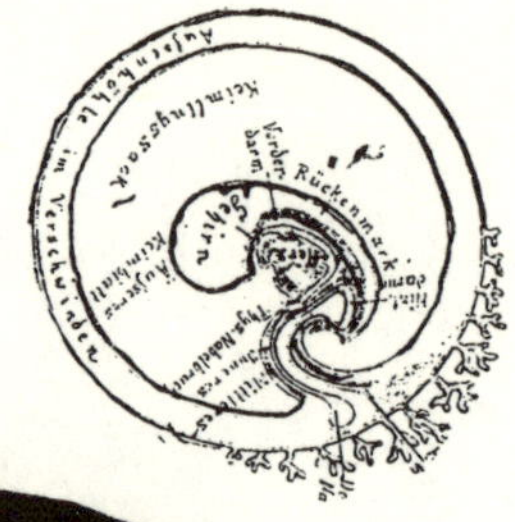

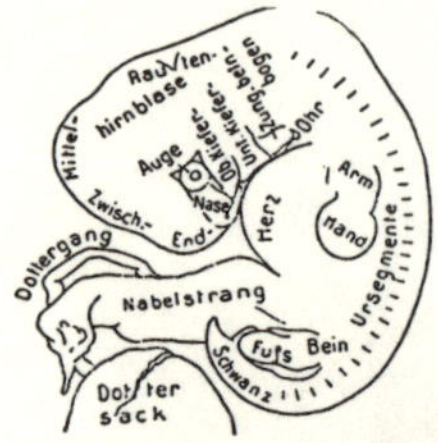

von der Seite

Entwicklung vor der Geburt
Aufeinandergelegt zum
Vergleich: 27 Tage und 50 Tage alt!

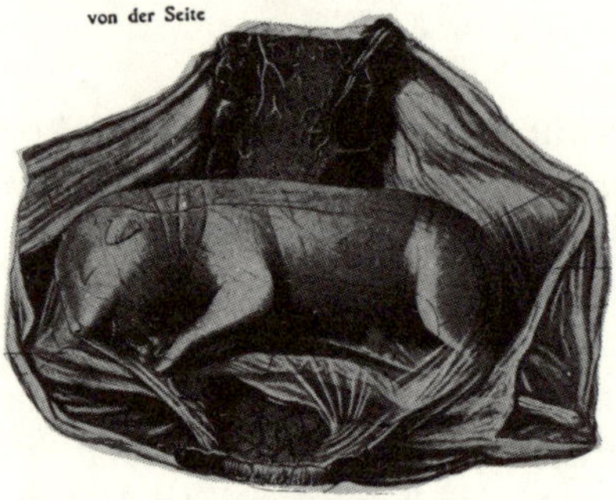

Embryo des Hundes, kurz vor dem Wurfe
(Nach Bonnet)

Pflanzen kennen. Von den Knospen, bzw. einzelnen Wachstumszentren aus, scheinen sich bevorzugt *in erster Linie Längsformen* zu entwickeln. Alles geht zuerst in die Länge, später in die Breite. D. h. ***Breitenwachstum** kann sich erst entwickeln, wenn das Längenwachstum »abgewirtschaftet« hat oder langsamer wird.*

Zwei Organe, die ganz besonderen Einfluß auf Wachstum und die Stoffwechselgeschwindigkeit haben, sind *Schilddrüse* und *Hypophyse.* Die Wirkung des Wachstumshormons der Hypophyse, Somatropin, kann man sehr wohl erkennen. *Fehlt dieses Hormon oder wird es sehr gering produziert,* entwickelt sich ein, allerdings wohlproportionierter, ***Zwerg,*** bei dem die Wachstumsverminderung gleichmäßig alle Organe betroffen hat. Bei einer *Überproduktion* von Somatropin entwickeln sich logischerweise *Riesenformen.*

Die Wirkung von Somatropin ist allerdings von der Gegenwart anderer Hormone abhängig, z. B., Thyroxin, einem Hormon der Schilddrüse. Sie kennen es selbst als Krankheitserscheinungen beim Menschen, daß eine Überfunktion der Schilddrüse die Stoffwechselvorgänge steigert, wie eine Unterfunktion die Lebensfunktionen dramatisch verlangsamt.

Auch beim Körperwachstum zeigt sich, daß je ***aktiver*** die Schilddrüsenfunktion ist, je ***linearer*** entwickelt sich das Wachstum und umgekehrt. Aber nicht nur bei der Körperbauform kann man diese zwei Grundtypen, die stufenweise ineinander übergehen können, erkennen. Vergleichen wir die beiden Typen, so werden wir sofort interessante ganz grundlegende Unterschiede und typische Eigenschaften feststellen:

Linearer Typ

Lateraler Typ

Typische Merkmale der beiden Grundformen

Merkmale an:	Linearer Typ	Lateraler Typ
Kopf:	**lang oder »dolichocephal«**	**breit oder »brachycephal«**
Stoffwechsel:	höher	langsamer
Körpergestalt:	schmal, schlank, lang, nicht immer groß	stämmiger, kräftig
Muskeln:	lang, schlank	kräftig, kürzer
Figur:	zeigt »Taille«	Rumpf formloser
Hals:	lang und schlank	kurz, großer Umfang
Gliedmaßen:	lang, schlank	kurz, stämmig
Knochen:	fein, hart	dick, porös
Haut:	dünn, zart, empfindlich, liegt straff an	derb, unempfindlich, liegt lose an, loses Bindegewebe
Fell:	fein und zarter	härter, kompakter
Fett:	wenig fett	neigt zu Fettansatz

Merkmale an:	Linearer Typ	Lateraler Typ
Augen:	nah zusammen	weit auseinander
Augapfel:	weitsichtig	kurzsichtig
Nasenrücken:	schmal, hoch	breit und flach
Gaumen:	schmal, hochgewölbt	niedrig, flachgewölbt
Unterkiefer:	lang, schlank, nicht kräftig	groß, kräftig, breit
Eigenschaften:	zurückhaltend	impulsiver
Charakter:	selbstbewußt, sensibler	kontaktfreudig, robust
Entwicklung		
Körperlich und seelisch	später fertig entwickelt, altert später	früher fertig entwickelt, altert früher
Krankheiten, typische:	Mißbildungen durch besondere Hormonkonstellation, Knochenmißbildung, Tumoranfälligkeit	

Diese beiden Grundformen finden wir, unterschiedlich gewichtet in den mannigfaltigen Gestalten des Hundes wieder, und zwar sowohl bei Hunden *mittlerer* Größe, wie auch bei ausgesprochenen *Riesen* und *Zwergen.*

Von Größen und Proportionen

Wenn wir uns nun die ***Zwerg-***, ***Normal-*** und ***Riesenformen*** ansehen, gibt es bei allen Körperformen, die durchaus ***wohlproportioniert*** sind: Zwerge, bei denen sämtliche Maße einfach nur geringer sind, Riesen, die einfach insgesamt überall größer sind.

Aber wir kennen auch Hunde mittlerer Größe mit merkwürdiger ***Unproportioniertheit,*** die entweder nur kurze Beine, bei ansonsten langem Körper haben, oder aber besonders faltenreiche Haut, oder aber den stark verkürzten Fang; oder aber solche mit breitem Kopf, verkürztem Fang, breitem Brustkorb und schwächerem Körperende.

Ebenso kennen wir Hunde, die ausgesprochene Zeichen des ***unproportionierten Riesenwuchs*** zeigen, riesige Köpfe, dicke, faltenreiche Haut usw.

Und auch bei den ***Zwergrassen*** finden wir viele Spielarten: Dackel z. B. mit den nur kurzen Beinen, dann aber kleine, stämmige Hunde, mit flachem, eingedrücktem Gesicht, vorspringendem groben Unterkiefer, Oberkörper groß, Arme und Beine kurz und gebogen, mächtigem Brustkorb usw.

Diese *extremen* Typen finden sich nun bei *wildlebenden* Tieren überhaupt *nicht.* Es läßt sich allerdings erklären, wie sie züchterisch zustande kamen. Mit besonders absonderlichen Formen, in denen eine genetische Veränderung die Verhältnisse in den Drüsen innerer Sekretion abgeändert hatte, wurde weitergezüchtet, also genau genommen mit Hunden, die eine ***Aufbaustörung weitervererbten.***

Kreuzungsversuche mit extremen Hunderassen

Während einerseits die *Züchter,* weil sie einfach Freude an immer neuen Formen hatten, immer neue Varianten züchteten, beschäftigten sich *Wissenschaftler* aus ganz anderen Motiven intensiv mit diesen Züchtungsergebnissen.

Es zeigte sich nämlich, daß diese »mißgebildeten« Hunde in verblüffender Weise die gleichen Merkmale zeigten, wie Menschen, die ähnlichen Typen angehörten, und besonders auch Menschen, bei denen die extremen Mißbildungen keinesfalls erwünscht waren, und die darunter mehr oder weniger schwer zu leiden haben und hatten.

Daher lag es nahe, da man mit Menschen ja derartige Versuche nicht machen konnte, bei Hunden, durch Kreuzungsversuche extremer Rassen, herauszufinden, was die Ursache dieser seltsamen Gestaltveränderungen war.

Aus diesem Grund führte in Amerika *Charles R. Stockard,* Professor der Anatomie und Leiter einer Versuchsanstalt für experimentelle Morphologie, *Kreuzungen extremer Rassen* durch. Er kreuzte Hunde, die Zwergwuchs und Mißbildungen an verschiedenen Körperteilen aufwiesen, z. B.

Dachshund x	**Boston Terrier**
nur eine Mißbildung: verkürzte Beine	gut entwickelte Beine, sonst aber mehrfache Mißbildungen an: Schädel, Schnauze, Wirbelsäule, Becken, Schwanz

Die *Bastarde dieser Verbindung* waren alle gleichgroß, hatten die kurzen Beine des Dackels, leicht veränderte Bostonköpfe, Oberkiefer kürzer als der Dackel, Schwanz normal entwickelt.

Die Verbindung *Bastard x Bastard* erbrachte höchst seltsame Verbildungen:

a) dachsbeinige Hunde mit Bostonkopf und langgebogenem oder kurzschraubigem Schwanz

b) große, langbeinige Tiere mit Dachshundkopf und -schwanz.

Kreuzung zwischen Boston-Terrier mit kurzrundem Kopf und deformiertem Schwanzteil der Wirbelsäule und kurz- und krummbeinigem Dachshund mit langem Kopf und langem Schwanz. Die erste Bastardgeneration hat lange Köpfe, Rümpfe und Schwänze, aber kurze Krummbeine.

Es zeigte sich, daß die *Kurzbeinigkeit* als *dominanter Einzelfaktor* zum Ausdruck kam, aber auch, daß *Boston-Kopf* und *-schwanz Mehrfachfaktoren* sind, die ganz unabhängig von der Beinform weitervererbt werden. Der gebogene Schwanz des Boston, eine bestimmte Wirbelformdeformität, vererbt sich *unabhängig* von Schwanzlänge und Kopfform.

Auch andere Rassen wurden zu weiteren Kreuzungsversuchen herangezogen: Als die *Französische* Bulldogge, die eine viel ausgeprägtere Veränderung des Kopfes als der Boston aufweist, mit Dachshund gekreuzt wurde, waren die Ergebnisse der ersten und zweiten Bastardgeneration sehr ähnlich der Boston-Verbindung. Sie zeigen die extremen Kopfformen oder vorstehende Augen, von denen man annahm, dies zeige eine Neigung zu Flüssigkeitsansammlung in den Hirnkammern.

Insgesamt bestätigte sich immer wieder, daß ***örtlich begrenzte*** Skeletteile eine chondrodystrophische Wachstumsform (Mißbildungen des Knochenwachstums) zu erben vermögen, während gleichzeitig andere einen ganz normalen Entwicklungsverlauf zeigen.

Stockard stellt fest, daß man verschiedene Schweregrade dieser Deformitäten erkennen kann, die immer jeweils gleiche Auswirkungen auf den gesamten Körper nach sich ziehen.

Die Chondrodystrophie oder das Mißverhältnis der Knochenlänge ***nur*** an den ***Gliedmaßen,*** bezeichnete er, vom Standpunkt des Pathologen, als ***eine Störung, als*** Sklerose bzw. Verhärtung der ***Wachstumsknorpel.*** Diese Krankheit beruht bei Hunden auf einem einzigen dominanten Faktor im Erbgut.

Ganz anders zeigt sich dagegen die Chondrodystrophie oder Verkürzung *des Kopfes und der Wirbelsäule.* Sie läßt erkennen, daß sie durch *mehrere* Faktoren bestimmt wird und sich in ihrem Erbgang wahrscheinlich rezessiv verhält.

Eine Kreuzung zwischen *Dachshund x Brussels-Griffon,* der eine extreme Form der Veränderung des Kopfes mit stark hervorquellenden Augen zeigt, überaus nervös im Wesen ist, aber normale, lange, zarte Beine hat, ergibt wieder kurzbeinige Hunde, die mehr dem Dachshund, als dem Griffon ähneln.

Kreuzung zwischen Dachshund und dem Brüssel-Zwerg-Griffon, einem Typ mit stärkster Schädelverkürzung. Der Bastard hat wiederum eine lange Schnauze, langen Rumpf und kurze Beine.

Die entscheidende Phase vor der Geburt

Erinnern wir uns jetzt an die bereits erwähnten Versuche, in denen durch künstliche Zugaben das Wachstum des Embryo nachhaltig verändert, d. h. aus der Bahn gebracht wurde. Denken wir auch an die schrecklichen Conterganschädigungen, die bei Kindern auftraten, deren Mütter in einem bestimmten Zeitraum der Schwangerschaft dieses Mittel eingenommen hatten.

Daraus wird deutlich, daß eine für das Leben entscheidende Phase bereits vor der Geburt abläuft. Was den Hund betrifft, wird in dieser Zeit vorgeformt, ob aus dem immer gleichen Chromosomensatz sich eine ***Bulldogge,*** ein ***Barsoi*** oder ein ***Chihuahua*** entwickelt.

Letztlich sind diese nichts anderes, als das Ergebnis veränderter Wachstumsgeschwindigkeiten unterschiedlicher Intensität.

Normalerweise ist die »Umwelt«, in der sich der Embryo, durch einen geregelten Ablauf chemischer Prozesse entwickelt, sicher und gut ausgebildet. Es können aber durch Störungen von außen (z. B. durch Medikamente, Röntgenstrahlen) die Bedingungen radikal geändert werden. Wenn eine für den Embryo schlechte Situation entsteht, werden *die* Organe am meisten betroffen, die sich *zur Zeit der Störung im Stadium regster Entwicklung* befinden, da diese nicht zu einem späteren Zeitpunkt nachgeholt werden kann.

Nun können aber derartige Störungen der chemischen Abläufe der Embryonalzeit nicht nur von außen kommen, sondern auch *vererbt* werden, in der Weise, daß, genetisch bedingt, eine *Änderung* der zur Entwicklung nötigen *Wachstumsstoffe* erfolgt.

Der *Zeitpunkt,* zu dem eine derartige Störung eintritt, *ist genetisch festgelegt d. h. vererbbar,* und es ist sehr wohl möglich, daß sowohl vorher wie auch hinterher die Verhältnise völlig normal sind. Zu dem Zeitpunkt aber, wo sie eingetreten ist, treten beim Embryo Veränderungen ein, die sein künftiges Schicksal mehr oder weniger gravierend verändern.

Hierher gehören zuerst die Faktoren, die den letalen Ausgang nach sich ziehen, d. h. die Welpen sterben vor oder gleich nach der Geburt, d. h. es ist eine Störung in sehr frühem Stadium.

Bekanntlich entstehen die verschiedenen Teile des Knochengerüstes zu verschiedenen Zeitpunkten, die einen langen Abschnitt des fötalen Lebens ausmachen. For-

Merke:

Früh entstehen bei der Embryonal-Entwicklung:

1. ***Knochengewebe von Körperanhängen und Gliedmaßen***
2. ***Knochenanlagen und -zentren der Schädelbasis***

(d.h. hier entstandene Störungen sind nur an Schädel und Wirbelsäule bemerkbar, die Gliedmaßen bleiben normal, weil bereits vorher ausgeformt.)

scher wiesen daher nach, daß der veränderte Zustand der chondrodystrophischen Extremität im frühesten Fötalstadium entstanden sein muß.

Das Knochengewebe der Körperanhänge oder Gliedmaßen entsteht sehr früh und wird möglicherweise von Anfang bleibend verändert, selbst wenn später das Hormonalgleichgewicht wieder ins normale Gleichgewicht zurückgefunden hat.

Sehen wir uns die verschieden »befallenen« Hunde an, so ist bei Basset und Dachshund die Störung nur von kurzer Dauer und nur zur Zeit der Entwicklung des Gliedmaßenskeletts wirksam gewesen, die Verhältnisse haben sich dann normalisiert, denn die übrige Körperentwicklung verläuft völlig normal.

Die Knochenanlagen und Zentren der Schädelbasis entstehen später. Tritt erst zu diesem Zeitpunkt eine Störung des hormonalen Gleichgewichtes ein, ergibt sich die chondrodystrophische Wachstumsstörung nur des Schädels und der Wirbelsäule, während die Gliedmaßen sich noch normal entwickeln konnten.

Erst eine Veränderung, die den Kopf, (aber nicht immer auch die Wirbelsäule) trifft, wirkt sich daher in Gestalt und Persönlichkeit der Tiere langfristiger aus. Diese Tiere zeigen die dicken, »eingedrückten« Köpfe, hervorquellende Augen, nervöse Störungen und eine, nicht nur den Kopf betreffende Veränderung, *immer auch eine Verkürzung der Körperproportionen,* die insgesamt tatsächlich so tiefgreifend ist, daß man darin eine *eigene Wuchsform erkennen* kann.

Die so entstehende Veränderung des Körperwuchses hatte allerdings für die Nutztierzucht praktischen Wert und wurde daher immer wieder untersucht. Sie tritt in allen möglichen Graden auf, ihre Vererbbarkeit wies auf Veränderungen im Keimplasma hin.

Untersuchungen, an den mehr oder weniger stark verkürzten Knochen selbst, ergaben ein interessantes Bild: Von den drei Zonen, die man am Knochen normalerweise erkennen kann, fehlt zwischen Epi- und Diaphyse die zweite Zone insofern, als sie säulenförmige Anordung der Knochenzellen fehlt. Es hat sich also im ***längsgerichteten*** Knochenwachstum etwas verändert und dessen vorzeitigen Abschluß bewirkt und folglich das Breitenwachstum »zu früh« eingesetzt.

Dies zeigt sich dann an verkürzten verkümmerten Knochengebilden. Besonders am Kopf, wo sich die Nähte zwischen den einzelnen Knochenteilen erst lange nach der Geburt schließen, fand man diese Näh-

Merke:
Verkürzte Knochen = längsgerichtetes Wachstum ist gestört
d.h. schließt vorzeitig ab
das Breitenwachstum setzt zu früh ein, verläuft aber normal
d.h. Knochen sind zu kurz und im Verhältnis zu dick

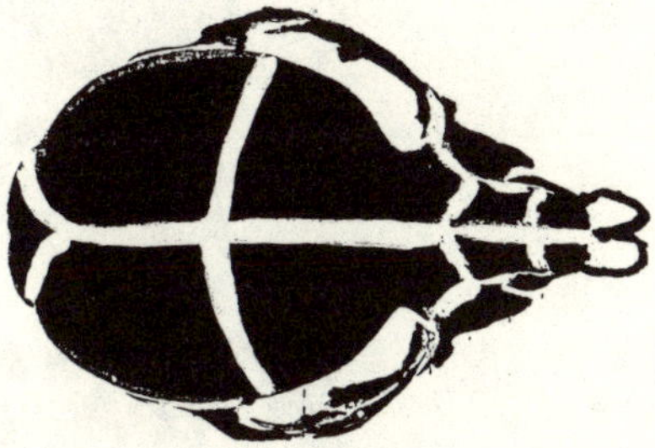

te oft nicht mehr, d. h. einzelne Kopfknochen waren zu einem sehr frühen Zeitpunkt bereits fest miteinander verbunden.

Untersuchungen an *Hypophyse* und *Schilddrüse* der Tiere brachten widersprüchliche Ergebnisse, bis man herausfand, daß ihre Über- oder Unterfunktion sich zu unterschiedlichen Zeitpunkten ganz anders zeigt.

Funktioniert die *Hypophyse* in der ersten Zeit des fötalen Lebens unvollkommen, sind die Folge Störungen im Knochenwachstum und Knochenbildung. Bei Untersuchungen der *Schilddrüse* zeigten mißgebildete sehr junge Föten ganz normale Werte, allerdings scheint dann ein Stadium der Hyperfunktion zu folgen, die dann in Unterfunktion übergeht. *Veränderungen der Schilddrüse werden daher als sekundäre Folge der Unterfunktion der Hypophyse betrachtet.*

Kreuzungsversuche mit »Riesen-Hunden«

Stockard führte außerdem auch Kreuzungsversuche mit sehr großen Hunden durch, um festzustellen, ob und wieweit das Riesenwachstum am ganzen Organismus oder auch nur an einzelnen Körperabschnitten auftreten kann.

Er stellte fest, daß es wohlproportionierte Riesen ohne große Besonderheiten gibt, z. B. Irish Wolfhound, Dogge; er stellte beim Bloodhound einen Riesenwuchs der Haut in Verbindung mit Änderungen auch des Knochenbaus fest.

Die Ursachen des ***unproportionierten Riesenwuchses (Akromegalie)*** liegen in der *Hypophyse,* ebenso zeigt sich, daß sich die Nebenschilddrüsen verändert haben. *Bernhardiner* und *Mastiff* bezeichnet er als glänzende Beispiele für die *Gleichzeitigkeit von Riesenwuchs und Akromegalie.*

Wenn man bedenkt, daß Stockards Untersuchungen bereits mehr als sechzig Jahre zurückliegen, verwundert es, wie wenig Konsequenzen die Hundezucht gerade der Riesenrassen daraus gezogen hat. Denn hierbei bildeten sich Formen heraus, die ***absolut unerwünschbare Eigenschaften*** zeigten. Daher soll hier kurz das Ergebnis einiger dieser Kreuzungsversuche wiedergegeben werden.

Die Ausgangstiere waren:

Dogge x Bernhardiner

(einfacher Riese x akromegaler Riese)

Die Entwicklung der Bastarde verlief wie folgt:

Bis 3 Monate:

Kopf und Körperform wie gleichaltrige Doggen.

zwischen 3. u. 5. Monat:

Starke Veränderungen: Stirnregion wird wie die des Bernhardiner, es zeigt sich ein außerordentliches Wachstum der Haut, das Gehirn scheint durch Flüssigkeit ausgedehnt.

Nach dem 3. Monat:

Regelmäßig das Auftreten eigenartiger Lähmung der Hinterbeine. Vorher waren die Jungen völlig normal und lebhaft, »bis plötzlich einer oder zwei einer Gruppe seinen Körper nicht mehr auf den Hinterbeinen aufrecht zu halten vermag, unmöglich gehen oder stehen kann. Bald nach den ersten Fällen werden *alle* Jungen eines Wurfes befallen. Nach einiger Zeit lernt das Tier den teilweisen Lähmungszustand auszugleichen, indem es in mehr oder weniger seehundähnlicher Weise sich fortbewegt, d. h. nur mit der Vorderhand und das Hinterteil nachschleppt. In zwei Fällen lernten die Hunde sogar, regelrecht auf den Vorderbeinen zu gehen. Die Hunde trieben dies mehrere Tage, dann konnten sie ihre Hinterbeine wieder gebrauchen.

Kreuzung zwischen dem riesigen Bernhardiner mit schwerer Akromegalie und der großen Dänischen Dogge.

Während der ersten Tage schien mit Bewegung oder Berührung starker Schmerz verbunden gewesen zu sein, was dann vergeht und das Tier lernt, hinkend zu laufen.

Aber: die betroffenen Muskelgruppen gewinnen niemals ihre Funktionen wieder, und eingefallene atrophische Gebiete des Oberschenkels können stark ausgeprägt sein ...

Von dieser, in den Würfen der Bernhardiner-Doggen Bastarde planmäßig auftretenden, plötzlichen Lähmung kann man jedoch mit Bestimmtheit sagen, daß sie nervösen Ursprungs ist und die Disposition zu solchen Lähmungen ***erblich*** ist, sei es, daß die Krankheit in den Nervenstämmen oder im Rückenmark entsteht.

Die Bastarde zeigen alle stark eingefallene Oberschenkel. Das Vorderviertel, der Hals oder Kopf sind besonders stark und massig entwickelt.

Schließlich können wir zusammenfassend erklären, daß die Vereinigung einer einfachen Riesenhundform und eines Riesen mit Anzeichen von Akromegalie, in den Nachkommen eine eigentümliche Disposition erzeugt, die die Ursache für eine bestimmte Lähmung und einen Verlust bestimmter Muskelgruppen der hinteren Extremität bildet. Diese Lähmung steht auf dem Boden fest vererbter Bedingungen. Die ***Lähmung*** der Hunde ***entsteht pünktlich und plötzlich*** und zu Beginn der Lähmung sind die Muskeln groß und stark.«

Aus all diesen Erkenntnissen ergeben sich, wie wir später sehen werden, wesentliche Gesichtspunkte auch für die Beurteilung unserer Hunderassen. Zeigen diese

Rückkreuzung zwischen dem Bernhardiner-Dänen-Bastard mit den schwachen Hinterbeinen und der Bernhardinerin ergibt wieder Lähmung und Degeneration des Hinterteils.

Gegensätzliche Grundformen der Wuchsformen:

Whippet = *Langwuchstyp* *oder linearer,* *leptosomer Typ*	*Bulddogge =* *Kurzwuchstyp* *oder lateraler,* *eurysomer Typ*

Linearer Typ   Lateraler Typ

Kreuzungsversuche zwischen extremen Hunderassen, *daß, obwohl die Hauptabschnitte des Skeletts unabhängig voneinander variieren, sich dabei doch ganz bestimmte übergeordnete Gesetzmäßigkeiten erkennen lassen, die, bei richtiger Beurteilung äußerer Merkmale, zu* ***vorhersehbaren*** Folgen führen.

Kreuzungsversuche zwischen Französischer Bulldogge und Whippet

Dies bestätigten auch die zahllosen Kreuzungsversuche, die in Deutschland *Professor Dr. Berthold Klatt* zwischen *Französischer Bulldogge* einerseits und *Whippet* andererseits durchgeführt hat.

Aber nicht nur das: Professor Klatt arbeitete in vielen Jahren wissenschaftlicher Arbeit klar heraus, was letztlich die *Hauptmerkmale der beiden Grundformen:* des ausgeprägt *linearen* Typs und des ausgeprägt *lateralen* Typs sind.

Klatt nennt sie den ***leptosomen*** und ***eurysomen Typ*** und prägt endlich den so wichtigen Begriff

»Wuchsform«

weil er feststellt, daß beide Typen in mehr oder weniger extremer Ausprägung, nicht in erster Linie durch ihre Körpergröße, sondern *in seiner ganz bestimmten Gestaltung* zum Ausdruck kommen.

Leider sind auch die zahlreichen Arbeiten Klatts nur noch in den Archiven zu finden. Dennoch sind ihre Ergebnisse so wichtig, daß einige davon hier wiedergegeben werden sollen.

Als Ausgangshunde dienten besonders *erstklassige Rassehunde,* ein *Whippetmännchen* und ein *Französisches Bulldogweibchen.*

Der Whippetvater, ein typischer Vertreter des Langwuchstyps, zeigte keinerlei Anomalien des Körperbaus und hatte bereits gesunde Whippetnachkommen.

Das Bulldogweibchen, ein extremer Vertreter des Kurzwuchstyps, zeigte nicht nur den typischen jedem bekannten *Bulldogschädel,* den für die *kurzwüchsigen, chondrodystrophischen Rassen typischen Körperbau,* sondern noch eine Reihe nicht sofort sichtbarer Anomalien.

Im übrigen gelten für beide Hundetypen die Merkmale, die wir weiter vorn bereits in einer Tabelle zusammengefaßt haben.

Vom Windhundschädel ausgehend, der am wenigsten vom primitiven Ausgangstypus, d. h. der Normalform Wolf, abweicht,

Gegensätze: Langgestreckte und gestauchte Schädelform

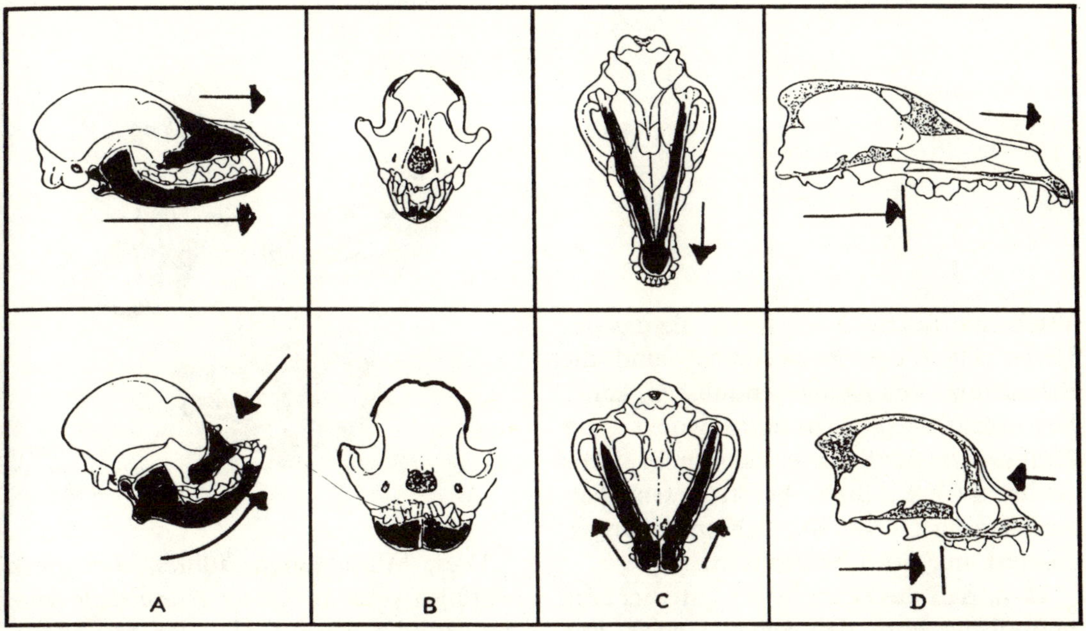

Profilansicht ***Frontalansicht*** ***Unteransicht*** ***Schädelbasis (geringste Verkürzung)***

können die Veränderungen des *Bulldoggenschädels,* der die *stärkste Abwandlung des Canidenschädels überhaupt* darstellt, deutlich gezeigt werden.

Wie aus den Zeichnungen ersichtlich zeigt die Bulldogge die bereits früher erklärten ***»Stauchungserscheinungen«,*** die sich, sowohl in den Vergleichen der ***Profilansicht*** (A), der ***Frontalansicht*** (B), vor allem aber auch der ***Unteransicht*** (C) der Schädel deutlich vergleichen lassen.

Es zeigt sich, daß der Gesamtumriß des Schädels sich aus einer schlanken, gerundeten Birnenform in eine kurze, gedrungene, zum Teil gradlinig eckige »verschoben« hat.

Vielfach kann man lesen, daß diese verkürzte Schädelform ein Zeichen von Kretinismus sei und eine Verkürzung der Schädelbasis vorliegt. Seltsamerweise ist es aber gerade diese (D), die die geringste Verkürzung überhaupt zeigt.

Die Veränderungen des Bulldogschädels werden daher durch Veränderung des ***Gesichtsschädels*** hervorgerufen. Die Knochen des vordersten Schädelendes, Nasenbein und Zwischenkiefer, wirken verkümmert, daher »wirkt« der Bulldogschädel, dank seines kurzgebliebenden, breiten ***Oberkiefers eingedrückt*** und ***aufgestülpt,*** da sich ja der nicht verkürzte Unterkiefer, indem er sich nach oben biegt, dem Oberkiefer angepaßt hat.

Für die Auswölbungen des Bulldogschädels, bzw. die Langform des Windhundschädels, sind vermutlich die beim Bulldog sehr früh verstrichenen *Schädelnähte* verantwortlich. Im Normalfall endet das

Bulldog x Whippet

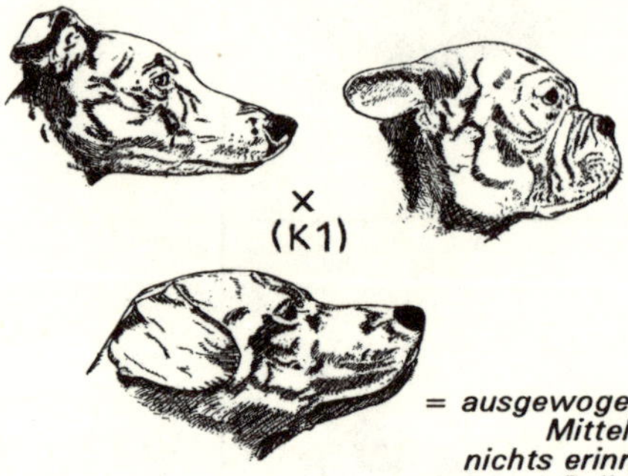

= ausgewogener Mitteltyp nichts erinnert an Bulldog!

Wachstum des Schädels später als das des Hirns. Da dieses noch wächst und die Schädelknochen nachgeben müssen, kann, bei vorzeitigem Zusammenwuchs der *Längsnähte,* der Schädel nicht mehr in die Breite wachsen, bzw. bei früherem Verwachsen der *Quernähte,* nicht mehr länger, sondern nur noch breiter werden.

D. h. daß das noch in der Entwicklung befindliche Hirn den Schädel eben dort ausdehnt, wo dieser es noch ermöglicht. Etwas später werden wir nochmals auf dieses Thema zurückkommen, da sich so auch die Schädelformen der Zwergrassen erklären lassen.

Offenbar bleiben beim Windhund die Nähte länger offen als bei Bulldoggen, besonders im Gesichtsschädel, wo die meisten bei Bulldoggen früh verstreichen, was letztlich eine Frage des veränderten Knochenwachstums insgesamt ist.

Die *französische Bulldogge* zeigt aber, neben der typischen Knochenbildung und Schädelform, noch ein *Steigerung des Bulldogtyps* insofern, als sich bei ihr *auch noch an der **Wirbelsäule** bestimmte **Mißbildungen*** feststellen lassen. Besonders die Verbildung der Schwanzwirbelsäule, die die mehrfache Knickung und Verkürzung des Schwanzes bedingt, ist bekannt; einzelne Wirbel sind schief miteinander verwachsen.

Diese Mißbildungen führen aber merkwürdigerweise zu *keiner Beeinträchtigung* des Hundes, ebenso wie auch Mißbildungen an anderen Teilen der Wirbelsäule und des Skeletts erst »zufällig«, nach dem Tod völlig gesund wirkender Hunde, entdeckt wurden, die sogar ohne Schwierigkeiten Junge geworfen und großgezogen hatten. Bemerkenswert ist allerdings, daß diese Deformitäten überwiegend am Kopf, den Halswirbeln und im hinteren Teil der Wirbelsäule, also in Becken- und Schwanzgegend auftraten.

Ebenso wie Stockard kreuzte also auch Klatt ganz gegensätzliche Typen und kam, was den Vererbungsmechanismus anbelangt, zu sehr ähnlichen Ergebnissen, von denen wir bereits einige erwähnt haben.

Die ***Bastarde*** (K1) aus ***Bulldog*** und ***Whippet*** waren in ihrer *äußeren Erscheinung von **ansprechendem Mitteltyp,*** bei dem niemand die Bulldog-Einkreuzung vermutet hätte, sich also der ***Windhundtyp vorherrschend*** durchgesetzt hatte.

Rückkreuzung Whippet

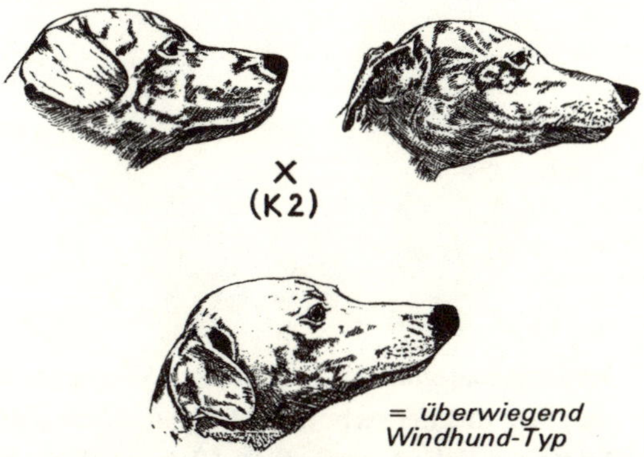

Rückkreuzung mit Bulldogge

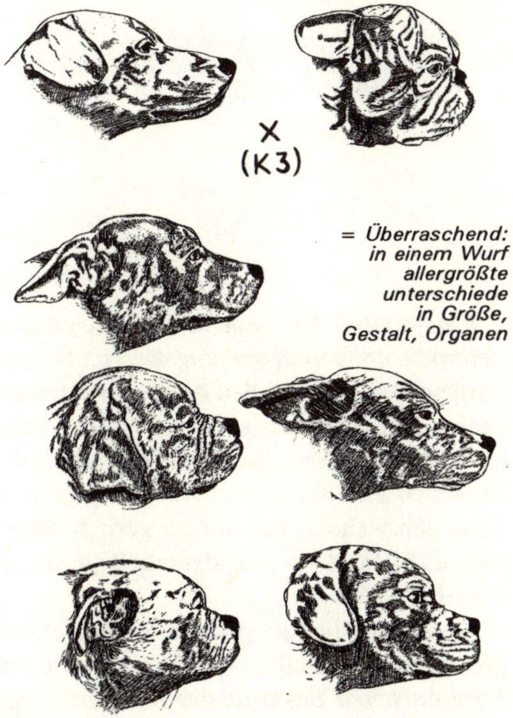

Die ***Rückkreuzung*** mit ***Whippet-Weibchen*** (K2) brachte entsprechend den Windhundtyp stärker zum Vorschein. Völlig anders sah es allerdings bei der ***Rückkreuzung*** mit der ***Bulldogseite*** (K3) aus: Die Tiere zeigten allergrößte Unterschiede in der Größe (bis zu einem mittleren Hofhund!) und sehr disharmonische Gestalten.

Überrascht stellte Klatt bei seinen Bastarden fest, daß diese, wenn man sie genauer untersuchte, in ihrer inneren Zusammensetzung, was Organe, Knochen und Bemuskelung betraf, *keinesfalls dem Typ entsprachen, für den man sie zunächst überwiegend halten würde.* So zeigten die mehr whippet-ähnlichen Hunde das größere Bulldoghirn, die schwerere Kaumuskulatur, die aber dann merkwürdigerweise dem mehr bulldogähnlichen Tier fehlte.

Auch die Beobachtung, daß bei reinrassigen Bulldoggen Tiere mit stark verkürztem Kopf gleichzeitig besonders schwere, massige Knochen haben, wiederholte sich bei den Bastarden nicht. Woraus ersichtlich ist, daß auch die Merkmale der Kopf-Verkürzung und Knochenveränderung nicht unbedingt gemeinsam vererbt werden.

Besondere Aufmerksamkeit verwendete man naturgemäß auf die Beschaffenheit der Hormonalorgane, weil man hoffte, daß die äußere Gestalt des Bastards mit einer bestimmten inneren Konstellation harmonieren würde, was sich aber bei den Bastardhunden keinesfalls so erwies.

Lediglich das Verhalten der *Hypophyse* zeigte, daß beim Kurzwuchstyp der Vorderlappen stärker ausgebildet ist als beim Langwuchstyp. Bei gleicher Größe der Hunde ist diese beim Bulldog doppelt so groß wie bei den Windhunden. Daß aber bei diesen Werten vermutlich zu unterschiedlichen Meßzeitpunkten innerhalb der Entwicklung veränderte Werte entstehen können, haben wir bereits früher ausgeführt.

Ein gravierender Gesichtspunkt zeigte sich dennoch an den Kreuzungstieren: So gut ausgewogen auch bei den Ausgangstieren die innere Regelung war, so grundsätzlich zeigte sich diese in den *Bastarden zerstört.* Woraus sich eine deutliche Warnung an jene Adressen wendet, die nur zu gern behaupten, daß Bastarde grundsätzlich gesünder seien!

Hier erbrachte die genaue Untersuchung gerade die gegenteilige Feststellung: Die ***disharmonischen Bastarde*** erwiesen sich vielfach als ***weniger lebenstüchtig,*** *starben früh und ohne besonderen Grund,* ***zeigten viele Anomalien.*** Besonders interessant war, daß sich in der Hypophyse vermehrt Gewebsbildungen fanden, die man sonst nur bei sehr alten Tieren gelegentlich findet.

Insgesamt stellte Klatt heraus, daß »es nahe liegt, anzunehmen, daß bei Typen wie Bulldogge und Windhund, die auch in ihrer ganzen Physiologie sicherlich recht verschieden sind, für jeden von beiden eine ganz ***bestimmte Komposition der Organe die günstigste ist,*** um den Lebensbetrieb leistungsfähig zu gestalten, so daß die in den Organverschiedenheiten sich ausdrückende Gegensätzlichkeit nicht als ***Ursache*** dieser beiden Typen, sondern als ***Folge*** einer verschiedenen funktionellen Inanspruchnahme durch sie gedeutet werden kann.

Die reinen Rassen sind ja ursprünglich erzüchtet aus gleichfalls mehr oder minder unausgeglichenem Ausgangsmaterial. Im Laufe dieses Vorganges hat sich, dem Züchter verborgen bleibend, das in jedem der beiden Fälle ***bestmögliche Gleichgewicht*** auch ***der Organgrößen*** hergestellt ... Daß gerade die kurzwüchsige Bulldograsse verschiedene, erblich bedingte Entwicklungsstörungen zeigt, läßt sich daraus erklären, daß, wie sich aus den Kreuzungsversuchen ergab, der Gesamthabitus wie auch viele ihrer Einzelmerkmale durch *rezessive Erbfaktoren* bedingt sind, die sich daher nur durch weitgehende Inzucht erhalten lassen.«

Anmerkungen zu den Klein- und Zwergrassen

Bevor wir die von Klatt untersuchten Merkmale der Wuchsformen näher beschreiben, muß noch auf einige Besonderheiten der ***Zwerghundrassen*** eingegangen werden.

Auch bei diesen kann man eine Gruppe mit gut ***proportioniertem*** und eine mit ***unproportioniertem Körperbau*** unterscheiden; ebenso findet man einige mit ***stark verkürztem*** Kopf; außerdem gibt es eine Gruppe ***kurzläufiger*** Arbeitshunde.

In früheren Zeiten faßte man viele von ihnen unter dem schönen Begriff *»Vornehme Zimmerhunde«* zusammen, womit die typischen Schoßhundformen gemeint waren.

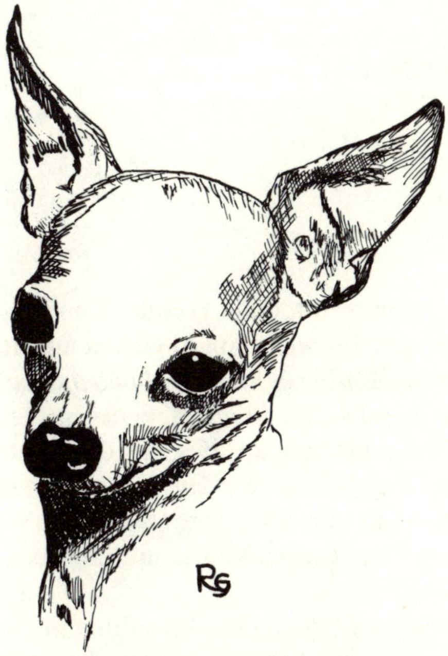

Verfolgt man die Spuren ihrer Rasseentwicklung, so sieht man, daß viele dieser ***Zwergformen zu den ältesten Hunderassen*** gehören, und man findet sie in *allen frühen* ***Kulturkreisen.*** Sucht man nach den Ursprüngen dieser Rassen, stößt man auf ein ganz ***besonderes Phänomen der Hundezucht:*** Neben praktischen, profanen Verwendungszwecken haben auch ***religiöse Gesichtspunkte*** *eine bedeutende Rolle gespielt.*

Die Geschichte gerade der frühen Kleinhundrassen ist voll von Sagen und Mythen. Vom Chihuahua, um nur diesen einen als Beispiel zu nehmen, wird berichtet, er sei der *heilige Hund* der Tolteken gewesen, die ihn als *Opfertier* hielten und bei religiösen Festen opferten. (Er wurde aber auch, sei schamhaft vermerkt, schlicht und einfach gemästet und — aufgegessen.)

Später findet sich seine Spur bei den *Azteken.* Auch diese hielten den Hund, aus religiösen Gründen, mit großer Sorgfalt, um ihn dann, beim Tode seines Herrn, zu opfern. Sie glaubten, daß diese kleinen Hunde, mit ihren großen leuchtenden Augen, *die Seele ihres Herrn sicher über die neun Todesflüsse der Unterwelt ins Paradies geleiten würden,* das allerdings nur dann, wenn dieser den Hund lebenslang sorgfältig und liebevoll gehalten habe.

Gerade ihre oft *bizarren Gestalten* (ursprünglich das Ergebnis einer Mutation) waren es, die die *Phantasie* der Menschen anregten, die darin verborgene, geheimnisvolle Kräfte und Mächte vermuteten. Daher hielten sie die Hunde mit großer Sorgfalt. Auch züchterisch bemühten sie sich, die besonderen Merkmale der Hunde noch ausgeprägter, betonter in Erscheinung treten zu lassen, *um über die Gestalt auch den religiösen Wert der Hunde zu steigern.*

Dabei war es, neben ihrer zarten, zierlichen, oft winzigen Gestalt, gerade die ***Kopfform,*** die den Hunden jeweils ihr *besonderes Gepräge* gab. Die großen Köpfe der Zwergrassen, mehr oder weniger stark verkürzt, mit den übergroßen Augen, sind auch heute noch sowohl Gegenstand großen Entzückens ihrer Liebhaber, als auch ein vieldiskutierter Streitpunkt:

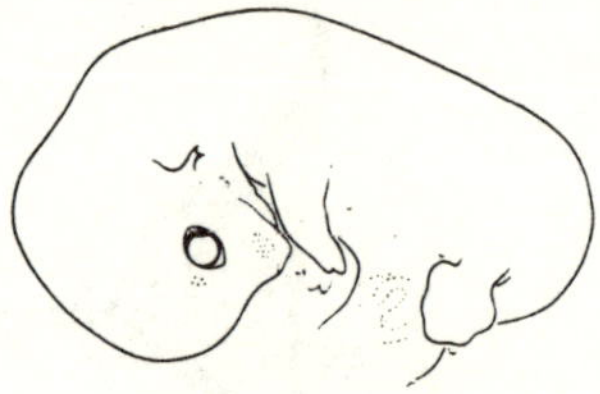

Embryo, 25 Tage

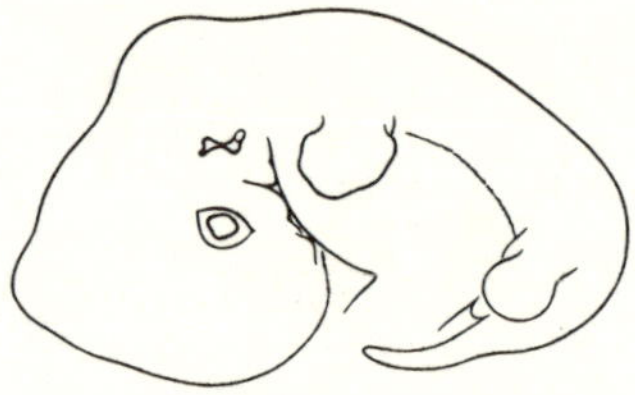

Embryo, 30 Tage

Man meint, diese Hunde seien insgesamt in ihrer Entwicklung in vielem auf der *Stufe des Embryos stehengebliebene, verzüchtete und mißgebildete Kreaturen.* Insbesondere erklärte man dies mit der Gestaltung der Kopfform, von der man sagte, sie zeige deutlich die gleichen Merkmale wie der Kopf des Embryo eines mittelgroßen Hundes.

Obwohl in den letzten Jahren nachgewiesen werden konnte, daß die beiden Kopfformen zwar für den flüchtigen Betrachter ***Ähnlichkeiten*** zeigen, ***jedoch keinesfalls vergleichbar*** sind, wird hartnäckig weiterhin die alte Betrachtungsweise beibehalten.

Aber gerade an diesen Kleinstformen lassen sich bestimmte ***Grundregeln,*** die *bestimmend* für die ***Gestalt des Hundes*** sind, recht gut erkennen.

Wie auch bei allen anderen Hundegestalten, liegt die Entstehung für die Ausbildung ihrer besonderen Körperform an bereits im Embryonalstadium eingeleiteten Entwicklungen. Gerade an den Zwergformen läßt es sich besonders deutlich erklären, daß, bei den unterschiedlichen Größenordnungen des Hundes,

keinesfalls alle
Körperteile und Organe
im gleichen Maßstab
vergrößert oder verkleinert werden.

Wie wir wissen, laufen bestimmte Wachstumsschübe in verschiedenen Zeiten sowohl im Embryo wie auch beim wachsenden Tier ab. Die ***Zellteilung*** verläuft ***nicht gleichförmig*** weiter, sondern es entwickeln sich an bestimmten ***Zentren verschiedene Zellformen*** aus denen Nervensystem, Organe, Haut, Muskel und Knochen entstehen und sich so der Körper aufbaut. Die dazu nötigen Informationen sind in dem Chromosomensatz enthalten.

Zeitdauer und -folge der Abläufe einzelner Vorgänge bestimmen die Form; jedes neu gebildete Organ produziert seinerseits wieder Stoffe, die als Auslöser für weitere Entwicklungsschübe dienen. Besonders das Gehirn, das ja, aus ganz erklärlicher Notwendigkeit, zu den frühest angelegten Organen gehört, wird keinesfalls mit dem Körper proporional kleiner oder größer.

Hunde zeigen, wie kein anderes Säugetier, extreme Größenunterschiede. Neben solchen, die nur ein Gewicht von 1,5 kg haben, stehen andere mit 75 kg und darüber.

Ihre Körpergrößen
1,5 kg und 75 kg
verhalten sich wie 1 : 50
Ihre Hirngewichte dagegen:
50 g und 150 g
verhalten sich wie 1 : 3

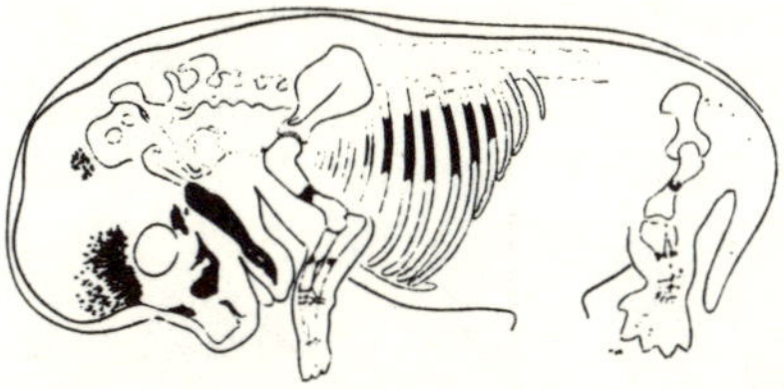

Embryo, 33 Tage mit Ossifikationszentren

Embryo, 60 Tage Zeitpunkt der Geburt

Die Tatsache, daß für die ***Lebensfähigkeit*** eines Organismus bestimmte ***Grundvoraussetzungen*** gegeben sein müssen, und daher die Veränderungen der Körpergrößen nie für den gesamten Organismus proportional gleich sind, ist seit sehr langer Zeit erforscht.

Bei allen Säugetierarten bildet sich das *Zentralnervensystem* eindeutig *sehr früh* und *sehr kräftig* aus, bevor die Entwicklung des übrigen Organismus einsetzen kann und daher ist das Gehirn von Anfang an besonders groß.

Das bedeutet, daß sich auch die Schädelknochen dem ***Gehirn*** anpassen, wenn sie es umschließen, und daß sie darüberhinaus auch das spätere, weitere Wachstum des Hirns mitmachen müssen. Bei menschlichen Säuglingen wissen wir, daß die »Fontanellen« am Kopf nach der Geburt noch deutlich zu spüren sind, also die Kopfknochen sich noch nicht zusammengefügt haben.

Bei den ***mopsköpfigen Hunden,*** bei deren Knochenbildung das Längenwachstum frühzeitig endet und das Breitenwachstum ***scheinbar*** sehr groß ist, richtet sich der Schädel, so gut es geht, auf das ja noch immer wachsende Hirn ein.

Zwerghunde, deren gesamtes Wachstum insgesamt auf äußerster »Sparflamme« verläuft, *unterschreiten die erreichbare Normalgröße des Körpers insgesamt* auf diese Weise *erheblich* und zeigen dann eine ganz *normale Proportionierung* des nur sehr kleinen Körpers, bei dem dann nur der Kopf unverhältnismäßig groß wirkt.

Dennoch, ihr ***kugelförmiger Kopf,*** der auch als Apfelkopf oder als blasig aufgetrieben bezeichnet wird, mit den großen, scheinbar hervorquellenden Augen, ist nicht, wie behauptet wird, ein zurückgebliebender Embryo- oder gar ein Wasserkopf. ***Vielmehr zeigt dies sehr deutlich, daß das Hirn eines lebensfähigen Tieres eine bestimmte Minimalgröße nicht unterschreitet und sich nicht proportional mit den übrigen Körpermaßen verkleinert.***

Ähnliche Verhältnisse zeigt auch die ***Entwicklung der Augen:*** *Ihre Größe verändert sich, wie man nachweisen konnte, immer in exakter Abhängigkeit von der Hirngröße!* Daher haben kleine Hunde neben dem kugelförmigen Kopf, auch die *scheinbar* großen, hervorquellenden Augen.

Gerade an der *Schädelentwicklung des Kleinhundes* kann man die *Ursache* vieler Formunterschiede besonders gut erkennen. Es zeigt sich, daß die später doch so harten Kopfknochen sich zunächst ausgesprochen sowohl um das Gehirn als auch um den Augapfel herum ausdehnen, also der *Schä-*

Die Schädelentwicklung bei langköpfigen Rassen (zunächst ausgeprägter Stop, dann unterschiedliches Wachstum von Hirn- und Gesichtsschädel, der beträchtlich in die Länge wächst)

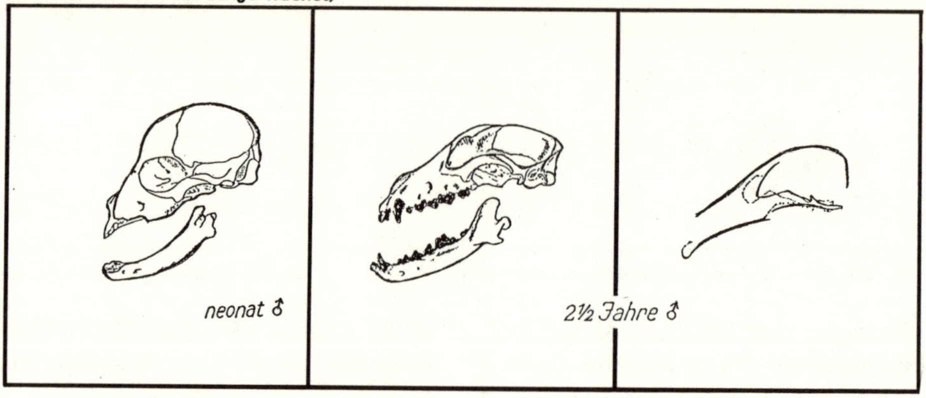

del tatsächlich geprägt wird von so elastischen Organen wie Gehirn und Augapfel es sind. Bei einigen Hunden sieht man besonders deutlich, daß die Augenhöhlen sogar nach außen abgewinkelt sind.

Auch erklärt sich hieraus die hohe ***Aufwölbung des Hirnschädels:*** Da die knöcherne Schädelbasis der Zwergrassen, entsprechend ihrer geringen Körpergröße sehr kurz ist, ***dehnt sich das Gehirn,*** und damit auch seine Knochenschale, ***nach oben aus.*** Bei einigen *Chihuahuas* zeigt sich dann hier sogar, daß die Schädelknochen offensichtlich nicht ausreichen, sie haben eine mehr oder weniger große Fontanelle, die früher zu den wichtigen Rassekennzeichen zählte!

Aber auch das *unterschiedliche Wachstum von Hirn- und Gesichtsschädel* kann in diesem Zusammenhang sehr gut verdeutlicht werden. Auch bei langköpfigen Hunden findet man bei den Welpen zunächst einen ausgeprägten Stop, d. h. der Hirnschädel setzt sich deutlich von der Schnauzenregion ab.

Die Ausformung des *Gesichtsteils* wird aber auch durch die *Kopfmuskulatur* bestimmt. Je kräftiger diese angelegt und benutzt wird, umso kräftiger entwickeln sich auch die Knochen. Ist im Knochenwachstum das Längenwachstum behindert, ergibt sich so der breite, kurze Fang.

Hat der Kleinhund natürlicherweise auch eine geringere Muskelentwicklung am Kopf, entwickelt sich auch sein Schnauzenbereich, auch wenn dieser keine Verkürzungserscheinungen zeigt, zierlich und paßt sich den Körpermaßen an.

Daß *Zwergrassen keinesfalls »geschlechtsreif gewordene Embryos«* sind, läßt sich auch daran erkennen, daß *ihr Schädel vor der Geburt **alle Stadien der Kopfentwicklung*** zeigt und nicht etwa unterwegs stehen geblieben ist oder einzelne Phasen übersprungen hat.

Vergleiche zwischen dem Embryoschädel eines normalen, mittelgroßen Welpen und einem Kleinhund zeigen, daß die Dimension Hirnkapsel-Augenhöhlen zwar ***ähnlich, nicht aber gleich*** ist. Form und Ausgestaltung der Jochbögen und Schnauzenpartie sind völlig verschieden. Auch die »Kulissenstellung« der Zähne ist nicht eine

Die Schädelentwicklung bei kurzköpfigen Rassen (Aufwölbung des Hirnschädels, Aufkrümmung des Unterkiefers um den im Wachstum zurückgebliebenen Oberkiefer, Auswölbungen für die Augenhöhlen)

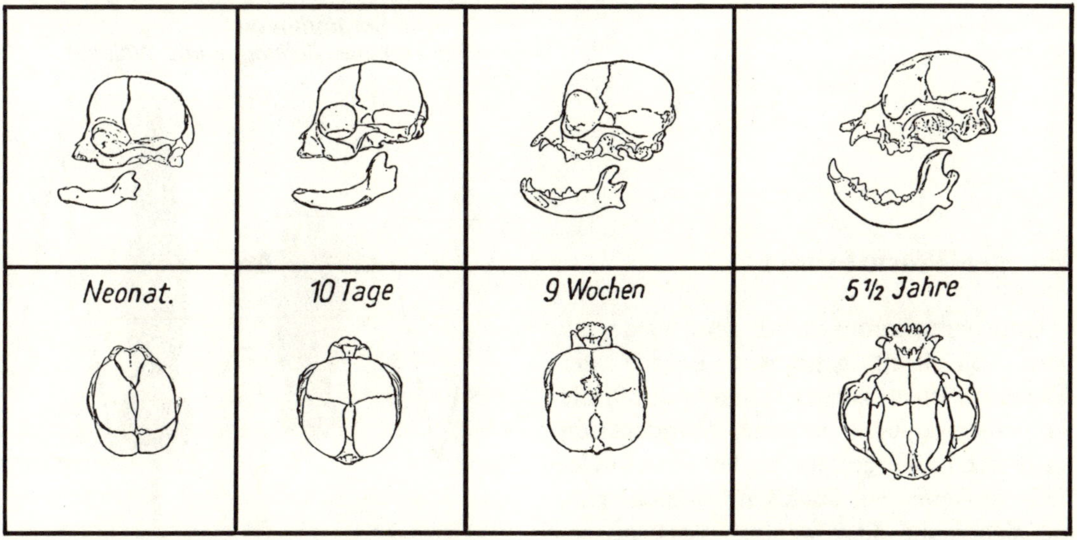

später sich ergebende Verschiebung, sondern bereits sehr früh in dieser Form angelegt.

Bei den Zwergrassen zeigt sich, daß man auch bei ihnen die beiden grundlegenden Wuchsformen wiedererkennen kann. Wieder zeigt sich, daß ***»Vermopsung«*** (der verkürzte Kopf) und ***Verzwergung zweierlei*** sind und sowohl gemeinsam, wie auch unabhängig voneinander, auftreten können.

Treten sie gemeinsam auf, ist allerdings die relative Hirngröße besonders groß, da dabei der ohnehin schon zwergenhafte Körper noch zusätzliche Verkürzungen und Deformierung aufweist.

Bei normalgebauten Wuchsformen wie Malteser, Zwergpudel, Zwergpinscher, hat man daher weniger den Eindruck der »Fetalisation« als bei anderen, extrem gestalteten Zwergen. Dietrich Starck, der diese Zusammenhänge wissenschaftlich erforschte, schreibt dazu: »Ich habe selbst unter rund Hundert kurzköpfigen Hunden (Pekinesen, Boxer, Möpse, Griffon) niemals Hydrocephalus (Wasserkopf) beobachtet, wohl aber einmal bei einem Mittelpudel.« (Siehe die Abbildungen auf diesen Seiten nach D. Starck.)

Sie sehen, daß es auch hier wieder auf die Unterschiede bei beiden Kopfformen hinausläuft, da sich die Wuchsform unabhängig von der Körpergröße entwickelt.

Aus dieser Sicht versteht man auch besser, was es bedeutet, wenn z. B. beim *Chihuahua* sehr großer Wert darauf gelegt wird, daß seine *Schnauzenpartie* (obwohl sie so winzig ist) *keinesfalls verkürzt* sein darf, weil ja eine *Reduktion dieser Kopfmaße* auch immer von *Verkürzungserscheinungen und Deformierung am übrigen Skelett begleitet wird.*

Körperumriß von
Französ. Bulldogge und Whippet

Von den Wuchsformen

Und damit kommen wir nun wieder zu dem von Klatt geprägten Begriff der *»Wuchsformen«* zurück. Gerade durch die Kreuzungsversuche extremer Hunderassen hatte sich herausgestellt, daß es sowohl Gemeinsamkeiten wie auch Unterschiede gab, die sich mehr oder weniger stark ausgeprägt oder in Abstufungen in den Mischtypen der Rassen erkennen ließen.

Die hier im Bild wiedergegebene Gegenüberstellung der ***Körperumrisse von Französischer Bulldogge und Whippet*** zeigt die beiden Wuchsformtypen im Extremfall. Dazwischen müssen Sie sich den »Normalhund«, den normalproportionierten Riesen, den wohlproportionierten Zwerg und all die disproportionierten Formen davon vorstellen, die einmal mehr, einmal weniger zur einen oder zur anderen Seite hin abweichen.

Wie man leicht an dieser Zeichnung erkennen kann, zeigt der

Langschädeltyp
eine deutliche Betonung des
Hinterendes auf Kosten
des Vorderendes,
der **Kurzschädeltyp**
die Betonung der vorderen
Körperhälfte.

Der Nachweis, ob in dieser *Beobachtung* sich eine *generelle Regel* ablesen läßt, hat tatsächlich auch für die *allgemeine Beurteilung* des Hundes eine Bedeutung. Da ja die Hunde entweder ausgesprochen einem Typ angehören, häufig aber auch Mischformen zu erkennen sind, kann man diese Beobachtungen durchaus praktisch nutzen.

Sehr oft beobachtet man, daß Hunde, trotz hervorragender Vorderhand und »Bombenkopf« leider eine Schwäche der Hinterhand zeigen, oder umgekehrt, daß bei einer sehr gut entwickelten Hinterhand leider der Kopf oder die Vorderhand zu wünschen übrig läßt.

In vielen Jahren der Beobachtung unterschiedlichster Rassen im Ring stellte sich mir immer wieder die Frage, ob sich nicht hinter vielen, immer im Zusammenhang stehenden Feststellungen, die man, unabhängig von einer bestimmten Rassenzugehörigkeit, immer wieder machen kann, letztlich eine Regel verbirgt.

Erst durch die zahlreichen Arbeiten von Professor Klatt wurden mir viele der vermuteten Zusammenhänge nicht nur bestätigt, sondern auch verständlich. Nur über die ***Einordnung in verschiedene Wuchsformen*** läßt sich mit Sicherheit voraussagen, was wir bereits auch in einem früheren Kapitel erwähnt haben, daß sich *gerade mit extremen Vorzügen auch andere typische und weniger erwünschte Eigenschaften als untrennbar verbunden erweisen.*

Denn, obwohl es sich *einerseits* feststellen ließ, daß zahlreiche *genetisch* bedingte *Veränderungen unabhängig* voneinander auftreten können, gilt *andererseits* für die ***Wuchsform,*** daß bei ihr ***immer*** auch jeweils ganz bestimmte ***Merkmale*** und Veränderungen ***gemeinsam*** zu beobachten sind.

Tatsächlich wiederholen sich gewisse Regeln, die in Abstufungen die Wuchsformen ergeben, ***völlig unabhängig von der Körpergröße,*** und man findet sie, in den Schattierungen der Mischformen, entsprechend immer wieder.

Klatt untersuchte daher, im Anschluß an die Gegenüberstellung des Langschädeltypus beim Whippet und dem Kurzschädeltypus beim Bulldog, ob sich die für diese festgestellten Verhältnisse auch bei anderen Rassen wiederfinden lassen.

Hierzu wurden nun noch Hunde anderer Größenordnung und Gestalt, nämlich *Greyhound, Boxer* und *Mops* in die Untersuchung einbezogen, deren Ergebnis ich hier, verkürzt, wiedergeben will.

Die Tiere repräsentierten bestimmte Größenordnungen in verschiedenen Gewichtsklassen: Whippets (10.000 g); Greyhound und Französische Bulldogge (14.000 und 15.000 g); Möpse (3.376 g); Mops und Windspiel (rd. 4.000 g) und zuletzt noch Greyhound und Boxer (Größenordnung 21.000 g — 22.000 g).

Die Größenordnungen liegen also zwischen 4 und 22 g Körpergewicht, das sind sehr viel größere Unterschiede als beim Menschen, z. B. zwischen Pygmäen und den größten Menschenrassen.

Bezüglich der Wuchsformen gehören ***Boxer*** und ***Mops*** zwar dem Kurzschädeltyp an, doch ***nicht dem extremen Bulldoggentyp,*** da sie erheblich geringere Verkürzungserscheinungen als die Bulldoggen zeigen. Dies war insofern interessant, weil sich daran klären konnte, wieweit auch sie die typischen Merkmale der Kurzschädeltypen aufweisen würden.

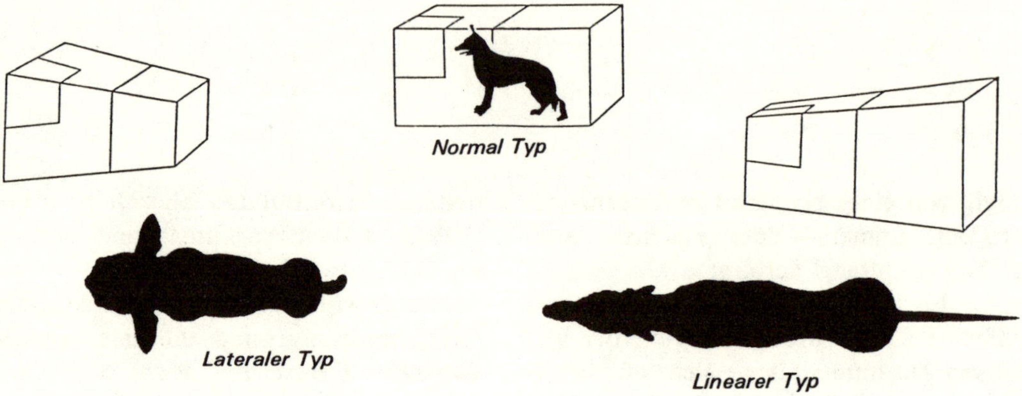

Die typische Verteilung der Gesamtkörpermasse

Die typische Verteilung beim Kurzschädeltyp

Unterentwicklung der hinteren Körperhälfte, Überentwicklung der Vorderhälfte, stärkste Überentwicklung des Kopfes.

Klatt ging daran, die einzelnen Körperabschnitte so genau wie möglich zu analysieren. Also Knochenstruktur, Muskelentwicklung, innenliegende Organe und die bei beiden Typen gefundenen Werte zu vergleichen, um so die unterschiedliche Gewichtung genau zu erkennen.

Die wichtigste Frage überhaupt war, ob sich diese, bei Whippet und Bulldog vorgefundenen Werte, auch bei Hunden anderer Form und Größe als etwas ***Grundsätzliches*** wiederfinden lassen.

Einige der dabei ermittelten Werte, wie sich die Körpermasse bei gegensätzlichen Typen auf die einzelnen Körperabschnitte verteilt, sollen hier angegeben werden:

Die typische Verteilung beim Langschädeltyp:

die genau umgekehrte Entwicklung: Unterentwicklung der vorderen Körperhälfte, stärkste Entwicklung des hinteren Körperendes

Verteilung der Gesamtkörpermasse bei extremen Wuchsformen

Rasse:	**Vorderhand : Hinterhand**
Windhund	58.5 : 41.5
Bulldog	65.9 : 34.1
	—
Greyhound	54.4 : 45.6
Bulldog	64.3 : 35.7
	—
Greyhound	57.5 : 42.5
Boxer	61.0 : 59.0
	—

Kopfvolumen:
Windhund : Bulldog
7.2 : 13.6

Gesamtanteil Skelett
in % v. Gesamtgewicht
Kurzschädel 33-35 %
Langschädel 40-45 %

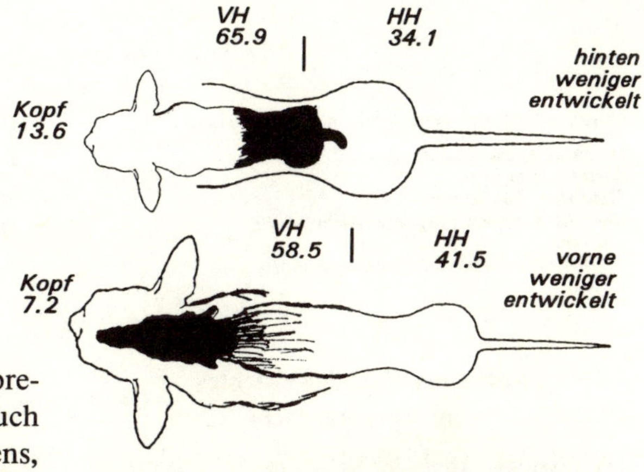

Tatsächlich liegen die Werte entsprechend gleichsinnig, dies zeigt sich auch deutlich beim Vergleich des Kopfvolumens, das ja Teil des ***vorderen*** Körperendes ist.

Den stärksten Kontrast, der diese Verhältnisse bestätigte, fand man am ***Hinterende des Körpers, beim Schwanz.*** Beim Bulldog machte sein Gewicht etwa die Hälfte des größengleichen Windhundes aus! Entsprechend verhielten sich die Maße der anderen Hunde.

In zahlreichen Einzeluntersuchungen ergab sich immer wieder das gleiche, die vermutete Regel bestätigende Bild. Das Gewicht von Skelett und Extremitäten zeigte klare Unterscheidungen zwischen den beiden Typen: Bei den Kurzschädeltypen liegt der Gewichtsanteil des Skeletts (33—35 %) am Gesamtgewicht des Skeletts deutlich unter den für die Windhunde (40—45 %) gefundenen Werten.

Die prozentuale Beteiligung für Vorder- und Hinterextremität an der Gesamtmasse zeigt wieder die höheren Werte der Vorderhand bei der Bulldogge, und entgegengesetzt bei den Windhunden die höheren Werte der Hinterhand.

Hier zeigten sich erstmals beim *Boxer* andere Werte, bei dem die Hinterhand geringfügig mehr gewichtet war als die Vorderhand, sich also, ganz seiner Gestalt entsprechend die ja weniger extreme Bulldog-Verkürzungen zeigt, mehr zum Langschädelverhalten hin bewegte.

Natürlich wird mancher beim Bulldog zunächst ein höheres Skelettgewicht vermuten, da seine Knochensubstanz an sich ja tatsächlich schwerer ist; die trotzdem geringeren Werte erklären sich eindeutig aus der *Verkürzung der Skeletteile.*

Bei allen Kurzschädeltypen ist grundsätzlich eine mehr oder weniger stark ausgeprägte Verkürzung aller Längenmaße: Wirbelsäule, Basilarlänge, Extremitätenknochen festzustellen.

Die gleichen Merkmale zeigt auch die Untersuchung des Schädelgewichtes. Bei der extrem kurzköpfigen Form, dem Bulldog, macht das Schädelgewicht ¼, beim größten Windhund ⅛ des ganzen Skeletts aus. Beim Boxer, einer gemäßigt kurzköpfigen Rasse, liegt der Wert mit 1/6 dazwischen.

Sowohl bei den langköpfigen wie auch bei dem kurzköpfigen Rassen steigt mit sinkender Körpergröße das relative Schädelgewicht. Dies zeigen auch die entsprechend aufsteigenden Werte des Schädelgewichtes.

Zonen stärkster Wachstums-Reduzierung
bei Bulldogge (Kurzschädel)
Wirbelsäule
Oberarm, Unterarm
(gleiche %-Verkürzung wie Wirbelsäule)
aber:
anteilig höheres Schädelgewicht

Zonen stärkster Wachstums-Zunahme
bei Windhund (Langschädel)
Wirbelsäule
Oberarm, Unterarm
(gleiche %-Zunahme wie Wirbelsäule)
aber:
anteilig geringeres Schädelgewicht

Anteil des Schädelgewichtes vom Körpergewicht

Windspiel	18.9 %	vom Körpergewicht
Greyhound	13 %	
Möpse	22.3 %	
Boxer	17 %	

Immer aber zeigen die extremen Kurzschädeltypen höhere bis extreme Werte, da sie ja, bei welcher Körpergröße auch immer, Verkürzungserscheinungen am gesamten Skelett haben.

Entgegengesetzt zum Schädel nimmt das *Gewicht der Extremitätenpaare zusammengenommen, immer mit abnehmender Körpergröße ab.* Bei der Bewertung der Verhältnisse zeigt sich wieder, daß bei beiden Wuchsformen die typische Anteilsgewichtung trotzdem beibehalten wird, sich also nicht in anderen Größenordnungen verändert.

Allerdings gilt unabhängig vom Wuchstyp, daß immer der ***relative Anteil der Vorderhand größer ist, je geringer die Körpergröße ist,*** bzw. umgekehrt, wird mit steigender Körpergröße der prozentuale Anteil des Vorderteils geringer.

Insgesamt zeigt sich, daß bei den Kurzschädeltypen eindeutig eine Übergewichtung der vorderen Körperhälfte, bei den Windhunden die der hinteren Körperhälfte anzutreffen ist.

Auch die jeweiligen ***Verkürzungen*** wurden exakter nachgeprüft. Bei der Bulldogge wurde festgestellt, daß ihre Wirbelsäule um etwa 28.7 % kürzer ist, die Basilarlänge des Schädel um 33.5 % verkürzt.

Bei den Beinlängen betrifft die Verkürzung Oberarm, Unterarm, »Hand und Fuß« etwa im Verhältnis der Verkürzung der Wirbelsäule.

Bei den Langschädeltypen veränderten sich diese Werte gerade im gegensinnigen Verhältnis.

Zusammengefaßt zeigte sich, daß der Bulldog gerade oft dort die stärksten Verkürzungen aufwies, wo beim Langschädeltyp die Zonen stärksten Wachstums festzustellen waren.

Auch in anderen Punkten gab es ***»wuchsformbeständige« Werte,*** die sich dann, mit den ***Schattierungen abgestuft,*** wiederfinden. Das Fellgewicht ist eindeutig bei den kurzköpfigen Rassen höher; d. h. die Langschädeltypen haben die feinere, zarte Haut. Die Knochensubstanz bei den Kurzköpfigen ist schwer, doch haben die langköpfigen Hunde, dank größerer Knochenlängen, letztlich doch das höhere Skelettgewicht.

Auch die Untersuchung der Organe ergab die Übergewichtung des Kurzschädel-

Merke:
wie bei extremen Wuchsformen gilt allgemein:
Je großwüchsiger der Hund
je geringer ist der %-Anteil des vorderen Körperteils

typs bei Kopfskelett und Muskeln, auch für Hirn- und Augengröße, Schilddrüse, Hypophyse.

Betrachten wir nun nochmals unsere beiden Umrißzeichnungen, so sehen wir nun deutlicher,

daß mit der Unterscheidung der beiden Wuchsformen nur nach der Kopfgestalt sich auch die übrige Proportionierung des Körpers entsprechend verhält.

Insgesamt hat die Untersuchung erbracht, daß es zwischen den extremen Wuchsformtypen ***logische Verschiebungen des Proportionsbildes*** ergibt, »sich also die Massenverteilung so verhält, wie die Merkmalsgewichtung es vermuten läßt.«

Diese bei den Wuchsformtypen festgestellte gegensätzliche Verteilung der Gesamtkörpermasse deutet auf ***tiefgreifende Unterschiede innerer Organe,*** die bereits im frühem Keimstadium verantwortlich dazu beigetragen haben, das Wachstumsgefälle des Gesamtkeims zu verändern.

Dafür gibt es bis jetzt keine andere Erklärung als die, daß die bei den ausgewachsenen Tieren festgestellten Unterschiede durch unterschiedlich ausgestaltete Organe hervorgerufen wurden, die sich *so* entwickelt haben, *wie der Körperabschnitt, in dem sie lagen, sich entwickelt hat.*

Im ausreifenden Organismus gibt es daher bei ***Kreuzungstieren*** eine ***erhebliche »innere« Unausgeglichenheit;*** »bei Hunden, die über Generationen hinweg aus starken Gegensätzen sich zu einer gut durchgezüchteten Rasse entwickelten, hat sich auch eine innere Ordnung ausgeglichen hergestellt und sie zu lebenstüchtigen Lebewesen werden lassen.«

Leider konnte hier nur ein verschwindend geringer Teil der verschiedenen Untersuchungsergebnisse wiedergegeben werden. Andererseits wird sich zunächst mancher, der sich für eine bestimmte Rasse bereits entschieden hat, fragen, was ihm das alles nützt, da ja seine Rasse immer bestimmten Standardregeln folgt, die festliegen.

Beobachtung der Wuchsform

Dennoch liegt in dieser Beurteilung nach Wuchsformen eine sehr viel größere Bedeutung für die Hundebeurteilung, als man zunächst annehmen möchte. Faßt man nämlich die Begriffe Langschädel-Leptosom und Breitschädel-Eurysom nicht so eng, sondern betrachtet Hunde unter dem Gesichtspunkt, ob sie eine *mehr schlankere oder gedrungenere Gestalt* zeigen, kann man diese Unterscheidungen auch bei Hunden der *gleichen* Rasse durchaus feststellen.

Sie werden es selbst sehr schnell bemerken, daß dann auch für die mehr schlankeren, wie für die gedrungeneren Exemplare einer Rasse ***sich die Proportionsgewichtungen immer in der gleichen Form,*** wenn auch abgemildert, ***wiederholen,*** wie es bei den Extremformen überdeutlich zu erkennen war.

Wenn wir bereits früher in diesem Buch darauf hingewiesen haben, daß eine ***Formveränderung*** auch ***den Charakter verändert,*** wissen wir nun, daß dies auf einer zugleich völlig veränderten inneren »Konstruktion« der Tiere beruht.

Ebenso zeigen aber auch Hunde der gleichen Rasse, daß trotz der oft nur wenige Zentimeter betragenden Abweichungen, damit ganz erhebliche Unterschiede zwischen den verschiedenen Tieren verbunden sind.

Viel stärker als bisher müßten derartige Verhältnisse bei den einzelnen Rassen untersucht und Teil der Beurteilung werden, da sich ja, neben den körperlichen Variationen, auch Veränderungen des Charakters ergeben.

Denken Sie an die früher erwähnten Gestaltveränderungen des ***Boxers,*** der größer, schlanker und sehniger wurde, aber auch in seinem Charakter sehr viel nervöser. Denken Sie an die großen Unterschiede zwischen den lebhaften bis übernervösen Kleinhunden und den so viel ruhigeren großen, kompakten Rassevertretern.

Die ***Veränderung innerer Organe*** als Grund veränderten Wesens und Wachstums ist oft auch in einer weiteren äußeren Veränderung: der ***Fellfarbe*** zu erkennen. Jeder weiß, daß ein bestimmter Pigmentverlust, wenn nicht zum Tode, so doch zu schweren Anomalien führen *kann;* dies wundert wenig, wenn man erfährt, daß auch zwischen Pigmentbildung und Schilddrüse Zusammenhänge bestehen.

Die ***extrem*** langschädelige oder breitschädelige Form, ihre ***abgemilderte schlankere oder gedrungenere*** Gestalt, kommen ***unabhängig*** von der ***Körpergröße,*** mit immer den ***gleichen, gemeinsamen Merkmalen der Wuchsformproportionierung in allen Rassen vor.***

Deren Grade genauer zu bestimmen, wäre ***weitaus sinnvoller und erheblich aufschlußreicher,*** als, wie es heute weitgehend geschieht, bestimmte Eigenschaften auf diesen oder jenen *Vererber* zurückzuführen, oder als Zeichen dieser oder jener *Linie* zu sehen. Die Ausgangstiere, von denen da die Rede ist, kennen bald nur noch wenige und oft nur vom Bild. Der Vergleich

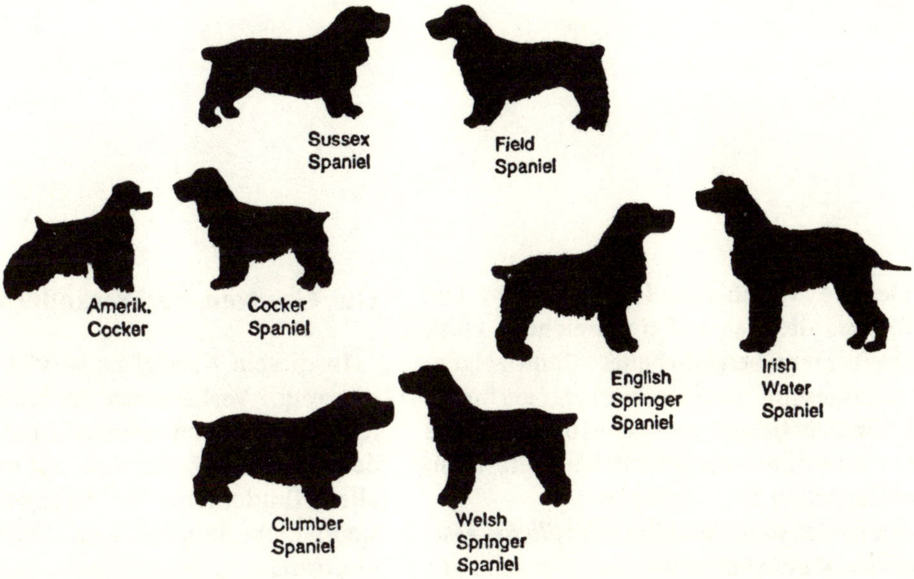

sagt dann wenig aus. ***Hinweise auf die Wuchsform*** hingegen ***vermitteln ein genaueres Bild*** der äußeren, aber auch der inneren Gestaltveränderung.

Viel besser, als dies bisher geschieht, lassen sich dann nämlich auch die *Folgen,* zu denen ein bestimmter Typ sich bei vermehrter Zuchtverwendung unausweichlich hinentwickeln muß, bereits vorher abschätzen.

Immer kann man beobachten, daß bei Überbetonung der markanten, mächtigen Kopfvererbung sich die Schwäche der Hinterhand einstellt!

Immer wird, im umgekehrten Falle, sich die stärker entwickelte Hinterhand auch in der Schwächung von Kopf und Vorderhand wiederfinden.

Auf die Zusammenhänge von Rückenlänge, Beinlänge, Winkelung haben wir bereits früher hingewiesen.

Immer bestimmt der Grad der Verkürzung des Fanges auch den Grad der Verkürzung des Skeletts. Daher wird es ***niemals*** möglich sein, ***einen hochbeinigen, langrückigen, großen Hund mit extremem Mopskopf*** zu züchten!

Auch die ***Fellfarbe*** spielt, wie wir wissen, bei vielen Rassen eine Rolle und zeigt dies auch sonst in veränderten Körpergewichtungen. Denken Sie an die günstige Wirkung, die »das bißchen Stromung auf Knochen-Muskel- und Gestaltentwicklung der Hunde hat. Denken Sie an die roten Cockerspaniel, die leicht ein aggressives Wesen zeigen. Überhaupt lassen sich besonders an den Gestaltveränderungen innerhalb der ***Spaniels*** deutlich die Zusammenhänge der Veränderungen von Gestalt und Wesen zeigen, wie man aus den Abbildungen sehen kann.

Denken wir an die ***Airedaleterrier:*** Die »Wollis«, die das vollere, weichere Haar und ein mehr beigefarbenes »Tan« zeigen, sind insgesamt meist schlanker, geringfügig langwüchsiger und sensibler als ihre mehr drahthaarigen, rötlicher gefärbten, quadratischen Rassegefährten.

Hier zeigt sich, daß eine ***gründliche Analyse der Wuchsform,*** die nicht so sehr auf diesen oder jenen Vererber oder Linie abstellt, sehr viel sinnvoller ist. Auf diese Weise kann man die Abwandlung der Wuchsform im voraus berechnen und sowohl alle Pluspunkte, als aber auch alle Minuspunkte, die tatsächlich untrennbar aneinaner gekoppelt sind, abwägen und seine Entscheidungen fällen.

Diese Betrachtungsweise läßt sich für *alle Rassen* durchführen. Leider ist es hier in diesem Rahmen nicht möglich, noch weiter darauf einzugehen. Doch zweifellos wird jeder, der Hunde beobachtet und beurteilt, sehr schnell und überrascht feststellen,

daß die mit jeder Wuchsform verbunden Gewichtungs-Merkmale und erstaunlicherweise auch viele Charakterbesonderheiten immer gemeinsam anzutreffen sind, nicht an eine bestimmte Rasse und nicht an bestimmte Körpergrößen gebunden sind.

Die Grenzen der Veränderbarkeit

In diesem Kapitel ist so viel von Deformierung, Verkürzung, extremen Körperformen die Rede gewesen, daß es beinahe den Eindruck hinterläßt, als seien nahezu alle Hunderassen in irgendeiner Form, wenn nicht krank, dann doch zumindest unnormal.

Daher ist es doch nötig, einmal mit allem Nachdruck festzustellen, daß es *den* Hund tatsächlich *so* nicht gibt. Der Unterschied von der Wildform zum Haustier ist so gravierend, daß er auch bei besten Zuchtversuchen *nicht rückgängig zu machen ist.*

Dies ist auch keinesfalls wünschenswert, denn nur durch diesen gravierenden Unterschied ist es überhaupt möglich geworden, daß der Hund zum *Haustier* werden konnte, da damit, als wichtigste und bemerkbarste, eine umfassende *Wesensveränderung* verbunden war. Doch darauf kann hier nicht eingegangen werden.

Vergleicht man Körpermaße und Proportionen von Wildform und Haustier, so zeigt sich zuerst, daß das Gehirn der Hunde deutlich kleiner als das der Wildform ist und sich so eine *ganz erhebliche Veränderung des gesamten zentralen Nervensystems erkennen läßt.*

Tatsächlich ist die Variationsmöglichkeit größer, je kleiner die Tiere werden.

Bei Größenunterschieden zwischen ***Wildformen*** zeigte sich, daß sich nicht nur ihre Körpermaße, sondern auch die inneren Organe, im entsprechenden Verhältnis verändert haben, es sich also dort ganz anders verhält, als bei den ***Haushundformen,*** wo die Ausgestaltung der Gewichtung der inneren Organe noch immer nicht klar gedeutet werden kann.

In diesem Zusammenhang soll nun abschließend nochmals auf die Gruppierung der ***Riesen*** einerseits und ***Zwerge*** andererseits eingegangen werden.

Tatsächlich ist die Variationsmöglichkeit größer, je kleiner die Tiere werden. Unter den großen Rassen finden wir geringere Abstufungen und Gestaltenveränderungen, als unter den kleinen und kleinsten Hunden.

Auch ist es, wenn man von der normalen Mittelgröße ausgeht, offensichtlich *leichter,* sehr viel stärkere ***Größenverschiebungen nach unten*** als nach oben zu erzielen. Denken Sie an den Größenunterschied zwischen Schäferhund und Mastiff oder Irish-Wolfhound einerseits und den Unterschied zwischen Schäferhund und Chihuahua andererseits.

Wenn man nur wenige von den dafür verantwortlichen Gründen betrachtet, wird dabei einiges von der ***Problematik*** besonders der ***Riesenrassen*** deutlich.

Bei allen Hunden verhalten sich die Gliedmaßen in einer bestimmten Proportion zur Gesamtlänge des Tieres.

Nicht so klare Verhältnisse ergeben sich aber, wenn man die Hirngrößen, die Organgrößen und die Körperoberfläche der Hunde vergleicht. Da zeigt sich, daß kleinere Hunde im Verhältnis eine größere Körperoberfläche haben als große, was natürlich auch Folgen für ihren Stoffwechsel hat.

Die wichtigsten Unterschiede ergeben sich aber aus den Vergleichen innerer Organe, von denen wir hier nur das Gehirn anführen. Bei großen Hunden ist das Gehirn zwar größer, aber klein im Verhältnis zu den Hirngrößen, die die kleinen Hunderassen erreichen.

Der ***stereometrischen Vergrößerung des Hundekörpers*** steht aber eine andere, nämlich eine ***veränderte, physiologische Vergrößerung der inneren Organe*** gegenüber. Beide verhalten sich nicht gleich, was sich einesteils als segensreich, andererseits aber auch mit schlechten Folgen auswirkt.

Während sich das Hirn im Verhältnis rechnerisch mit 0.25 verändert, zeigen die Längenmaße, daß sie sich im Verhältnis dazu rechnerisch mit 1.2 verändern.

Das bedeutet, daß das ***Körperwachstum*** sich mit jedem Größerwerden ***dramatisch vergrößert bzw. verringert,*** während z. B. das ***zentrale Nervensystem*** nur in ***kleinen Schritten*** folgt.

Segensreich wirkt sich dieses Zusammenwirken bei dem ***Kleinerwerden*** aus: Das zentrale Nervensystem nimmt sehr viel weniger ab als die Körpermaße und kann so auch bei sehr großer Körperverminderung immer noch seine Funktionen voll erfüllen.

Verhängnisvoll sind aber die Folgen bei den ***Riesenrassen:*** Hier eilt der Körper dem Nervensystem weit voraus! Nach Messungen hat man herausgefunden, daß bestimmte Nervenpunkte, die bei den mittleren Rassen am hinteren Ende der Wirbelsäule zu finden sind, sich mit dem Größerwerden der Hunde immer weiter nach vorn verlagern und so für den hinteren Teil des Körpers nicht mehr voll ausreichen. So erklärt sich auch, daß das in diesem Kapitel bereits beschriebene Riesenwachstum zu den erwähnten Folgen führen muß.

Ebenso geht eine mehr oder weniger extreme Verkürzung des Kopfes Hand in Hand mit der Deformierung und Verkürzung der Wirbelsäule, mit Organ-Ungleichgewichten und deren Folgen.

Gesunde Hunde? Kranke Hunde?

Es ist der große Reiz der Hundezucht, daß sie all diese so verschiedenen Formen, Gestalten und Charaktere hervorzaubern kann. Die Möglichkeiten sind nur ***scheinbar*** uferlos, aber die ***Grenzen sind so weit gesteckt, daß es tatsächlich überhaupt keinen Grund gibt, sie nicht anzuerkennen und zu beachten.***

Innerhalb dieser Grenzen können auch die seltsamsten Hundegestalten gesunde, lebendige und geliebte Gefährten des Menschen sein. Aber, es gilt, Geschöpfe und Kreaturen, nicht aber Karikaturen und Krüppel zu erzeugen, nur weil diese — auch ein Zeichen der Zeit? — sogar gelegentlich das große Geld bringen!

Oberstes Ziel aller Hundezucht ist die gleichbleibende oder sogar noch verbesserte Rasse. Die Bestimmungen folgen immer wieder sich ändernden *Erkenntnissen* und leider vielen, wenig veränderten, *Gesichtspunkten.*

Erkenntnisse bedeutet, daß alle nach vordergründigen Gesichtspunkten gefällten Fehlentscheidungen zu berichtigen sind. Erkenntnisse findet man nur, wenn man sich um die Grundlagen von Vererbung und Wachstumsabläufen bemüht und indem man Hunde ehrlich und sachlich beobachtet und beurteilt.

Gesichtspunkte entstehen niemals mit Richtung auf den Hund, sondern nur mit Richtung auf den Menschen: seine Eitelkeit, sein Gewinnstreben. Diese sind, im Gegensatz zu dem notwendigen Wissen um den Hund, ohne besondere Anstrengung leicht zu kultivieren und daher auch so gefährlich.

Die normale Entwicklung des Hüftgelenks

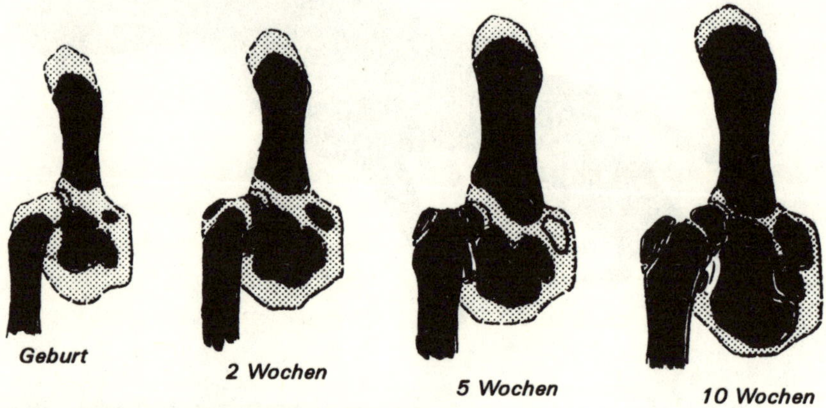

Gepunktet sind die zunächst nur als Knorpel angelegten Teile, schwarz die Knochenkerne und die mit dem Wachstum zunehmende Verknöcherung.

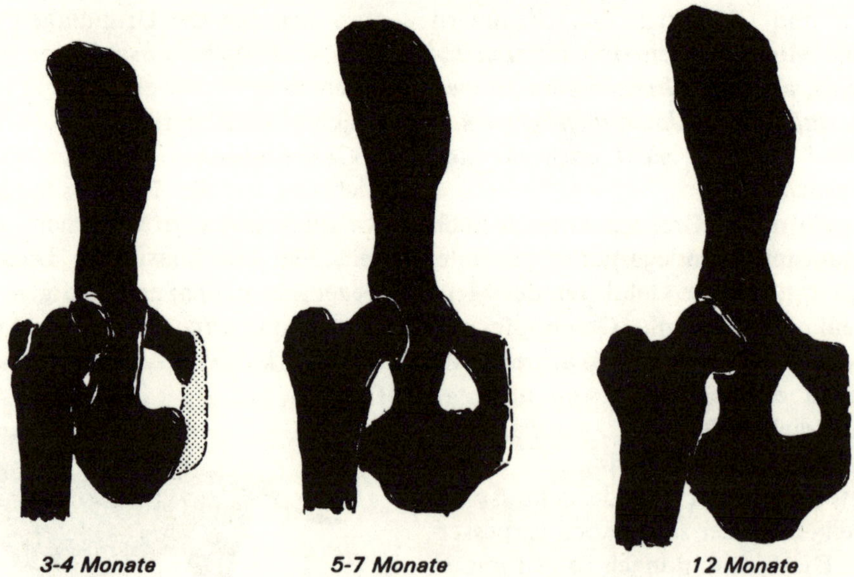

(Nach Lantig, Canine Hip Dysplasia)

Ein paar Anmerkungen zur «HD» Hüftgelenksdysplasie was ist das?

Weil die HD (Hüftgelenksdysplasie), besonders für die größeren und großen Rassen, ein ganz besonders wichtiges Thema ist, soll, auf Wunsch vieler Leser, in dieser Neuauflage kurz erklärt werden, was es damit auf sich hat. *)

Anders als andere in diesem Buch beschriebenen anatomischen Besonderheiten ist HD dem Hund von außen *nicht* anzusehen, es gibt auch keine Anhaltspunkte, wonach man bei einem Hund vermuten kann, ob er HD gefährdet ist. Nur in schwereren Fällen merkt man an der verminderten Leistungsfähigkeit beim Laufen und Springen, daß der Hund schnell ermüdet oder offensichtlich Schmerzen hat. Nur beim Röntgen, das unter Narkose erfolgt, weil der Hund in einer bestimmten Körperhaltung gelagert werden muß, kann man feststellen, ob, daß und wie schwer er HD hat.

Versuchen wir nun, stark vereinfacht, zu erklären, was es mit der HD auf sich hat. In einem gesunden, normal entwikkelten Hüftgelenk paßt der kugelförmige Kopf des Oberschenkelknochens genau und fest in die dazugehörige Hüftgelenkspfanne. Der Hund kann, da das Gelenk einwandfrei funktioniert, ohne Schwierigkeiten laufen und springen. Obwohl es *viele Varianten* der HD gibt, sind sie *im Prinzip sehr ähnlich*: Der Kopf des Oberschenkelknochens hat – aus unterschiedlichen Gründen – in der Hüftgelenkspfanne nicht genügend Halt. Daraus kann dem Hund eine ernsthafte Behinderung entstehen, z.B. Gebrauchshunde nicht einsatzfähig sein, aber auch mittlere Rassen können beim Bewegen große Schmerzen haben.

Diese krankhafte Veränderung ist jedoch nicht – wie oft falsch zu lesen – bereits bei der Geburt vorhanden, *sondern entwickelt sich, dank einer bestimmten genetischen Konstellation, erst im Laufe der ersten Monate*. Sie kann frühestens, bei schweren Fällen, festgestellt werden, wenn der Hund etwa 4 – 6 Monate alt ist, *allerdings ist sie nicht mehr zu korrigieren!* Bemerkenswert ist außerdem, daß vorwiegend große bis mittlere Hunderassen an HD leiden, daß sie bei Windhun-

*) Ausführlich ist alles in dem Buch »Hundezucht naturgemäß mit Liebe und Verstand« von Eric H.W. Aldington und Ilse Sieber erklärt.

den nicht vorkommt. Jahrelang hat man angenommen, daß HD eine angeborene, ererbte Fehlentwicklung sei. Beides stimmt nur bedingt.

Die Skelettentwicklung des Welpen

Leider können Sie einem frisch geborenen Welpen nicht unters Fell schauen, sonst würden Sie etwas Erstaunliches entdecken: Bei der Geburt ist das Skelett nicht etwa, in verkleinerter Form, bereits vollständig, sondern, in seinen wesentlichsten Bestandteilen, sozusagen skizziert, so wie im übrigen der ganze kleine Welpe in allen seinen Teilen erst *angelegt* ist, die sich so nach und nach erst zur völligen Funktionsfähigkeit entwickeln müssen.

Dieses Skelett besteht noch überwiegend aus *Knorpel*, in den, bis auf bestimmte *Ossifikationszentren*, noch fast keine Minerale eingelagert sind. Dies sind Knochenkerne, die von einem Knorpelgebilde umgeben sind. Dieses Knorpelgebilde ist etwas wie ein Knochenersatz und reicht für die noch geringen Anforderungen des Welpen aus. Die »Befehle«, welche Knochenkerne nun wann in die Länge oder in die Breite innerhalb des sie umgebenden Knorpelgewebes wachsen sollen, sind genetisch programmiert.

Auch die Bänder und Muskeln, die das Ganze zusammenhalten, entwickeln sich mehr und mehr nach einem genetisch vorgesehenen Plan und entsprechend ihrem zunehmenden Einsatz. Sie sehen es selbst an den Fortschritten des Welpen, daß sein Bewegungsspielraum zunimmt, sich Knochen und Muskeln in Wechselwirkung entsprechend entwickeln.

Die endgültige Form des Knochens ist eine komplizierte Entwicklung

Im Körper des Hundes sind die unterschiedlichsten Knochenformen anzutreffen: *Röhrenknochen* (sie haben innen einen großen Hohlraum, die Markhöhle) z.B. Oberarmknochen (Humerus) oder Oberschenkelknochen (Femur). Kopf, Schulterblätter und die Beckenknochen sind *platte Knochen*; *kurze Knochen* sind die Wirbel und die Fußwurzelknochen. Die einzelnen Knochen sind teils durch Gelenke miteinander verbunden, teils starr und unbeweglich mit verwachsenen

Nähten verbunden (z.B. Schädelknochen). Die Gelenkenden der Knochen haben einen Knorpelüberzug, der wie ein Polster wirkt. Die dazugehörige Gelenkkapsel umschließt paßgenau die Gelenkkugel etwa bis zu deren »Äquator«, wobei Bänder und Muskeln zusätzlich Halt geben; die Kapsel sondert die nötige *Gelenkschmiere* ab. (Auch eine übermäßige Absonderung von Gelenkschmiere kann übrigens zu einem losen Gelenk führen.)

Die Härte des Knochens beruht auf Einlagerung von Kalksalzen in das Knochengewebe, die Verknöcherung des Knochens erfolgt durch die Tätigkeit der Knochenzellen. Man unterscheidet *Knochenbildungszellen (Osteoblasten)*, sie produzieren das *Knochengewebe*. Sobald diese *Osteoblasten* von dem selbst produzierten Knochengewebe umschlossen sind, nennt man sie *Knochenzellen (Osteozyten)*. Da aber Knochen nicht endlos wachsen dürfen, sondern, nach einem genetisch vorgezeichneten Plan, wenn sie ihre Endgröße und -form erreicht haben, das Wachstum einstellen müssen, sorgen dann andere Zellen, die *Osteoklasten*, permanent für den Abbau, so daß die Knochen ihre *Form* behalten. Nicht alle wissen, daß dieser Vorgang *nicht* mit dem Ende des Wachstums endet, sondern lebenslang weitergeht, so daß das Skelett im Laufe eines Lebens immer wieder erneuert und funktionstüchtig erhalten wird.

Es ist also eine Menge Chemie im Spiel, wenn aus den kleinen Knochenkernen ganz unterschiedlich geformte Knochen entstehen. Die dabei eingelagerten *Kalzium* und *Phosphor* müssen aber erst mit der Nahrung zugeführt werden, um, nach einigen Umbauten, dann im Knochen eingelagert werden zu können. Die Signale, was jeweils dazu vom Körper getan werden muß, werden u.a. vom *Kalzium-Spiegel* des Blutes ausgelöst. Sobald dieser ein bestimmtes Minimum erreicht hat, wird die Ausschüttung von *Parathormon* notwendig, das sofort die benötigten Mengen Kalzium aus dem Skelett mobilisiert. Sobald die Auffüllung ausreichend erfolgt ist, wird der Gegenspieler des Parathormon, das *Kalzitonin*, mobilisiert: Es stoppt die Sekretion des Parathormons, so daß, da ohne dieses aus dem Skelett kein Kalzium mehr abgerufen wird, der Kalziumspiegel des Blutes wieder sinkt, da ja das Kalzium im

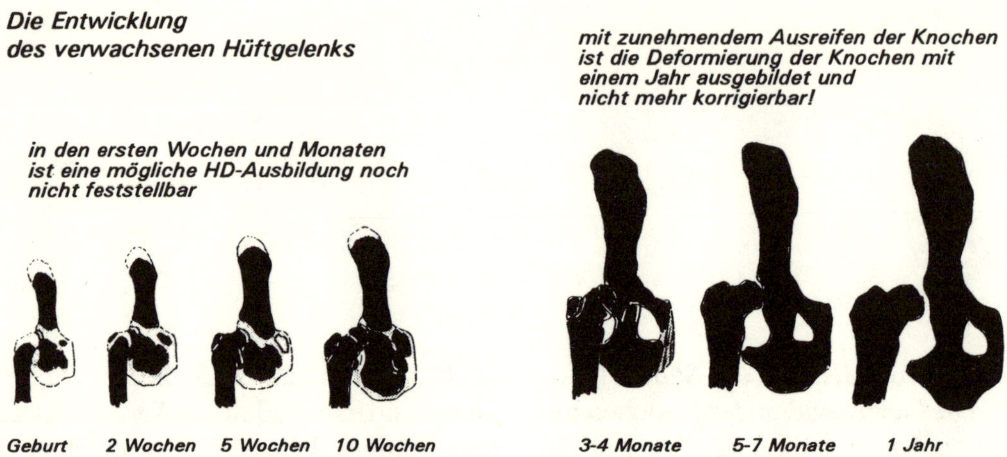

Stoffwechsel fortwährend anderweitig verbraucht wird. Es sind also zum Aufbau des Skeletts ständig entstehende Überschuß- oder Mangelzustände auszugleichen.

Verhängnisvolles Endergebnis HD

Aus den Abbildungen von HD-Gelenken wissen wir, daß diese eben »nicht ordnungsgemäß hergestellt« wurden, wobei es viele Variationen und Schweregrade gibt. Häufig kann man erkennen, daß z.B. die Pfanne, wohinein der Oberschenkelkopf ja tadellos eingepaßt sein müßte, viel zu viel Spielraum hat, also zu flach oder ungenügend ausgeformt ist.

Oder aber der Oberschenkelkopf ist relativ unförmig, d.h. er sitzt auf dem sog. Oberschenkelhals, der nicht, wie es richtig wäre, ausreichend gewinkelt die Verbindung zum Oberschenkelkopf herstellt, sondern, oft verdickt, verkürzt und fast parallel zum langen Knochen, einfach nach oben weiterläuft.

Trifft nämlich der Oberschenkelkopf, wie es sein muß, etwas *gewinkelt* genau in die Hüftgelenkspfanne, ist dadurch die Hebelwirkung des langen Knochens unterbrochen. Kugel und Pfanne passen »reibungslos« ineinander.

Anders aber beim *schlecht* ausgebildeten Knochenende: Die volle Last des Körpers trifft, durch die Hebelwirkung verstärkt, auf die Pfanne, die nun, da noch nicht alles gefestigt ist, nachgibt – so daß nun die Kugel sich nicht in der sie *fest umschließenden* Schale bewegt, sondern sich in einer verformten, verschobenen, übergroßen, flachen Mulde *viel zu viel Bewegungsfreiheit* verschaffen kann.

Aber auch die Kugel ist keinesfalls unzerstörbar. Sie bewegt sich in der Schale hin und her, wird dabei u.U. selbst verformt, bzw. verformt die Schale. Denn es kommt, auch das hat man bei den HD-Hunden beobachtet, bei diesen noch eine weitere Besonderheit hinzu: Auch die die die Knochen haltenden Muskeln und Bänder sind nicht ausreichend entwikkelt, sehr oft auch, *anlagebedingt, nicht von besonderer Qualität*, so daß hier zur Fehlsteuerung des Knochenwachstums noch weitere diese verschärfenden Eigentümlichkeiten hinzu kommen. Durch die Fehlbelastung in dem ungenügenden Gelenk entstehen degenerative *Veränderungen am Gelenkknorpel*, der dabei vollständig aufgerieben werden kann, entstehen *Kapselentzündungen*, aber auch *Knochenwucherungen*, so daß das Leiden sich zunehmend verstärkt und unterschiedlich schmerzhafter wird. Übermäßige Anstrengung beschleunigt diesen Prozess.

HD – mehr als nur mangelhafte Architektur

Wenn wir früher bereits von der unterschiedlichen Wachstumsintensität der Rassen gesprochen haben, verstehen wir jetzt auch, warum es *bestimmte Rassen* und auch bestimmte *Individuen innerhalb der Rasse* gibt, die besonders anfällig für HD sind. Man hat herausgefunden, daß es ausgerechnet besonders schwere, sehr gut und reichlich gefütterte, besonders mächtige Vertreter ihrer Rasse (die nicht einmal fett sein müssen) sind, bei denen HD die später so schreckliche Folgen hat. Ganz sicher liegt all dem eine genetische Disposition, HD zu bekommen, zugrunde, aber unter dem Einfluß von unsachgemäßem, zu reichlichem oder falsch zusammengesetztem Futter haben sie in den einzelnen Wachstumsphasen, insbesondere in der Zeit vom 3.–6. Monat, zu ausgeprägter Schnellwüchsigkeit geneigt, was man leider oft genug irrtümlich für ein Zeichen ganz besonders guter Entwicklung hielt, weil die zwar zeitweilig recht molligen, schweren Welpen eben trotzdem der rassespezifischen Norm entsprachen, da die genetisch programmierte Endgröße tatsächlich niemals gravierend überschritten wird.

HD eine genetische bedingte Stoffwechselstörung?

Scheinbar explosionsartig scheint sich die HD in bestimmten Hunderassen ausgebreitet zu haben. Zunächst hatte man natürlich das Problem überhaupt nicht erkannt, das man erst mit gezielten Untersuchungen umreißen konnte. Entstan-

Nach dem Röntgenbild wird die HD in verschiedene Schweregrade eingeteilt:

Normal = Kein Hinweis auf HD
Fast normal = Verdächtig für HD
leichte HD = leichte Abweichungen von der Norm
mittlere HD = bereits gravierende Mängel des gesamten Gelenks (z.B.: Pfanne zu flach, Femurkopf nicht rund)
Schwere HD = schwere Veränderungen des ganzen Gelenks (z.B.: deformierter Femurkopf, fast neben statt in der flachen Pfanne, Veränderungen am Knochen)

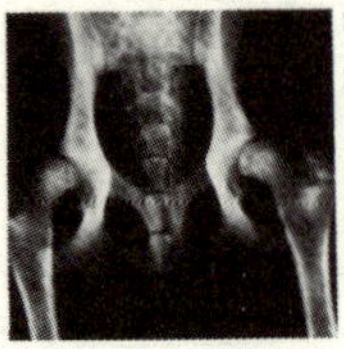

Normales Hüftgelenk

den ist das Problem – so widersinnig dies auch klingt – erst mit der konsequenten Rassehundezucht nach bestimmten Standardmerkmalen, deren Folgen, da man überwiegend nach dem *äußeren Erscheinungsbild* urteilte, man zunächst nicht übersehen konnte. (Von unsinnigen Standardbestimmungen wurde schon früher in diesem Buch gesprochen.) Besonders bei den großen und schweren Rassen hat man – unbewußt – auch auf *Schnellwüchsigkeit* selektiert, und die Welpenkäufer taten ein übriges: Sie suchten und suchen oft genug den größten, kräftigsten Welpen aus einem Wurf heraus, in der Hoffnung, daß sie damit das größte, kräftigste und *gesündeste* Tier auswählen. Knochen und Sehnen wachsen aber beträchtlich langsamer als Muskeln und Fettgewebe, d.h. daß das wachsende Skelett einer erheblich höheren Anforderung standhalten muß, als es dazu in der Lage ist. Und der glückliche neue Hundebesitzer wird den gefräßigen Welpen liebevoll im Übermaß füttern, und sich in der *falschen* Hoffnung wiegen, daß das einsetzende *Riesenwachstum* ein Zeichen von *besonderer Gesundheit* sei.

Schon beim Junghund kommt dann oft genug das jähe Erschrecken: Wie viele Hundebesitzer haben dann, statt eines fröhlichen jungen Hundes, einen *Frühinvaliden* mit schweren Skelett- und Organerkrankungen!

Viel ist nachweislich erreicht worden dadurch, daß man von HD befallene Tiere von der Zucht ganz oder teilweise ausschloß. Aber, ob ein Tier HD vererbt oder nicht, kann man *sicher* erst an seinem Nachwuchs feststellen, denn es ist auch möglich, den Ausbruch der HD durch gewissenhafte Aufzuchtmethoden zu *verhindern* oder zu *minimieren*. Das bedeutet, daß auch ein röntgenologisch HD-freies Tier durchaus die *Disposition* zu HD *vererben* kann; manchmal erfährt man später beiläufig, daß das eine oder andere der Wurfgeschwister sehr wohl HD hatte.

HD ist viel mehr als nur ein Schaden am Hüftgelenk! Wenn Sie sich die oben aufgeführten nur knappen Hinweise allein auf die Entwicklung des Knochenwachstums noch einmal vor Augen führen, werden Sie erkennen, welch *komplex verzahntes Geschehen*, das in alle Bereiche des Organismus hineinreicht, in Wirklichkeit dahintersteckt. Das heißt

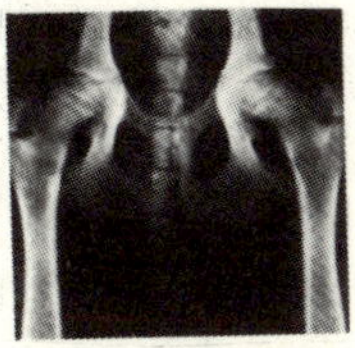

HD III. Grades

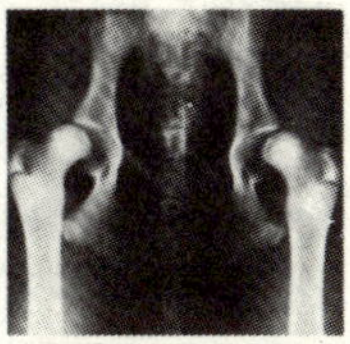

HD III. Grades

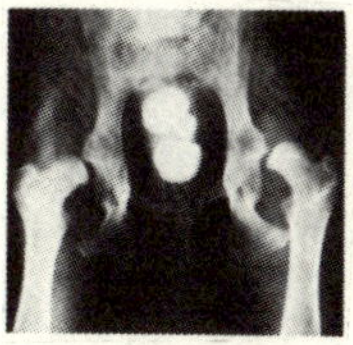

HD IV. Grades

aber auch, daß hier sehr *komplizierte genetische Verhältnisse* zugrunde liegen, daß mehr als nur *ein* bestimmtes Gen beteiligt ist!

Daß derartig befallene Hunde oft genug überhaupt keine oder nur unwesentliche Bewegungsbehinderung zeigen, erschwerte natürlich auch das frühzeitige und umfassende Erkennen des Problems und die Auswahl der Zuchttiere. Erst das *Röntgenbild* kann es an den Tag bringen, ob das Skelett in Ordnung ist. Aber unter Belastung und bei bestimmter Disposition können wiederum Tiere, bei denen lange keinerlei Krankheitssymptome auftraten, insbesondere wenn sie älter werden, dann plötzlich starke Schmerzen haben und Bewegungsbehinderungen zeigen.

HD ist eine *grundsätzliche* Knochenverformung, d.h. sie wird auch nicht während des später im Leben fortdauernden Knochenumbaus wieder ausgeglichen, sie »wächst sich nicht aus«. Im Gegenteil. Nur durch Gebrauch werden Muskeln, Sehnen, Bänder und Bindegewebe funktionstüchtig erhalten. Gebrauch stärkt, Nichtgebrauch schwächt. Denn es sind ja nicht die Kochen selbst, die dem Tier Schmerzen zufügen, sie haben keine Schmerzempfindungsnerven. Die Schmerzen beruhen immer auf einer Schmerzhaftigkeit der (entzündeten) Weichteile (Muskeln, Sehnen, Bänder, Knochenhaut und Bindegewebe), und führen zu einer verringerten Bewegungsfähigkeit. Somit hat die Bewegungsfähigkeit auch entscheidend Einfluß auf die Neu- und Umbildung der Knochen selbst, d.h. daß auch der Knochen dann Schaden leidet: es führt zu einer mangelnden Einlagerung von Kalzium im Knochen, was wiederum auch weitreichende Veränderung des gesamten Stoffwechsels nach sich zieht.

Verändert werden aber die Muskel- und Knochenbildung nicht nur »vor Ort«. Auch auch hier trifft zu, was wir weiter vorn bei den Auswirkungen des fehlerhaften Kniegelenkes beschrieben haben, wo man im gesamten Skelett auf Fehlveränderungen stieß, da die Fehlbelastung sich auf andere Körperteile ebenfalls auswirkt.

Weiß man endlich, daß und woran der *eigene* Hund erkrankt ist, hilft nur, daß man ihn gewissenhaft füttert und ihn *in den Grenzen seiner Belastbarkeit* auch *regelmäßig bewegt*, und ihn, so gut dies nur irgendmöglich ist, gesund hält, d.h. ihn vor Übergewicht oder falscher Nahrungszusammenstellung bewahrt und ihn viel frischer Luft und auch ausreichender Sonnenbestrahlung aussetzt.

Erstes Gebot ist für Züchter, bei der Auswahl und Haltung ihrer Zuchttiere größte Sorgfalt walten zu lassen. Erstes *Gebot für den Halter ist*, der ja nun mal den Hund so hat, wie er ist, den Hund so sorgfältig aufzuziehen, wie ihm dies nur irgendwie möglich ist. Dauerschäden – nicht nur solche wie HD – entstehen nicht durch Nahrungsmangel, sondern durch unsachgemäße (Über)Ernährung. Erst, wenn die Entwicklung des Skeletts und der Muskulatur abgeschlossen ist, ist die Gefahr gebannt.

Wie auch schon früher in diesem Buch ist auch die knappe Beschreibung der Hintergründe der HD ein Zeichen dafür, daß eine Veränderung des Skeletts nicht nur eine an einer bestimmten Stelle bemerkbare Veränderung ist, sondern den *gesamten* Organismus betrifft. Wie immer in diesen Buch müssen wir auch hier lernen, daß – trotz scheinbarer Grenzenlosigkeit dessen, was wir aus den Hunden »herausholen« können – eine Übertreibung an bestimmten Punkten immer zu oft katastrophalen Folgen an ganz anderer Stelle führen wird. Es gehört sicherlich Mut dazu und viel Lerneifer, sein Wissen ständig zu erneuern und althergebrachte Regeln und Bestimmungen immer wieder auf ihre Richtigkeit zu überprüfen. Er nützt uns überhaupt nichts, der in allen Extremwerten des Standards *übermäßige* Hund, wenn er dann nichts weiter ist, als ein Invalide bereits im Jugendalter. Nur ein lebensfroher und gesunder Hund an unserer Seite kann uns das sein, was wir letztendlich als Wichtigstes von ihm wollen: Ein Gefährte für viele Jahre, ein guter Arbeitshund, ein guter Blinden-, Schutz-, Spür- oder Jagdhund. Die Freude, einen solchen »guten« Hund an seiner Seite zu haben, ist, mit nichts als sich selbst vergleichbar, eine der schönsten Freuden, die wir nur haben können.

Nur der aufgeklärte Hundehalter, Richter, Züchter wird mitbestimmen und fordern, daß nicht nur die »Schönheit« unserer Hunde, sondern auch Leistungsfähigkeit, Gesundheit und Lebensdauer Zuchtziele sind, denen immer noch viel zu wenig Bedeutung beigemessen wird.

Nachwort des Verlages zur ersten Auflage

Friederun Stockmanns ganzes Leben gehörte den Hunden. In ihren Lebenserinnerungen »Ein Leben mit Boxern« hat sie Zeugnis davon abgelegt und über die Höhen und Tiefen ihres langen Lebens berichtet. Sie hat ganz entscheidend dazu beigetragen, daß der Boxer seine heutige Gestalt erhielt. Bei allen Rassen, an deren Verbesserung gearbeitet wird, treten überdeutlich bestimmte rassetypische Probleme auf: Beim Versuch, bestimmte Eigenschaften, Leistungen und bestimmte Proportionen besonders zu fördern, ergeben sich ganz unvermutete Schwierigkeiten, die später, wenn die Rasse sich gefestigt hat, nur noch wenigen bewußt sind.

Wie nur wenige hat Friederun Stockmann sich mit all diesen Problemen auseinandergesetzt, was die vielen Aufsätze zeigen, die sie im Laufe der Jahrzehnte veröffentlicht hat.

Bei der Sichtung ihres leider sehr verstreuten Nachlasses zeigte sich, daß sich darunter sehr wichtige Dokumente befinden, die weit über die Zeit hinaus wichtig sind: Erfahrungen die nicht verloren gehen dürfen. Daher ist es unserem Verlag ein Anliegen, diese Schriften einzeln oder gesammelt wieder herauszugeben, um sie für alle Zeiten für jedermann greifbar zu machen.

Immer wieder hat Friederun Stockmann gefordert, man dürfe bei der Zucht und vor allem bei der Beurteilung des Hundes nicht subjektiv, d. h. gefühlsmäßig verfahren, sondern man müsse sich an die objektiven Gesetze der Natur halten. Vor allem predigte sie immer wieder, jeder, besonders aber Richter, Züchter und Ausbilder müßten ständig bemüht sein, dazuzulernen. Als wichtigste Grundlage aber sah sie an, daß man sich mit nur scheinbar so trockenen Themen wie Körperbau und Bewegung gründlich vertraut machen müsse.

Wie sie es immer tat, wenn ihr etwas wichtig war, scheute sie auch zu diesem schwierigen Gebiet weder Zeit noch Mühe und schrieb eine Aufsatzfolge über die grundlegenden Kenntnisse von Körperbau, Bewegung und die Grundlagen der Beurteilung. Sie schilderte lebendig und genau beobachtet und erklärte lebensnah an vielen Beispielen was man beim Hund beobachten und beachten muß.

Diese Aufsatzfolge erscheint nun erstmals als Buch. Es wurde von Eric H. W. Aldington vollständig überarbeitet, ergänzt und um wesentliche Kapitel erweitert. Zu den schönen Illustrationen, die noch Friederun Stockmann gestaltete, sind für die Erweiterung noch viele weitere hinzugekommen.

Die Bearbeitung durch Eric H. W. Aldington ergänzt die Arbeit von Friederun Stockmann auf sehr glückliche Weise. In seinem ebenfalls im Erscheinen begriffenen Buch »Von der Seele des Hundes« befaßte sich, um die Zusammenhänge von Körperform und Charakter zu erläutern, ein ganzes Kapitel ebenfalls mit der Anatomie des Hundes.

Der Verlag ist dem Verfasser zu großem Dank verpflichtet, daß er sich nicht nur für die Überarbeitung des Textes von Frau Stockmann bereiterklärte, sondern auch, um Überschneidungen zwischen den beiden Büchern zu vermeiden, wesentliche Teile »seines« Buches mit in das hier vorliegende Buch nahtlos einfügte.

Die Bearbeitung und Ergänzung ist ganz besonders interessant geworden. Seit vielen Jahrzehnten beschäftigt sich Aldington mit Problemen der Psychologie und physiologisch-psychologischen Zusammenhängen. Hunde sind ihm nicht nur lebenslang geliebte Gefährten, sondern auch allerbestes Anschauungsmaterial. »Nirgendwo anders können wir so breit aufgefächert alle Schattierungen der charakterlichen Abänderbarkeiten, Störungen und Reaktionen beobachten wie beim Hund. Probleme, die beim Menschen in sehr viel komplexerer Form auftreten, können wir beim Hund, dank der großen Rassenvielfalt, breit aufgefächert einzeln betrachten, verstehen und erklären lernen ...« schreibt er.

Er hat in Jahrzehnten eine außerordentliche umfangreiche Bibliothek zu diesen Themen zusammengetragen, wie man sie sonst wohl nur selten findet. Während sich in der kynologischen Fachliteratur wenig wissenschaftliches Material über die Erforschung von Wachstum und Körperform von Hunden finden läßt, findet sich in anderen Wissenschaftsgebieten, u. a. der Medizin, der Psychologie, der Haustierforschung, der Genetik — über viele wissenschaftliche Publikationen verstreut — erstaunlich viel Material, das weithin nicht zugänglich ist. Wenn es auch nicht möglich war, all die umfangreichen Arbeiten zu zitieren, sind doch wichtige Erkenntnisse daraus hier festgehalten.

Auch die Hundeforschung hat durch die beiden Weltkriege große Verluste erleiden müssen. Viele wichtige Arbeiten sind in diesen Jahren veröffentlicht worden, viele Forschungsarbeiten, die oft unter großen Schwierigkeiten durchgeführt wurden, haben niemals die genügende Beachtung finden können. Leider wurde auch in den letzten Jahren manche wichtige Forschungsrichtung nicht mehr weitergeführt. Während sich noch Anfang des Jahrhunderts Wissenschaftler, um die Abstammung des Hundes zu klären, gründlich mit Skelettvermessungen, sowohl bei wildlebenden Caniden als auch bei Haushunden beschäftigten (die Unterlagen dazu sind in keinem lieferbaren Buch mehr zu finden), wichtige Kreuzungsversuche durchführten, um vermutete Zusammenhänge zu klären, sind derartig gründliche Untersuchungen später *so* nicht mehr durchgeführt worden.

In den dreißiger Jahren veröffentlichte Charles R. Stockard, Professor der Anatomie und Direktor des Anatomischen Instituts und der Versuchsanstalt für experimentelle Morphologie an der Medizinischen Fakultät der Cornell Universität U.S.A. sein 1932 auch in Deutschland veröffentlichtes (heute vergriffenes) Buch »Die körperliche Grundlage der Persönlichkeit«. Stockards Aufgabe war es, bestimmte Formen und Störungen des Körperbaus bei Menschen zu klären, und er führte dazu eine Vielzahl an Kreuzungsversuchen mit extremen Hunderassen durch, da er feststellte, daß sich erstaunliche Gemeinsamkeiten mit dem Menschen dabei zeigten, die sowohl bestimmte körperliche wie auch psychische Eigenschaften betrafen. Er hat noch heute bedeutungsvolle Grundlagen erarbeitet, die durch heute sehr viel verfeinerte Untersuchungsmethoden bestätigt und noch genauer geklärt werden konnten.

In Deutschland beschäftigte sich in jenen Jahren Professor Dr. Berthold Klatt sowohl mit Problemen der Domestikation als auch mit den Problemen des Körperwachstums. Seine leider ebenfalls nicht mehr lieferbaren Arbeiten legen Zeugnis ab von einer großartigen Forscherpersönlichkeit. Seine Arbeit, von zwei Weltkriegen unterbrochen und unter großen Schwierigkeiten fortgeführt, hat ganz wesentliche Impulse gegeben für die moderne Forschung. Gemeinsam mit Prof. Dr. Henriette Oboussier und Dr. Heinrich Vorsteher beschäftigte auch er sich mit Kreuzungsversuchen extremer Hunderassen. Ausgangsmaterial waren bei ihm die Kreuzung Whippet und Französische Bulldogge. Er fand wesentliche Gesetzmäßigkeiten der Wuchsformen heraus. Henriette Oboussier untersuchte die Unterschiede und Verschiebungen an Gehirn und inneren Organen; Heinrich Vorsteher brachte reiches Material an Messungen und Wägungen an Hunden unterschiedlichster Rassen bei. Auf Arbeiten anderer Wissenschaftler, die sämtlich nicht mehr lieferbar sind, die in dieses Buch Eingang gefunden haben, weist das Literaturverzeichnis hin; allerdings konnten sie, da es sich um die sehr umfangreiche und sehr spezielle Bibliothek Eric H. W. Aldingtons handelt, aus Platzgründen nicht sämtlich aufgeführt werden.

Die Tabellen der Meßwerte an Skelett, Organen, Gewichten etc. der Hunde, die Aldington von etwa 1900 an vorlagen, wurden hier nicht übernommen, da sich leider nirgends entsprechend umfassende Vergleichszahlen mit gegenwärtigen Hunderassen ermitteln ließen. Allerdings wurden die Meßergebnisse verschiedener Wissenschaftler (u. a.: Brinkmann, Bückner, Carstens, Reinhardt, Schlegel, Strebel, Studer, Vorsteher, Wagner), die nach sehr unterschiedlichen Meßmethoden vorgenommen worden waren und daher nicht direkt vergleichbar waren, insofern verglichen, als die aus den jeweiligen Meßwerten errechenbaren Proportions- und Größenverhältnisse verglichen wurden und sich so dann doch wieder vergleichbare und nachprüfbare Werte ergaben, die einige Gesetzmäßigkeiten erkennbar machten. Sie bestätigten aber auch die Messungen des Bearbeiters, die, weil an lebenden Hunden vorgenommen, ja immer nur ein ungefähres Bild geben können. Die dabei zutagekommenden Regeln wurden im Prinzip erklärt. Es ist zu wünschen, daß in naher Zukunft neuere Messungen und Untersuchungen an den heutigen Hunderassen vorgenommen werden, damit endlich daraus die dringend notwendigen Grundlagen erarbeitet werden können und die Rassestandards und Zuchtbestimmungen entsprechend gestaltet werden können.

Der Zweite Weltkrieg beendete die bis dahin ganz außerordentlich produktive Zeit der Hundeforschung in Deutschland, die bedeutende Arbeiten erbrachte, die noch heute Gültigkeit haben. Viele der großen Namen von einst sind heute nur noch wenigen geläufig, ihre Bücher und Schriften sind, wenn überhaupt, nur noch in den Archiven zu finden. Zu ihnen gehört, neben vielen anderen, auch Rudolf Löns, den Professor Goerttler als einen der besten Kenner der Hunde bezeichnet. Löns' einführender Charakterisierung der Hunderassen wird in diesem Buch ein ehrenvoller Platz eingeräumt.

Bei der Sichtung neuerer Bücher über Körperbau und Gangarten des Hundes wurden zahlreiche Probleme deutlich. Obwohl Professor Seiferle bereits vor Jahren auf viele Ungereimtheiten hingewiesen hatte, u. a. auch die berühmte »90°-Winkelung in Frage stellte und für Windhunde exakte Messungen vornahm, finden sich viele Angaben, die nicht den Tatsachen entsprechen, weil sie aus den Gegebenheiten des Körperbaus des Hundes logisch auch gar nicht möglich wären, weiterhin in vielen Rassebeschreibungen. Auch hier würden exakte Messungen manche Unklarheit und manchen Fehler endgültig beilegen.

Ebenso stellte sich heraus, daß bei einigen Beschreibungen von Körperbau und Gangarten des Hundes starke Anlehnungen an ähnliche Beschreibungen des Pferdes zu verzeichnen waren, trotz der doch erheblichen Unterschiede, die nun einmal zwischen Pferd und Hund bestehen.

Auch hat die moderne Forschung längst ermittelt, daß es sich bei der Schädelform der Zwergrassen keinesfalls um eine Fötalisierung handelt, dennoch werden die veralteten Gesichtspunkte ungeprüft immer wieder neu zitiert. Dies Buch kann nicht so umfangreich sein, wie Autor und Verlag es sich gern gewünscht hätten. Es soll ja für einen weiten Leserkreis eine übersichtliche Grundlage geben, ihn zu genauerer Beobachtung anleiten und auf grundsätzliche Problemstellungen hinweisen. Rassespezifische Einzelheiten müssen speziellen Publikationen vorbehalten werden; sie würden, so gern wir sie auch noch hier in dieses Buch hineingebracht hätten, den Rahmen eines solchen allgemeinen Buches erheblich sprengen.

Dringend zu wünschen ist aber, daß die erstaunlich schmale Forschung an Hunden doch auf breiterer Ebene durchgeführt würde. Wissenschaftler wie Klatt, Obousier, Starck, Stockard, Stockhaus und viele andere haben längst bewiesen, daß gerade durch die Erforschung des Hundes auch andere wichtige Gebiete geklärt werden können. Auch nützt eine globale Verhaltensforschung wenig, da es »den« Hund nicht gibt und man für jede Rassenvariante nicht nur die Grundlagen des Verhaltens, sondern auch dessen körperliche Grundlagen und Zusammenhänge kennen sollte. Zumal sollte es gar nicht so schwierig sein, auch an den Hochschulen zu Messungszwecken genügend Material unterschiedlichster Rassen zu bekommen, um ganz einfach einmal damit anzufangen, wenigstens all das zu messen, was an einem (toten) Hundekörper zu messen und zu wägen ist...

Der Verlag dankt Eric H. W. Aldington für seine sehr große Mühe, den ihm vorliegenden Literaturfundus nochmals durchgearbeitet zu haben und hier in übersichtlicher Form zusammengefaßt zu haben.

Das Buch ist aber trotzdem das von Friederun Stockmann geblieben. Ihr Text, ihre freundliche, genaue und liebevolle Beobachtung und ihre große Erfahrung zieht sich durch das ganze Buch wie ein roter Faden. Für sie waren Hunde das Höchste und Schönste, der große einzige Gedanke ihres Lebens. Sie soll nicht vergessen werden.

Nachwort des Verlages zur dritten Auflage

Die erste Auflage dieses Buches war so schnell vergriffen, daß die 2. Auflage eiligst unverändert nachgedruckt werden mußte, um die große Nachfrage zu befriedigen. Die Ihnen jetzt vorliegende 3. Auflage ist erweitert und verbessert worden. Außerdem hat das Buch, dessen ursprünglicher Titel *»Das Gangwerk des Hundes«* war, jetzt auf Anregung vieler Leser einen veränderten Titel, und heißt nun *»Vom Körperbau des Hundes«*. Viele Leser haben nämlich bedauert, daß sie dieses Buch nicht schon früher, sondern erst auf Empfehlung anderer Leser gekauft hätten, weil sie sich unter dem bisherigen Titel »Gangwerk« nicht hätten vorstellen können, daß sie in diesem Buch all jene Informationen zum Körperbau des Hundes finden würden, die gerade die speziellen Fragen der Hundehalter, Züchter und Richter allgemeinverständlich und, vor allem, sofort umsetzbar beantworten würde.

In diesem Buch, das ausdrücklich kein anatomischer Atlas sein soll, werden jene Informationen vermittelt, die man in den herkömmlichen anatomischen Handbüchern vergeblich sucht, obwohl sie dringend gebraucht werden. Hier geht es nicht um eine lückenlose Aufzählung von Knochen, Muskeln und Organen, sondern darum, die großen *Zusammenhänge*, die sich aus Wachstum und Körperbau ergeben, zu erkennen und – *zu begreifen.*

Daß die Themen Körperbau, Bewegung und Wachstum keinesfalls langweilig, sondern, wenn man ihre inneren Zusammenhänge zu erkennen lernt, geradezu faszinierend sind, dafür hat Aldington in diesem Buch den Beweis angetreten. Aber auch dafür, daß man auch dieses Gebiet für jedermann verständlich darstellen kann. Insbesondere über die Wachstumsbesonderheiten der einzelnen Rassen findet man erstaunlicherweise in den einschlägigen Büchern nichts, obwohl man gerade hier sich das nötige Verständnis erwerben kann, das zum Erarbeiten der Rassestandards unerläßlich ist, um katastrophale Folgen von vornherein zu vermeiden.

Daß jetzt beispielsweise anläßlich der Diskussion um das Kupierverbot von Boxer-Züchtern angeführt wird, daß man immer wieder bei den unkupierten Ruten der Boxer *Knickschwänze* antrifft, wird nach der Lektüre dieses Buches niemanden wundern. Gleichzeitig wird aber auch deutlich, auf welchem Wege man diese Knickschwänze wird vermeiden können, die ja nicht nur ein Schönheitsfehler sind, sondern auch ein Zeichen anderer, schwerwiegenderer Skelett- und Organ-Anomalien sein können.

Vielfach erreichten Autor und Verlag Anfragen der Leser, die gern noch mehr und vor allem leicht Begreifbares zum Thema »HD« nachgelesen hätten. Für diese Anfragen hatte Eric H.W. Aldington ein kurzes Kapitel geschrieben, das er auf Wunsch versandte, obwohl das Thema ausführlich in seinem Buch *»Hundezucht naturgemäß mit Liebe und Verstand«* behandelt ist, da es ja in erster Linie den Bereich des Züchtens und Aufziehens betrifft.

Aus dem Nachlaß Eric H.W. Aldingtons haben wir in dieser Neuauflage nun das HD-Kapitel mit aufgenommen. Er erklärt, daß es sich im Prinzip um eine irreparable Wachsstumsstörung handelt, die sich nicht nur in den unterschiedlichsten Formen ausdrücken kann, sondern auch schwerwiegende Folgeschäden nach sich zieht. Immer wieder hat Aldington darauf hingewiesen, daß diese sich in den letzten Jahren fast seuchenähnlich ausbreitende schwere Behinderung das gemeinsame Ergebnis von zielstrebiger, fehlgeleiteter Rassehundzucht einerseits, wie andererseits von Aufzuchtfehlern ist, und daher auch nur auf dem Wege, hier nachdrückliche Maßnahmen zu ergreifen, zu korrigieren ist.

Zwar wurde die HD bereits 1935 von Schnelle beschrieben, aber erst in den 50er und 60er Jahren, als zunehmend Ausfälle bei Gebrauchshunden festgestellt wurden, und daher HD-Bescheinigungen von den Käufern, insbesondere aus den USA, verlangt wurden, wurde diesem Gebiet mehr Aufmerksamkeit gewidmet. Das Ergebnis war erschreckend. Da diese Erkrankung nicht bereits im Welpenalter erkennbar ist, und erst bei Hunden ab zwölf Monaten und dort auch nur röntgenologisch einwandfrei diagnostizierbar ist, stellte sich beim zunehmenden Röntgen der Hunde heraus, in welch hohem Maße in nahezu allen größeren, aber erstaunlicherweise auch den mittleren Rassen, HD-befallene Hunde anzutreffen waren. Man stellte fest, daß die HD erblich bedingt ist, aber es mußte mit viel Fingerspitzengefühl für die Zucht selektiert werden, da die »HD-Hunde« ja viele anderweitig wertvolle Eigenschaften hatten, die man nicht gleichzeitig mit der HD ausrotten wollte. Trotzdem haben die nachdrücklichen Bemühungen der Rassehundzuchtvereine schon große Erfolge aufzuzeigen. Vor allem aber wurde das so notwendige *Umdenken* der Züchter in die Wege geleitet, für die der Verzicht, mit diesem oder jenem Hund nicht mehr zu züchten, keinesfalls von Anfang an selbstverständlich war. Inzwischen ist man zu einheitlichen Auswertungskriterien der Röntgenaufnahmen gekommen und auch viele Fehler, die zunächst dank unsachgemäßer Röntgenaufnahmen viel Ärger und Aufregung verursacht haben, sind, dank der besseren Ausstattung und Ausbildung der Tierärzte, heute weitgehend überwunden.

Daß man HD-Schäden inzwischen auch chirurgisch behandeln kann, sei am Rande vermerkt. Aber, bei einem Leiden, das man züchterisch und durch gewissenhafte Aufzucht von vornherein unterbinden kann, sollten chirurgische Eingriffe nur die große Ausnahme sein.

Außer dem HD-Kapitel wurde für diese Neuauflage ein Stichwortregister erstellt, in dem auch der Sachzusammenhang einzelner Stichworte zu übergeordneten Gebieten berücksichtigt wurde und sich so, beim eiligen Nachschlagen, leicht wiederfinden lassen. Aldington hatte dieses Register zwar noch selbst in Angriff genommen, aber nicht mehr zuende führen können.

Ebenso wurden auch noch eine Reihe von neuen Illustrationen eingefügt und die bestehenden mit jenen erläuternden Texten versehen, die Aldington in seinem Handexemplar im Laufe der Zeit noch angefügt hatte.

Weiden im Frühjahr 1993

Stichwort-Register

Abstammung – 165, 166
Gehirn, Furchung, Form, Gewicht, Veränderungen – 167
genetische Zusammenhänge – 166
Kopfform, Zahl der Zähne – 167
Verhaltensforschung – 167
Adel – 16
Adel der Bewegung – 50
Afghane – 94, 169
Skelett – 54
Afterkralle – 88
Airedale – 14, 177, 178, 210
Akromegalie *(unproportionierter Riesenwuchs)* – 189
Aldington, Eric.H.W. – 221, 222, 223
Anatomie – 14, 18, 19
Anatomische Unterschiede – 12
Angesichtsleiste – 63
Anlagen, Wert der – 132
Anpassungsfähigkeit, biologische – 59
Apfelkopf – 199
Apportierhunde – 18
Atembeschwerden – 130
Atlas *(1. Halswirbel)* – 68
Atmung – 56
Atmungsrippen – 29
Aufbau des Skeletts = Überschuß- oder Mangelzustände – 217
Aufbaustoffe – 60
Auffangwirkung – 97
Aufwärtsschub – 153
Aufzuchtfehler – 59
Augapfel – 183
Augen – 62, 183
Augenachse – 168
Hund – 168
Wolf – 168
Augengröße – 207
Augenhöhle – 53, 63
Augenhöhlen = Stellung und Form – 168
Augenreiz – 20
Ausdauer – 12, 15, 17, 18, 51, 57, 132
Ausstellung – 44, 143, 155, 159
Winkelung der Hinterhand – 89
Auswahlkriterien – 11
Axis *(Epistropheus = 2. Halswirbel)* – 68
Azteken – 197
Backenzähne – hintere *(Molaren)* – 65
Backenzähne – vordere *(Praemolaren)* – 65
Balance – 30, 101
Balance, psychische – 58
Bänder – 57, 59, 71
Barsoi – 11, 48, 92, 111, 121, 169, 176, 177, 178, 180, 187
Basilarlänge – 167, 205
Basset – 117
Battakhund – 169
Bauch – 118
Bauchdecke – 31, 72
Baucheingeweide – 31, 70
Bauchmuskeln – 31
Bauchpartie – 162, 163
Becken – 31, 32, 71, 84, 85, 93, 94, 147, 153, 154, 162, 181
Winkel zur Wirbelsäule – 153
Beckengliedmaßen – 70, 84
Beckengürtel – 84, 181
Beckenknochen – 94, 153
Bedlington Terr. – 24
Beine, menschl. – 77
Beinlänge – 95, 148, 162
Bemuskelung – 14, 17, 46, 53, 56, 70, 118, 119, 121, 123
Beobachten – 49
Beobachtung der Bewegung – 18
Bernhardiner – 17, 29, 49, 111, 129, 165, 168, 189, 190
Beurteilung – 9, 49, 111
Bewegen, stoßfrei – 43, 144
Bewegung – 12, 14, 25, 57, 143, 155
Bewegung, langsame – 36
Bewegung mit Ortsveränderung – 28
Bewegung, schnelle – 36
Bewegungen des Wolfes – 48
Bewegungsablauf – 152
Bewegungsaktion – 13

Bewegungsanforderung – 131
Bewegungsapparat – 56
Bewegungsarten – 49
Bewegungsfreiheit – 93
Bewegungsmechanismus – 97
Bewegungsphasen – 35, 36
Bewegungsrichtung – 40, 42
Bewegungsunterschied Mensch/Hund – 77
Bewegungsweise und Lebensweise – 74
Bewertung – 51, 52
Bindegewebe – 123, 128
Bindegewebe, Entstehung d. Zug – 58
Black and Tan Terr. – 24
Bloodhound – 129, 189
Blutbildung – 59
Blutkreislauf – 56
Blutlinie – 51
Boden, über viel stehen – 29
Bodenkontakt – 150
Bodenschock – 101
Bogenbewegungen – 27
Boxer – 11, 14, 16, 51, 53, 60, 64, 111, 118, 125, 154, 158, 180, 201, 203, 204, 206
  Veränderung der Körpergröße – 139, 140, 208
Boxer-Skelett – 54
Brachycephal = Kopf breit und kurz *(= brachy – klein, kurz)* – 183
Breit oder brachycephal – 183
Breit(Kurz)schädel – Eurysom – 207
Breitschädeltyp – 180
Brindle – 119
Brinkmann, August – 180, 181
Brückensystem – 31
Brust – 51, 53, 118, 149
  breite – 142, 143
Brust, breite und zehenenger Stand – 142
Brust, zu schmal, verminderte Standfestigkeit – 142
Brustbein – 29, 31, 56, 61, 68, 71, 72, 73, 81, 115
Brustbeinspitze – 29, 30
Brusteingeweide – 31, 70
Brusthöhle, Gipsausgüsse – 73
Brustkorb – 29, 51, 56, 68, 70, 71, 77, 79, 80, 92, 115, 118, 122, 123, 130, 163
  gut aufgerippt – 161
  tonnenförmig – 142
Brustkorb, Formen – 72
Brustkorb, funktionelle Erfordernisse – 74
Brustkorb, keilförmig – 75
Brustkorb, Rauminhalt – 72
Brustkorb, Thoracal-Index – 74
Brustkorb- und Rippenverlauf – 162
Brustkorb-Vergleich Mensch-Hund – 56
Brustkorbformen
  Vergleich andere Säugetiere – 72
Brustkorbformen *(Tafel)* – 73
Brustkorbformen und Lebensweise – 72
Brustkorbtiefe – 162
Brusttiefe – 72
Brustwirbel – 68, 69
Brustwirbel, Dornen – 69
Brustwirbelsäule – 31, 46, 68, 160
Brustwirbelsäule, Verh. zu Lendenwirbelsäule – 71, 75
Buggelenk – 133
Bulldogge – 11, 17, 20, 21, 29, 49, 64, 72, 118, 125, 156, 169, 180, 187, 203, 204
Bulldogge, Durchrollen – 22
Bulldogge, Französische – 192, 202
Bulldogge, Französische – Skelett – 54
Bulldogmerkmale – 21
Bullen – 22
Bullenbeißen – 23
Bullenbeißer – 22, 119
Bullenbeißer *(A)* – 107
Bullenkämpfe – 22
Bullterrier – 119
Caniden, wildlebende – 125, 180
Chihuahua – 11, 17, 111, 165, 169, 187, 197, 200, 201, 211
  Schnauzenpartie – 201
Chihuahua-Kopfstudie – 197
Chondrodystrophie *(disproportionierter Zwergwuchs)* – 186
Chow-Chow – 20, 124, 177
Collie – 168
Cornell Universität – 223
Cortiron – 181
Coyote – 165
Crista sagittalis – 167
Dachshund – 186
Dackel – 20, 49, 53, 176, 177, 184, 186
  Gliedmaßen – 180
  Wachstums-Stops – 176, 179
Dackel-Skelett – 54
Dänischer Hund *(A)* – 108
Darmbein – 61, 84, 86, 90
Darmbein-Oberschenkel-Winkel – 86
Darmbeinwinkel – 161, 162

Darstellungen alter Kulturvölker – 165
Deerhound – 168, 169
Denkmalsanatomie – 24
Denkmalspferde – 25
Diagonale – 41
Diagonale, linke – 37
Diagonale, rechte – 37
Die fliegenden Blätter – 25
Diensthundrassen – 10
Dobermann – 14, 16, 127
Dogge – 75, 189, 190
Dolichocephal = Kopf lang und schmal – 183
Domestikation – 75, 124, 165, 166, 167, 169, 210, 223
  Gehirngröße – 210
Dornfortsatz – 31, 53, 68, 69, 160
  Entwicklung durch Zug – 160
  Neigung nach hinten – 160
  steil – 160
Drehpunkt – 99, 100
Dreibeinstütze – 36, 39, 44
Drüsen innerer Sekretion – 184
Duerst. U. – 90
Eignung – 10
Einbeinstütze – 44
Eingeweidegewicht – 31
Eiweißfutter – 60
Eizelle – 170
Ektropium – 128
Elefant – 95
Eleganz – 16
Elle *(Ulna)* – 78, 81, 83
Ellenbogen – 78, 81, 93, 94, 100, 115, 141, 181
  ausgedreht – 142, 143
Ellenbogengelenk – 83, 100
Ellenbogenhöcker – 81
Embryo – 181
Embryo des Hundes – 182
Energie – 105
Energiegewinnung – 106
England – 18
Epistropheus *(Axis)*, 2. Halswirbel – 68
Ermüdung – 15
Ermüdungsfaktoren – 37
Eurysom, Breit(Kurz)schädel – 207
Extremitäten – 30, 61, 96
Extremitätenpaare – 56
Fährtenhunde – 18
Fang – 64, 129, 130
Fang, verkürzter – 62
Fangzähne – 63, 65
Faßbeinigkeit – 88
Fehlerausgleich – 51
Fehlerhaft gebaut – 15
Fell – 183
Fellfarbe – 208
Fellgewicht kurzköpfiger Rassen – 206
Femur *(Oberschenkel)* – 39, 85
Fersenbeinhöcker – 88
Fessel – 154
Fesseln – 137
Fetalisation – 200, 201
Fettansatz – 183
Fibula *(Wadenbein)* – 88
Fleischfresser – 57, 131
Fontanelle – 199
Format, quadratisch – 42
Formen, elegante – 75
Formtyp – 116
Formtyp und Charakter – 117
Fortbewegen ist Fallen – 30
Fortbewegung – 97
Fortpflanzungsorgane – 56
Foxterrier – 24, 49, 158
Französische- oder Tanzmeisterstellung – 142
Frosch, Embryo – 181
Fuchs – 96, 143, 165
Fußungsfläche – 29
Fußwurzelknochen – 216
Fußwurzeln – 61, 78
Fütterung – 59, 60
Galopp – 15, 32, 37, 45, 46, 47, 48, 122
Galopp, langsamer, kurzer – 44
Galopper – 44
Galopptraining – 87
Gang, schnürender – 96
Gang, steppender – 42, 137
Gangaktionen – 24
Gangart – 143
  Wechsel der – 150
Gangart, ermüdende – 48
Gangarten – 15, 38, 48
Gangwerk – 15, 127, 132
Gaumenmißbildungen – 130
Gazelle – 95
Gebäude – 15, 132
Gebäudefehler – 131, 159

Gebiß – 168
Zange, Schere, Vorbiß, Hinterbeißer – 65
Gebiß des Hundes *(Tafel)* – 65
Gebißfehler – 65
Gebißveränderungen – 76
Gebrauchsform – 130
Gebrauchshund – 14, 131
Gebrauchszweck – 19
Geburt – 170
Gefangenschaftshaltung – 169
Gehirn – 53, 56, 68, 198, 199
Minimalgröße – 199
Gehirngewichte – 198
Gehirngröße – 68, 212
Verhältnis zur Körpergröße – 68
Gehirngröße und Domestikation – 210
Gehirnschädel – 64
Gehörgang, äußerer – 63
Gehweise harmonische – 27
Gelenk – 61, 100
Gelenke – 33, 46, 53, 149
Gelenkkapsel – 216
Gelenkschmiere – 216
Gemse – 74
Gesäß- und Sitzbeinmuskeln – 71
Geschichte der Hunderassen – 19
Geschwindigkeit – 95
Gesichtsschädel – 62, 64, 124, 168, 193
Gestaltung des Organismus – 170
Gewicht
neugeborener Hunde – 169
(Welpe Affenpinscher 60 g / Dogge 875 g)
Gewicht von Skelett und Extremitäten – 205
Gewichtsverteilung
Vorderhand = Stand 60 % – 145
Vorderhand, Bewegung = Bodenkontakt 1.5 mal länger als Hinterhand – 145
Gewichtsverteilung bei weniger extremen Wuchsformen – 205
Gleichgewicht – 28, 29, 30, 32, 34, 93, 143, 146
Gleitfläche für Sehne – 61
Gliedmaßen – 17, 31, 53, 76, 123
Funktionen unterschiedliche – 95
Gliedmaßen, schnelle Tiere – 94
Gliedmaßen, schwere, langsame Tiere – 94
Gliedmaßen und Bewegung – 33
Gliedmaßen, Verteilung der Last – 30
Gliedmaßen- und Winkelproportionen – 94
Gliedmaßenlänge und Abstand zum Boden – 95
Gliedmaßensäule – 78, 95
Gliedmaßensäulen
Stabilität – 95
Gliedmaßenstellung – 42
Goldschakal – 166
Gräten – 59
Grenzen der Hundezucht – 213
Greyhound – 23, 29, 48, 53, 73, 75, 203, 204, 206
Greyhound-Skelett – 54
Griffon – 169, 186
Größenmaße – 75
Größenordnung
Gewichtsklassen zwischen 4 kg und 22 kg *(größer als zwischen Pygmäe und größten Menschen)* – 203
Größenunterschiede – 17
Grundformen – 116
Galoppform *(Windhunde)* – 116
Kraftform *(Bulldogge)* – 116
Spitzform – 116
Traberform *(Schäferhund)* – 116
Grundformen, charakterliche Eigenschaften – 116
Grundformen, körperliche Eigenschaften – 116
Haarkleid – 10
Habichtsknorpel – 72, 73
Hahnenkämpfe – 23
Hakenzahn, oberer – 63
Halbläufer – 74
Half and Half – 75
Hals – 32, 37, 68, 80, 118, 121, 122, 123, 132, 150, 152, 159
kurz, hochangesetzt – 160
Hals- und Rückenmuskeln – 69
Halslänge – 161
Halswirbel
1. *(Atlas)* – 68
2. *(Epistropheus / Axis)* – 68
Körper – 68
Halswirbel (7) – 68
Halswirbelsäule – 32, 71, 77
Bogenform – 160
Hang- und Stützbeinphasen – 36
Hangbein – 35
Hängematte – 80
Hangler – 74
Haushund – 74
Formen – 166

Hauskatze – 74
Haustierforschung – 222
Haut – 123, 183
Faltenbildung – 123
lose – 118, 119, 128, 129
Hautstruktur Langschädeltypen – 206
Hebelwirkung – 88, 90, 97, 217
Angriffspunkt der Last – 99
Anwendung – 97
Hebel, einarmiger – 98, 100
Hebel, zweiarmiger – 98
Hebel, zweiarmiger, gewinkelter – 100
Hebelarm der Kraft – 98, 99, 100, 101
Hebelarm der Last – 98, 100, 101
Schwerpunkt der bewegten Last – 99
Skelettbewegung – 97
Hebel, Kraft und Last – 98
Hebelarm der Last – 99
Hebelwerk – 100, 101
Hebelwirkung am Hüftgelenk bei HD – 217
Hebelwirkung, Auflagerpunkt – 98
Hebelwirkung, Brecheisen – 98
Hebelwirkung, Drehpunkt – 98
Hebelwirkung Knochen und Muskeln – 98
Hebelwirkung, Rudern – 98
Hebelwirkung, Schere – 98
Hebelwirkung, Waage – 98
Hebelwirkung, Wippe – 98
Heiner v. Zwergeck – 132
Hering – 59
Herz – 12, 51, 71
vergrößert – 105
Herztätigkeit – 43
Hetzhunde – 47
Hetzjäger – 119
Hilzheimer – 169
Hinter- und Beckengliedmaßen – 78
Hinterbein – 76, 95, 153, 156
Hinterextremität – 32
Hinterfuß – 95
Hinterfußwurzelgelenk – 78
Hinterfußwurzelknochen – 78
Hintergliedmaße – 38
Hintergliedmaßen – 32, 42, 44, 46, 47, 71, 84
Hinterhand – 15, 32, 41, 43, 51, 70, 77, 121, 122, 123, 145, 152, 154
Bewegungsablauf – 149, 150
Darmbein-Oberschenkel-Winkel – 86
Elastizität – 145
Fußwurzel – 87
Hebelwirkung – 88
Hintermittelfuß – 87
Hub- und Triebkraft – 27
korrekte – 155
kuhhessig – 155
Lähmung – 190
Länge 6–10 % länger als Vorderhand – 146
Normalstellung – 89
o-beinig – 155
Oberschenkel – 87
Pfote – 87
Schienbein *(Tibia)* – 88
Schub der – 87
Schubkraft – 150
Schubübertragung auf Körper – 152
schwach – 119
Schwerpunkt – 150
Schwung zur Bewegung – 76
Sprunggelenk – 87, 88, 150
Stemm- und Wurfhebelwerk – 88
stützende Säulen – 155
Triebkraft – 155
überbaut – 119
unnatürlich gestreckt – 154
Unterschenkel – 87, 88
Unterschenkelknochen – 88
Unterschied zu Vorderhand – 145
Vorwärtsschub – 85
Wadenbein *(Fibula)* – 88
Winkel Becken zur Wirbelsäule – 86
Winkelung gute benötigt ausreichen langen Oberschenkelknochen *(Femur)* – 147
Winkelung, koordiniert – 86
Winkelung vortäuschen – 154
Zehen – 150
Hinterhand, rückständig – 89
Hinterhand, Stemm- und Wurfhebelwerk – 33
Hinterhand, unterständig – 89
Hinterhand, vorgreifen – 32, 48
Hinterhand, Winkelung – 85
Hinterhauptbein – 63
Hinterhauptbeinstachel – 63
Hinterhaupthöcker – 168
Hinterlauf des Hundes *(Tafel)* – 87
Hintermittelfuß – 78, 88, 154, 156
Hinterpfoten, Übergreifen – 40

Hinterteil – 190
Hirngröße – 207
Hirnkammern – 186
Hirnschädel – 62, 68, 167, 168
Hirsch – 74
Hoch- u. Weitsprung – 14
Hochbeinig – 138, 152
Holst, Erich v. – 150
Hüfte – 85
Hüftbein – 84
Hüftbeinhöcker – 84
Hüftgelenk – 78, 89, 94, 215, 217
Hüftgelenk, Entwicklung des *(Tafel)* – 214
Hüftgelenksdysplasie – 59, 85
Aufzuchtmethoden – 219
Bewegungsbehinderung – 219
Disposition zu HD – 219
Erstes Gebot ist für den Halter – 220
Erstes Gebot ist für Züchter – 220
Frühinvalide mit schweren Skelett- und Organerkrankungen – 219
HD – mehr als nur mangelhafte Architektur – 218
HD eine genetische bedingte Stoffwechselstörung – 218
HD ist eine grundsätzliche Knochenverformung – 219
HD ist viel mehr als nur ein Schaden am Hüftgelenk – 219
HD-Gelenke – 217
Hüftgelenkspfanne, Verformung bei HD – 217
komplex verzahntes Geschehen – 219
komplizierte genetische Verhältnisse – 219
Muskeln und Bänder – 217
Oberschenkelhals, Verformung bei HD – 217
Oberschenkelkopf, gewinkelt – 217
Oberschenkelkopf, Verformung bei HD – 217
scheinbar explosionsartige Ausbreitung – 218
Schnellwüchsigkeit – 218
Schweregrade nach dem Röntgenbild – 218
Selektion auf Schnellwüchsigkeit – 218
Überforderung des wachsenden Skeletts – 218
Wachstum = Knochen und Sehnen wachsen langsamer als Muskeln und Fettgewebe – 218
Hüftgelenksdysplasie *(HD)* – 215
Hüftgelenksdysplasie *(HD)* frühestens feststellbar – 215
Hüftgelenksdysplasie, besondere Anfälligkeit für – 218
Hüftgelenksdysplasie, genetische Disposition – 218
Hüftgelenksdysplasie und Wachstumsintensität – 218
Hüftgelenkspfanne – 215, 217
Hüftwinkel – 89
Humerus *(Oberarm)* – 39, 81
Hunde, hochläufige – 29
Hunde, prähistorische – 166
Hunde, schwerknochige, tiefstehende – 75
Hunde, windhundartige, leichtere – 75
Hundeartige – 165
Kopfform und Körpergröße – 169
Hundebeurteilung, Grundlagen der – 91
Hundeforschung – 222, 224, 225
Hundekämpfe – 23
Hunderassen, primitive – 169
Hunderennen – 23
Hundeskelette – 58
Hundetypen, extreme – 58
Hutaffe – 74
Hyäne – 74, 123
Hydrocephalus *(Wasserkopf)* – 201
Hypophyse – 182, 189, 207
Hypophyse im fötalen Leben – 189
Ilium *(Darmbein)* – 181
Iljin, N.A. – 166
Institut für Haustierkunde Kiel – 170
Intervall bei verschiedenen Gangarten – 39
Inzucht – 181
Irish Setter – 177, 178
Irish Wolfhound – 11, 17, 165, 189
Italienischer Hund *(A)* – 109
Jagdhunde – 18
Jochbein – 63
Jochbögen – 62
Kalk – 60
Kalksalze, Einlagerung in das Knochengewebe – 216
Kalzitonin – 217
Kalzium – 217
Kalzium im Stoffwechsel – 217
Kalzium-Spiegel des Blutes – 217
Kamelrücken *(A)* – 159
Kampf- u. Schutztrieb – 14
Kämpfer, todeswütige – 118
Kampfhund – 21
Kampfhundrassen – 39
Karpalballen – 88
Karpalgelenk – 78, 82, 83
Karpfenrücken *(A)* – 159
Kaumuskulatur – 62
Kauwerkzeuge – 62

Kiefer- und Nasenbeinverkürzung – 130
Kieferform, breite – 66
Kiefergelenk – 63
Kieferknochen – 64
Kinngrundlage – 63
Klatt, Dr Berthold – 192, 193, 194, 196, 203, 204, 223, 225
Kleinhunde – 11, 18
Kleinpudel – 177
Kletterer – 74
Knickschwanz – 194
Kniegelenk – 78, 86, 87, 89, 94, 150, 154
Kniegelenk, fehlerhaftes – Folgen – 87
Kniescheibe – 61, 86
Kniescheibe, Herausspringen der *(Patella-Luxation)* – 87
Kniewinkel – 87, 88
Knochen – 17, 58, 59, 62, 99, 121, 122, 123, 128, 198
  als Organe – 59
  anorganische Bestandteile – 59
  Biegfestigkeit wie Flußstahl – 62
  Druck- und Zugverhältnisse – 58
  druckfester als Sandstein – 62
  Einlagerung anorg. Material – 59
  elastisch wie Eichenholz – 62
  entkalken – 59
  Entstehung, Funktion und Form – 58
  Festigkeit – 61
  Knochenbälkchen – 61
  Knochenbau – 57
  Knochenbildung d. Druck – 58
  Knochenbrüche – 59
  Knochendeformation – 59
  Knochengerüst – 53
  Knochengerüst des Hundes *(Tafel)* – 55
  Knochengewebe – 59
  Knochenskelett = Hebelwerk – 56
  Knochenveränderung entspricht Beanspruchung – 59
  Kopfknochen – 61
  Längenwachstum – 157
  Laufknochen Wachstum – 157
  Mineralstoffwechsel – 59
  organische Bestandteile – 59
  passives Verhalten – 97
  platte, breite – 61
  Regeneriervermögen – 59
  Skelettentwicklung, vorgeburtlich – 58
  Spannungslinien – 61
  spröde – 60
  Struktur – 61
  Stütz- und Schützfunktion – 59
  und Muskelbildung – 58
  Verbiegung – 60
  Verkürzung – 17
  Verlängerung – 17
  Welpenskelett – 60
  Zug- und Drucklinien – 58
  Zugfest wie Kupfer – 62
  Zusammensetzung – 59
Knochen Abbau – 216
Knochen, Gelenkenden – 216
Knochen, komplizierte Entwicklung zu endgültiger Form – 216
Knochen, kurze – 61, 216
Knochen, Lage der – 91
Knochen, platte – 216
Knochenbau – 143
  dick, schwer, porös – 60
  Fehler – 60
  fein und hart – 60
  Unterschiede – 60
Knochenbildungszellen *(Osteoblasten)* – 216
Knochenbrüche – 121
Knochenersatz – 216
Knochenfunde – 180
Knochengewebe – 216
Knochenkerne – 216, 217
Knochenkorb – 70
Knochenlänge – 101, 154
Knochenleiste – 71
Knochenmark – 61
Knochenoberfläche – 99
Knochenstruktur – 87, 204
Knochenstruktur bei kurzköpfigen Rassen – 206
Knochenstruktur, feinere – 118
Knochenwachstum, Abschluß – 216
Knochenwachstum, Fehlsteuerung – 217
Knochenzellen – 216
Knochenzellen *(Osteozyten)* – 216
Knorpel – 58, 216
Knorpelsaum – 80
Knorpelüberzug – 216
Kohlenhydrate – 105
Kondition – 12, 44
Konstitution – 12
Kopf – 32, 37, 53, 118, 121, 123, 124, 132, 150, 152, 212
  Backenbildung – 129

Boxerbastarde – 125
Boxerkopf – 125, 126
Canidenschädel – 193
Domestikation – 181
edel gezogenes Kopfprofil – 128
extrem lang, schmal, flach – 124
extrem verkürzter Gesichtsschädel – 124
extremer Langschädel – 67
Extremformen – 129
Fang – 129
Gaumenmißbildungen – 130
Gesichtsschädel – 124
gestreckter Keilkopf – 128
Kiefer- und Nasenbeinverkürzung – 130
Kopfmaße – 126
Kurzschnauzigkeit – 181
Länge – 126
langer, schlanker und langwüchsiger Knochentyp – 127
Lefzenbildung – 128, 129
nach dem Kopf züchten – 127
Nasenbein – 128
Nasennebenhöhle – 130
Nasenprofil – 128
Normalkopf – 124
Qualität – 126
Ramsung – 128, 129
Schädelveränderungen – 124, 180, 181
Schnauzenverkürzung – 180
früher Hundefunde – 180
wildlebende Caniden – 180
Wolf – 180
Stirn – 129
Stirnbeinlinie – 128
Terrierkopf – 126
Typen – 124, 180
Breitschädel- oder lateraler Typ – 180
Kurzschädel- oder lateraler Typ – 180
Langschädel- oder linearer Typ – 180
Unterkiefer – 130
Verhältnismaße – 126
Verkürzung des Fanges – 125
Wachstumshemmung – 181
Windhundschädel – 192
Wolf – 124
Zähne – 181
Kopfform – 18, 62, 179
Wolf – 167
Kopfform, Bedeutung für die übrige Proportionierung des Körpers – 126
Kopfform, Bedeutung für übrige Proportionierung des Körpers – 207
Kopfform, Entstehen der – 193
Kopfformen im Vergleich *(Tafel)* – 180
Kopfgröße und Halslänge – 68
Kopfproblem – 127
Kopfvolumen
Bulldogge – 204
Windhund – 204
Körperabschnitte, Wachstum der – 170
Körperbau – 17, 53, 57, 130
für bestimmte Lebensanforderung – 96
für grabende Tätigkeit – 96
für springende und Galoppbewegungen – 96
Galoppform – 96, 136, 138, 147, 148
Grundformen
eurysomer Typ *(Kurzwuchstyp)* – 192
Kurzwuchstyp – 192
Langwuchstyp – 192
leptosomer Typ *(Langwuchstyp, langköpfig)* – 192
Wuchsform – 192
Kraftform – 96, 147, 148
Traberform – 96, 136, 138, 147, 148
Unterschiede – 96
Körperbau und Bewegung – 30
Körperform – 97, 127, 165
Einteilung nach – 110
Gedrungen, Ringelrute, Stehohr-Kippohr, vorgewölbte, hohe Stirn, stumpfe dicke Schnauze – 110
Gröpenunterschiede, extreme – 198
Lange, flache Kopf- und Körperlinien – 110
schwere Galopp- und Angriffsform – 119
Ursprungsform = Hatzhundgruppe – 110
Ursprungsform = Jagdhunde – 110
Ursprungsform = Kraftform – 110
Ursprungsform = Laufformen *(Galoppform, Traberform)* – 110
Ursprungsform = Schoßhunde – 110
Ursprungsform = Spitzform – 110
Körperform und Leistung – 49
Körpergewicht – 95
Körpergröße – 179
Giganten – 140
Proportionsveränderungen – 140
Körperkonstruktion – 57
Körperlänge – 154

Körperlänge erreicht in Tagen – 171
Körpermaße – 90, 210
Körperoberfläche – 212
Körperproportion – 113, 184
  Aufbaustörung – 184
  Beinlänge /Rumpfhöhe – 114
  Breite Front und steile Hinterhand – 114
  Brustwirbelsäule – Lendenwirbelsäule – 114
  Caniden, wildlebende – 184
  Drüsen innerer Sekretion – 184
  hochgestellte, hochbeinige Hunde – 114
  Kruppe höher als Widerrist *(überbaut)* – 114
  Kurzbeinige Hunde – 114
  Normalform – 184
  Optische Täuschung – 114
  Quadratisch – 113
  Rechteck-Querformat – 113
  Riesenform – 184
  Schwerpunktverlagerung – 114
  Spielarten – 184
  unproportionierter Riesenwuchs – 184
  unproportionierter Zwergwuchs – 184
  Unproportioniertheit – 184
  Widerrist höchster Punkt des Rumpfes – 114
  Widerristhöhe = % Körperlänge – 114
  wohlproportioniert – 184
  Zwergform – 184
Körperschwerpunkt – 77
Körperschwerpunkt = Schnittpunkt, gedachter Linien – 29
Körperschwerpunkt und Rumpflänge – 29
Körperteile – 170
Körpertemperatur – 105
Körperwachstum – 223
Korrelationen, natürliche – 75
Kraft – 15, 16, 17, 101
Kraftarm – 100
Kraftform – 120, 123
Krafthebel – 100
Kraftverbrauch – 122
Krallen – 145
Kreislaufversagen – 15
Kreuzbein – 32, 71, 85, 162
Kreuzbeinhöcker – 84
Kreuzungsversuche – 223
  Basset x Schäferhund – 116
  Berhardiner-Dogge Bastard x Bernhardiner, Rückkreuzung *(Tafel)* – 191
  Bernhardiner x Dogge – 190
  Boston Terrier – 185
  Boston Terrier x Dachshund *(Tafel)* – 185
  Bulldog-Einkreuzungen in Greyhound – 75
  Bulldogge Französische – 185
  Bulldogge x Whippet *(Tafel)* – 194
  Bulldogge/Whippet x Bulldogge *(Rückkreuzung)* – 195
  Dachshund x Bostonterrier – 185
  Dachshund x Brüssel-Zwerg-Griffon *(Tafel)* – 186
  Französische Bulldogge x Whippet – 192
  deformierter Kopf – 185
  deformierter Schwanzteil – 185
  Körperbaumißbildungen Mensch Hund – 184
  Kreuzungen gegensätzlicher Rassen – 116
  Kreuzungsversuche
    Wolf Hund – 166
  Kreuzungsversuche extreme Hunderassen – 184, 185, 192
  Kreuzungsversuche mit Riesen-Hunden – 189
  Anomalien – 196
  Hypophyse – 196
  Innere Organe – 196
  krummbeinig – 185
  Kurzbeinigkeit – 185
  Mißbildungen bei Bastarden – 196
  Rezessive Erbfaktoren – 196
  Rückkreuzung extreme Bastarde – 185
  Windhundeinkreuzung – 119
  Wirbeldeformität – 185
Kreuzwirbel (3) – 68
Kreuzwirbelsäule – 71
Kruppe – 32, 38, 41, 48, 85, 89, 94, 122, 123, 124, 145, 153, 154, 155, 161, 163
  horizontale – 162
  Muskeln – 150
  waagerecht – 153
Kruppenformen, unterschiedliche – 85
Kruppenmuskel – 150
Kuhhessigkeit – 88
Kurzbeinige Hunde – 20
Kurzbeinigkeit – 185
Kurzköpfig – 66
Kurzschädeltyp – 180, 203
Kurzschädeltyp = Verkürzung aller Längenmaße von Wirbelsäule, Basilarlänge, Extremitäten – 205
Kurzschnauzigkeit – 181

Lahmgehen – 51
Längenmaße – 75
Längenmaße am Hundeskelett – 95
Längenwachstum – 157, 182
Langköpfig oder dolichocephal – 183
Langschädel -Leptsosom – 207
Langschädelig – 64
Langschädeltyp – 180, 203
Lasthebel – 100
Lateraler Typ – 183, 193
Läufer – 74
Läufer, ausdauernder – 132
Laufergebnis – 122
Laufformen – 120, 143, 152
  Galoppform – 120
  Traberform – 120, 122
Laufknochen – 95, 138
Laufleistung – 143
  größere – 120
  wenig ausgeprägt – 120
Laufraubtier – 57
Lebensfähigkeit, Mindestanforderungen – 199
Lebensjahr, 1. – 59
Lefzen – 118, 128, 129
Lehrbuch der Anatomie der Haustiere – 99
Leistung – 51, 52, 131
Leistung und Schönheit – 163
Leistungserprobung – 13
Leistungsfähigkeit – 13, 37, 158, 159
Leistungsform – 14
Leistungsprüfung – 131
Leistungsunterschiede – 12
Leistungszucht – 14
Lendenpartie – 41, 118, 157, 158
Lendenpartie zu stark aufgezogen *(A)* – 159
Lendenwirbel – 32, 69, 70, 162
Lendenwirbel (7) – 68
Lendenwirbelsäule – 31, 38, 46, 159, 161
  Anfang = letzte Rippe – 162
  Ende = Darmbeinrand – 162
Leopard – 95
Leptsosom – Langschädel – 207
Letale Faktoren – 187
Lethargie – 44
Linearer Typ – 183, 193
Löns, Rudolf – 110, 115, 118, 224
Lorenz, Konrad – 131, 166
Löwe – 74
Lunge – 12, 43, 51, 71
Luxus- und Renommierhunde – 20
Malteser – 201
Markhöhle – 216
Massemittelpunkt – 29
Mastiff – 189, 211
Mastino – 49
Menschenaffe – 74
Merkmale, körperliche – 52
Meßmethoden – 224
Metacarpalia – 174
Milch – 60
Milchgebiß – 65
Milchsäure – 105
Mineralisierung – 60
Mineralstoffe – 59
Molaren *(hintere Backenzähne)* – 65
Mops – 64, 125, 169, 201, 203, 206
Muskel – 50, 99, 102, 103
  Aufbau durch Eiweiß – 106
  Bündel – 104
  Durchblutung – 105
  Ernährung – 105
  Fasern – 103, 104
  Fett statt Muskeln – 106
  Fiederung – 103
  Gefiedert, doppelt gefiedert, mehrfach gefiedert – 103
  Hebelwirkung – 103
  Hubkraft und Hubhöhe – 103
  Kontraktion – 103
  Leistungssteigerung – 105
  mehrästig = spaltet sich am Ende – 104
  Muskelarbeit – 105
  Muskelbündel – 103
  Muskelschwund – 105, 106
  Querschnitt – 103
  Querschnitt, physiologischer – 103
  Reaktionen durch Nervenimpulse – 104
  Sehnenblätter – 103
  Sehnenstränge – 103
  Stoffwechsel – 104
  Tonus – 104, 105
  Training – 105
  Wirkfläche, tatsächliche – 103
  zwei-, drei-, vielköpfiger – 104
Muskelansatz – 31, 99, 100, 104
  beweglicher Punkt = Ansatz
  fixer Punkt = Muskelursprung

Muskelarbeit – 27, 102
Muskelarten – 102
Muskelentwicklung – 204
Muskelfasern – 58
Muskelfleisch – 60
Muskelgruppen – 102
Muskelkontraktion – 35
Muskelkraft – 95, 100, 101, 121
Muskeln – 12, 17, 50, 53, 62, 70, 71, 79, 97, 99, 101, 159, 198
Muskeln, Arbeitsweise – 101
Muskelschicht, oberflächliche des Hundes *(Tafel)* – 101
Muskelstruktur, feinere – 118
Muskulatur – 121
Nahrung – 59
Nahrungserwerb – 57
Nahrungsmenge – 95
Napoleon – 43
Narkose – 104
Nase – 62
Nasenbein – 63, 128
Nasenhöhle – 62
Nasennebenhöhle – 130
Nasenrücken – 121
Nebenschilddrüsen – 189
Nerven
  Motorische Nervenfasern – 104
  Sensible Nervenfasern – 104
  Tonische Nervenfasern – 104
Nervenimpulse – 104
Nervensystem – 53, 68, 101, 198
  Reaktionen, autonome – 68
Nervensystem, vegetatives – 104
Neufundländer – 129
Nierenpartie, gewölbte – 159
Nordlandhunde – 124
Nutztierzucht – 188
Oberarm – 90, 91, 97, 99, 115, 122, 134, 141, 179
  Gelenkkopf – 81
  Gelenkpfanne – 81
Oberarmbein *(Humerus)* – 81
Oberarmknochen – 79, 99, 136, 138
  Länge im Verhältnis zum Unterarm – 138, 139
  Länge zu Schulterblatt – 93
  Längenmaße – 93
  rassetypisch kurz – 139
  Verkürzung nur scheinbar *(Torsion)* – 99
Oberarmknochen *(Humerus)* – 216
Oberarmmuskel – 100
Oberkiefer – 65, 118, 168
Oberkieferbein – 63
Oberschenkel – 85, 90, 148, 179
  Bänder und Muskeln – 85
  Gelenkkopf – 85
  Hüftgelenksdysplasie – 85
  Länge 42% Anteil von Hinterextremität – 146
  Oberschenkelhals – 85
Oberschenkelbein
  Relation zur Wirbelsäulenlänge – 148
Oberschenkelhals, Verformung bei HD – 217
Oberschenkelknochen *(Femur)* – 78, 85, 86, 89, 154, 215, 216
Oberschenkelkopf – 32
Oberschenkelkopf, gewinkelt – 217
Oboussier, Prof. Dr. Henriette – 223
Ohr
  Hängeohr – 129
  Ohrform – 129
  Rosenohr – 129
  Stehohr – 129
Ohren – 62, 118, 123
  Behanglänge – 128
Ökonomie tierischer Bewegung – 100
Old English Terr. – 24
Organe – 51, 53, 62, 198
  (Kurzschädeltyp = Übergewichtung bei Hirn- und Augengröße. Schilddrüse, Hypophyse) – 207
Organe, innere – 204
Organgrößen – 212
Organismus, wachsender – 58
Ossifikationszentren – 216
Osteoblasten *(Knochenbildungszellen)* – 217
Osteoklasten = *bauen mit Hilfe von Enzymen Knochengewebe ab, mobilisieren außerdem das Kalziumdepot aus dem Skelett* – 216, 217
Osteozyten *(Knochenzellen)* – 217
Parallelstellung der Extremitäten – 154
Parathormon – 217
Pariahund – 168
Parias – 107
Parietalleisten – 168
Paßgang – 37, 43, 44, 151
Paßgang, Rassemerkmal – 43
Patella-Luxation – 87
Pekinese – 125, 169, 201
Pendelbewegung – 37

Pfanne des Beckens – 32
Pferd – 17, 27, 39, 43, 56, 57, 74, 87, 156, 225
Beschlag – 137
Sprunggelenk – 156
Zehenspitzengänger – 156
Pferde-Rennsport – 43
Pferdeabbildungen – 25
Pferdebeurteilung – 90
Pferdebilder, gemalte – 24
Pferdedarstellung – 24
Pferderennen – 23
Pferdesport – 19
Pferdezucht – 18
Pflanzenfresser – 57
Pfoten – 82, 87, 136, 149
Anpassung an Lebensweise – 145
aufgewölbt – 135
durchtreten – 135
gespreizt – 135
Hasenpfote – 144
junger Hunde – 156, 157
Katzenpfote – 144
Schuhfunktion durch Hebelwirkung – 101
Vorderpfote – 137
Wolf – 145
Phalangen – 174
Phasen, Zahl der Phasen bei den Gangarten – 38
Phosphor – 217
Photographie – 24
Pigmentbildung und Schilddrüse – 208
Pinscher – 42
Polo-Pony – 154
Praemolaren *(vordere Backenzähne)* – 65
Proportion – 53, 90, 154
Proportionsfehler – 76
Proportionsveränderungen – 140
Proportionsverschiebungen – 157
Pudel – 170, 171, 174, 175, 176, 177
Pygmäe – 203
Querfortsätze – 53, 56, 70
Rachitis – 60
Radius *(Unterarm)* – 39, 81, 96
Ramsung – 128, 129
Rassehundezucht, Beginn bei Jahrhundertwende – 18
Rassehundzucht, zielstrebige – 18
Rassemerkmale – 131
Rassen
Arbeitsform große, der nordasiatischen Nomadenvölker – 108
Arbeitsform Hirtenhunde – 108
Arbeitsform Hof- und Ziehhunde – 108
Arbeitsform Hofhund *(Schutz-, Hüte-, Jagdhund)* – 108
Arbeitsform Jagdspürhunde – 109
Arbeitsform Pinscher Rattler – 109
Arbeitsformen – 108
Ausgangsrassen – 108
Bracken – 109
Bullenbeißer – 109
Dachshunde – 109
Dobermann – 108
Epagneul – 109
Grundformen – 108
Haushund Spitz – 109
Hirtenhunde Italiens, Balkan, Ungarn – 108
Hühnerhunde – 109
Jagdpudel – 109
Rottweiler-Fleischerhund – 108
Schäferhund – 108
Schäferhundformen – 108
Schweißhunde – 109
Sennenhunde – 108
Standard – 113
Standard – Allgemeine Erscheinung – 112
Standard – Charakter – 112
Standard Punkte von Kopf bis Rute – 112
Standard Wertbegriffe, übergeordnete – 112
Treibhundformen – 109
Vorstehhunde – 109
Wachtelhunde – 109
Windhunde – 109
Zuchtziel – 112
Rassen, Züchten neuer – 75
Rassen-Typen
Bulldog-Typ – 118
Windhund-Typ – 118
Rassenunterschiede – 17
Rassenveränderung, Gründe – 131
Rassestandard – 10, 11, 15
Rassestandard konstruiert – 19
Rechtsgalopp – 46
Reißzahn – 63
Religiöse Gesichtspunkte – 197
Reserven der säugenden Hündin – 60
Rezessive Erbfaktoren – 196
Rhesusaffe – 74

Riechfläche – 62
Riesenrassen – 165, 168, 168, 179, 182, 189
  Herzfehler – 140
  Krankheiten – 140
  Magentorsion – 140
  Nervenpunkte an der Wirbelsäule – 212
  Problematik – 212
  Rückenmark – 140
  Schwäche der Hinterhand – 140
Ringdressur – 27, 44
Ringelrute – 124
Rippen – 31, 32, 56, 61, 70, 71, 119
  Atmungsrippen – 72
  echte *(sternale)* – 71
  falsche *(asternale)* – 71, 72, 161
  paarige – 68
  Rippen (13) – 68
  Rippenbogen – 29, 72
  Rippenpaar, letzte – 72
  Rippenwölbung – 72
  Tonnenbrust – 72
  Träger des Rumpfes – 71
  Tragrippen – 29
  Zwischenrippenraum – 30
Rippenverlauf und Brustkorb – 162
Rippenwölbung – 72, 160
Röhrenknochen – 61, 81, 216
Röntgen, Lagerung – 215
Rottweiler – 14, 49, 148, 149, 177, 178, 180
Rücken – 50, 51, 69, 118, 121, 122, 123, 124, 157
  bei hochangesetztem, kurzem Hals – 160
  brettgerader *(A)* – 158
  fehlerhafter – 159
  flaches Kreuz – 158
  kurz – 107, 158, 161
  normaler *(A)* – 158
  optisch verfälscht – 158
  optische Täuschung – 70
  unnatürliche Position – 158
  zu lang oder zu kurz – 70
  Alter – 159
  Bauchpartie – 162
  Bogen – 159
  Bogenkonstruktion – 32
  Brustkorb aufgerippt – 161
  Brustkorb- und Rippenverlauf – 162
  Brustkorbtiefe – 162
  Brustwirbelsäule – 160
  Dornfortsatz – 160
  Festigkeit – 162
  Fettpolster – 158
  Kamelrücken *(A)* – 159
  Karpfenrücken *(A)* – 159
  Lendenpartie – 162
  Lendenpartie zu stark aufgezogen *(A)* – 159
  Mängel – 157
  Muskelverbindung – 162
  Rippenwölbung – 160
  Sattelrücken *(A)* – 159
  Schwäche – 158
  Senkrücken *(A)* – 159
  Spannungsverhältnisse – 162
  Standard – 158, 159
  Tricks und Retuschen – 159
  Verhältnis Rückenlänge-Oberschenkel – 149
  Verhältnis Rückenlänge-Widerrist – 149
  Widerrist bei Kraftformen – 160
  Wölbung der Wirbelsäule – 161
  Zeichen von Schwäche – 160
Rückenmark – 53, 56
Rückenmark, Lendenanschwellung – 70
Rückenmarkkanal – 56
Rückenstrecker-Muskeln – 31, 47
Rückenwirbel – 69
Rückenwölbung – 48, 153, 155
Rumpf – 46, 53, 90, 158
Rumpflänge – 122
  Messung = Buggelenk bis Sitzbeinhöcker – 84
Rumpfproportionen – 40
Rumpfskelett – 68
Rute – 85, 123
  Aufrechthalten der – 159
  Ringelrute – 124
Rutenansatz – 85
Säbelbeinigkeit – 88, 156
Sägemuskel – 80, 136
Sägemuskel, Ansatzfläche – 83
Sagen und Mythen – 197
Sattelrücken – 153
Sattelrücken *(A)* – 159
Säugeperiode – 60
Saxonias Assan – 51
Schädel – 53, 166
  Augenachse Hund – 168
  Augenachse Wolf – 168
  Augenhöhlen = Stellung und Form – 168

Augenrand – 168
Basilarlänge – 167
Canidenschädel – 166
Crista sagittalis
Merkmal bei Rüden ausgeprägter als bei Hündinnen – 167
Merkmal fehlt bei kurzköpfigen Rassen – 167
Merkmal langschädeliger Rassen – 167
Flüssigkeitsansammlung in Hirnkammern – 186
Gesichtsschädel – 167, 168
Gewicht, relatives – 205
Haushundschädel – 166, 168
Hinterhauptsfontanellen – 168
Hirnschädel – 167, 168
Jochbogenansatz – 167, 168
keilförmige Gestalt – 62
Medianlinie – 167
Nasenrücken – 167
Oberkiefer – 168
Orbitalebene – 168
Profillinie – 167
Schädelform Welpen – 169
Schädelraum – 168
Stirn – 167
Stirndecke – 168
Stirnebene – 168
Stirnhöhle – 167, 168
Verhältnis Hirnschädellänge zu Gesichtslänge – 168
Vermessungen – 166
Wolf – 167
Wolfsschädel – 166
Zwerghundwelpen – 169
Schädel des Hundes *(Tafel)* – 63
Schädelentwicklung bei Zwergrassen *(Tafel)* – 201
Schädelform – 68, 225
Schädelformen, extreme im Vergleich – 193
Schädelgröpe, Verhältnis zu übrigem Körper – 68
Schädelhöhle – 56
Schädelknochen – 62, 216
Schädelnähte – 193
Schäferhund – 11, 14, 16, 29, 42, 53, 73, 90, 117, 122, 125, 138, 151, 161, 169, 211
Mischung aus Wolf und Fuchs – 166
Schäferhund *(A)* – 110
Schäferhund-Skelett – 54
Schakal – 165, 168
Schambein – 84
Schaufelknorpel – 72, 73
Schaukelbewegung – 143
Schaukelpferd – 27
Scheitelbein – 63
Scheitelkamm – 63
Scheitelleiste – 62
Schenkelmuskulatur – 85
Scherenbiß – 65
Schienbein *(Tibia)* – 78, 88
Schilddrüse – 182, 189, 207
Über- bzw. Unterfunktion – 182
Schilddrüse im fötalen Leben – 189
Schläfenbein – 63
Schnauzenverkürzung – 19, 180
früher Hundefunde – 180
wildlebende Caniden – 180
Wolf – 180
Schnauzer – 158
Schneidezähne – 63, 65, 66
Schnelligkeit – 12, 15, 17, 18, 37, 50, 95
Schönheit und Leistung – 163
Schönheitsbewertung – 13
Schönheitsfehler – 13, 51
Schönheitsideal – 131
Schönheitszucht – 52
Schoßhund – 110
Schritt – 36, 37, 38, 121, 122, 133
kurz, kraftvoll – 39
normaler – 40
weitausgreifender – 40
Schrittweise – 133
Schubkraft 15, 33, 150
der Hinterhand – 152
der Vorderhand – 152
Weiterleitung v. Hinterhand zu Wirbelsäule – 153
Schulter – 16, 41, 42, 118, 130, 132, 141, 143, 145, 181
Schulter, lose – 119, 141
Schulterblatt – 39, 61, 74, 78, 79, 81, 83, 86, 90, 91, 92, 93, 94, 97, 99, 115, 121, 122, 132, 136, 138, 139, 141, 142, 160, 216
kurz und breit – 141
Bewegungsstörungen – 139
Dackel – 92
Größen und Formen – 92
lang mit langen schlanken Muskeln – 141
lose Schulter – 119, 141
Rollbewegung – 97
Schräglage – 153
Schulterfreiheit – 139

Verbindung zum Brustkorb – 79
Vorder- und Rückseite – 80
Windhund – 92
zu stark bemuskelt – 141, 142
Schulterblatt und Muskellänge – 139
Schulterblatt-Index – 74
Schulterblattform und Lebensweise – 74
Schulterblattgräte *(Spina)* – 80, 133
Schultergelenk – 29, 80, 81, 91, 92, 94, 99, 134, 136
Schultergelenk – Strecker – 100
Schultergliedmaßen /Vordergliedmaßen – 79
Schulterwinkel – 79, 81, 93, 94
Schwanz – 32
Schwanzwirbel – 68, 71
Schwanzwirbelsäule – 194
Knickschwanz – 194
Schweben – 38
Schwebephase – 42, 46, 47, 150
Schwergewicht Körper-Vorderteil – 123
Schwerpunkt – 28, 30, 32, 33, 34, 36, 41, 101, 143, 150, 152
Schwerpunktverlagerung – 114
Schwingphase – 38, 151
Schwungkraft – 46
Sehnen – 53, 57, 59, 61
Seiferle, Prof. Dr. E. – 94, 224
Seitz, Alfred – 166
Selektion
künstliche – 75, 97
natürliche – 97, 145
Senkrücken *(A)* – 159
Sesambein – 61, 83, 86
Setter – 151
Shar-Pei – 169
Sierts-Roth, Dr. U. – 169
Sitzbein – 84, 85, 162
Sitzbeinhöcker – 84, 89, 94
Skelett – 17, 53, 148, 216
321 Knochen – 68
Gerüst, knöchern und knorpelig – 53
Gesamtfunktion – 127
Gesamtskelett – 56, 68
Messungen – 147
Rumpfskelett – 68
Stemm- und Wurfhebelwerk – 78
Stütz- und Gehfunktion – 78
Stütz- und Vorschubfunktion – 78
Tag- und Auffanghebelwerk – 78
Skelett, Aufbau – 53
Skelett bei Geburt – 59
Skelett, Entwicklung – 61
Skelett, permanente Erneuerung – 216
Skelett, Teil, aktiver – 56
Skelett, Teil, passiver – 56
Skelett, Übersicht – 53
Skelettaufbau – 87
Skelettbewegung – 97, 99
Hebelwirkung – 97
Skeletteile – 100
Skelettentwicklung des Welpen – 215, 216
Skelettgewicht des Langschädeltyps – 206
Skelettmuskulatur – 56
Skelettveränderungen, rassetypische *(Tafel)* – 54
Skelettvermessung – 119
Skelettvermessungen – 223
Sohlenballen – 82
Somatropin *(Wachstumshormon der Hypophyse)* – 182
Spaniel – 129
Speiche *(Radius)* – 78, 81, 83
Spina *(Schulterblattgräte)* – 93
Spitz – 20, 125
Spitz *(A)* – 112
Spitzform – 120, 123
Sprungbeinhöcker – 156
Sprunggelenk – 78, 86, 87, 88, 89, 94, 149, 150, 154
tief – 156
Winkelung – 89, 156
St.Bernhardshund *(A)* – 111
Stammform – 169
Standard – 50, 112, 147, 148
Standfestigkeit – 142
Standfläche – 39
Starck, Dietrich – 169, 201
Stauchungserscheinungen – 193
Stechschritt – 42
Stemmbewegung – 97
Stephanitz, Rittmeister v. – 90, 126, 127, 139
Stirn – 64
Stirnbein, Jochfortsatz des – 63
Stöberhunde – 18
Stockard, Charles R. – 116, 117, 185, 186, 189, 194, 223
Stockmann, Friederun – 221
Stoffwechsel – 131, 181, 182
Stop – 62, 64, 121, 123
Strebel, Richard – 22
Streckung des Rückens – 47

Streichhölzer – 90
Stromung – 119, 209
Studer, Th. – 166, 167
Stütz- und Stemmphase – 47
Stützbein – 35
Stützfüßer – 74
Stützpunkt, Schritt – 37
Substanz – 16, 122
Tafeln
Bewegungsphasen – 151
Brustkorbformen – 73
Chihuahua-Kopfstudie – 197
Die Entwicklung des Hüftgelenks – 214, 218
Die Entwicklung des verwachsenen Hüftgelenks – 218
Entwicklung vor der Geburt – 182
Filmstreifen Bewegungsphasen – 151
Freitrabender Setter – 151
Gebiß des Hundes – 65
Hinterlauf des Hundes – 87
Knochengerüst des Hundes – 55
Kopfformen im Vergleich – 180
Körperumriß von Französische Bulldogge und Whippet – 186, 202
Kreuzung Bernhardiner x Dogge – 190
Kreuzung Bernhardiner-Dogge-Bastard x Bernhardiner *(Rückkreuzung)* – 191
Kreuzung Boston Terrier x Dachshund – 185
Kreuzung Bulldogge x Whippet – 194
Kreuzung Bulldogge/Whippet X Bulldogge *(Rückkreuzung)* – 194
Kreuzung Bulldogge/Whippet X Whippet *(Rückkreuzung)* – 194
Kreuzung Dachshund x Brüssel-Zwerg-Griffon – 186
Oberflächliche Muskelschicht des Hundes – 101
Schädel des Hundes – 63
Schädelentwicklung bei Zwergrassen – 201
Skelettveränderungen, rassetypische – 54
Trabender Schäferhund – 151
Typische Merkmale der beiden Grundformen linearer und lateraler Typ – 183
Typische Verteilung der Gesamtkörpermasse bei Normal-, Kurzschädel- und Langschädeltyp – 204
Variationsvielfalt der Hunderassen – 211
Vererbung der Beinlänge – 117
Wuchsform extreme Schädelformen im Vergleich – 193
Wuchsformen in der Spaniel-Gruppe – 209
Takt – 38
Tänzeln – 121
Täuschung, optische – 68, 76
Tempo Zwei-, Drei-, Viertakt – 38
Terrier – 11, 42, 90, 127, 138
Thorax – 31
Thoracal-Index – 74
Thorax-Breite – 74
Thyroxin *(Hormon der Schilddrüse)* – 181, 182
Tibia *(Schienbein)* – 39, 88, 96
Tiger – 74
Tolteken – 197
Tonnenbrust – 72
Tonnenform – 123
Torsion – 99
Trab – 37, 41, 121
geworfener – 42
Trab, geschwungener – 42
Trab, übereilter – 42
Trabaktionen, forcierte – 42
Traben – 122
Traber – 44
Traberform – 152
Trabergangwerk – 10
Trabertraining – 87
Trableistung, gute – 41
Tragrippen – 29, 71
Training – 12, 15, 51, 132
Tränenbein – 63
Trittsiegel – 40
Tyrannin Mode – 131
Überbaut – 42
Überbaut *(= Kruppe höher als Widerrist)* – 114
Übergröße bei Hunden – 139
Ulna *(Elle)* – 81
Unterarm – 81, 90, 93, 95, 142, 144, 179, 181
Ellenbogenhöcker – 81
Speichenkopf – 81
Speichenwalze – 81
Unterkiefer – 65, 168
Blockierung 1. Prämolar – 67
extrem lang und dünn – 67
Wurzel unterer Reißzahn – 67
Unterkiefer, paariger Teil – 63
Unterkiefer, unpaariger – 63
Unterkieferast – 63
Unterkieferbein, Kronenfortsatz des – 63
Unterschenkel – 78, 95, 156, 179, 181

(zu) kurz = Sprunggelenk (zu) steil – 156
zu lang = Säbelbeinigkeit – 156
Unterschenkelknochen – 88
Unterstützungsfläche – 29
Ursprungsform
= Hatzhundgruppe – 110
= Jagdhunde – 110
= Kraftform – 110
= Schoßhunde – 110
= Spitzform – 110
Ursprungsrassen – 20
Vegetatives Nervensystem – 104
Verein zur Veredelung der Hunderassen – 19
Vererbung Beinlänge *(Tafel)* – 117
Verhaltensweisen – 97
Verhältnisse
Brustwirbelsäule, Verh. zu Lendenwirbelsäule – 70
Brustwirbelsäule, Verh. zu Lendenwirbelsäule – 71, 114
Gehirn = Bei größeren Hunden ist das Gehirn prozentual kleiner im Verhältnis zur Hirngröße kleiner Hunde – 212
Gehirngröße = Verhältnis zur Körpergröße – 68
Gesamtlänge Wirbelsäule zu Hals-, Rücken-, Lenden- und Schwanzwirbelsäule – 160
Gewicht und Fortbewegungsweise und Gliedmaßenkonstruktion – 95
Hinterhand, ausgeprägtere Winkelung = längerer Rücken – 152
Hinterlauf 6–10 % länger als Vorderlauf – 146
Hintermittelfuß ca. 12. % Wirbelsäulenlänge – 156
Hintermittelfuß länger als Vordermittelfuß – 154
Hochbeinig = relativ kurzer Rücken – 152
Je kleiner die Tiere, umso größer die Variationsbreite der Rassenunterschiede – 211
Kopfgröße und Halslänge – 68
Körperformtyp und Proportion – 157
Körperoberfläche = Kleinere Hunde haben eine prozentual größere Körperoberfläche als große Hunde – 212
langbeinig = lange Laufknochen – 152
Oberarmknochen = Länge im Verhältnis zum Unterarm – 138
Oberschenkel = ca. 42 % von Gesamtlänge Hinterlauf – 146
Oberschenkelbein kurz = schwach gewinkelte Hinterhand – 148
Oberschenkelbein steht in Relation zur Gesamtlänge der Wirbelsäule – 148, 152
Rippen, steil gestellte = geringere Brustkorblänge – 161
Rücken = Brustkorb Querdurchmesser auf Kosten von Längendurchmesser – 161
Rücken = Halswirbelsäule und Lendenwirbelsäule stehen im gleichen Verhältnis zur Gesamtlänge der Wirbelsäule *(im Mittel etwa 26–27%)* – 161
Rückenlänge zu Vorder- und Hintermittelfuß – 156
Rückenlänge-Oberschenkel – 149
Rückenlänge-Widerrist – 149
Schädelgröpe, Verhältnis zu übrigem Körper – 68
Schräglage Schulterblatt / Schräglage Becken / Neigung der Kruppe – 153
Schrittanzahl = auf 25 Schritte der Vorderbeine kommen 20 der Hinterbeine – 151
Schrittzahl der Vorderhand höher als Hinterhand – 150
Skelettgewichtung = *der relative Gewichtsanteil der Vorderhand ist größer, je geringer die Körpergröße ist* – 206
Skelettgewichtung = *der relative Gewichtsanteil der Vorderhand ist kleiner, je größer die Körpergröße ist* – 206
Skelettgewichtung = *je größer der Hund, je kleiner der prozentuale Anteil des vorderen Körperteils* – 207
Skelettgewichtung = *Kurzschädeltypen zeigen an den Skelettpunkten die stärkste Verkürzung, wo bei den Langschädeltypen die Zonen stärksten Wachstums sind* – 206
Steilere Winkelung = höhere Schrittanzahl – 152
Vererbung Hinterhand = *bei Überbetonung für stark entwickelte Hinterhandvererbung ergibt sich eine relative Schwäche von Kopf und Vorderextremitäten* – 209
Vererbung Kopf = *bei Überbetonung der markanten, mächtigen Kopfvererbung stellt sich eine relativ schwächere Hinterhand ein* – 209
Wachstum Zwerg- und Riesenrassen = *das Gehirn verändert sich rechnerisch im Verhältnis mit 0.25, die Längenmaße verändern sich im Verhältnis rechnerisch 1.2 (d.h. das zentrale Nervensystem macht die Rasanz der Körperwachstums nicht mit, gut für Zwergrassen, problematisch bei Riesenrassen* – 212
Widerristhöhe zu Körperlänge – 114

Zähne = Verhältnis zu Kieferknochen – 67
Verkleinerung, Proportionen der – 198
Verknöcherung – 216
Verkürzung aller Längenmaße von Wirbelsäule, Basilarlänge, Extremitäten bei Kurzschädeltypen – 205
Verkürzungserscheinungen – 206
Vermopsung – 201
Verwendungsunterschiede – 17
Verzwergung – 201
Vitamin E – 181
Vorbiß – 19, 65
Vorbrust – 72
Vorder- und Hinterextremität – 91, 137, 205
Vorder- und Schultergliedmaßen – 78
Vorderarm – 86
Vorderarmmuskeln – 137
Vorderbein – 95, 156
Vorderbeinrhythmus – 151
Vorderextremität – 32, 46, 79
Vorderfront – 123
Vorderfuß – 82, 95
Afterkralle – 82
Fessel – 82, 144
Fußgelenk – 134
Fußstellung des Hundes – 82
Kralle – 82
Krallenbein – 82
Mittelfuß – 82
Pfote – 82, 135, 144
Sohlenballen – 82, 135
Vorderfußwurzelballen – 82
Vorderfußwurzelgelenk *(Karpalgelenk)* – 82
Vorderfußwurzelknochen – 82
Vordermittelfußknochen – 82
Vorderwurzelfußknochen – 82
Vorderzehenknochen – 82
Zehen – 82
Zehenballen – 135
Zehengänger – 82
Zehenglieder – 82
Vorderfußwurzel – 78
Vorderfußwurzelgelenk – 78
Vorderfußwurzelgelenk, durchgetreten – 42
Vorderfußwurzelknochen – 78
Vordergliedmaßen
Hebelwirkung bei Bewegung – 99
Vordergliedmaßen – 33, 42, 44, 71, 130
Vordergliedmaßen / Schultergliedmaßen – 79
Vordergliedmaßen und Form des Brustkorbs – 74
Vorderhand – 12, 15, 34, 37, 41, 43, 51, 77, 83, 86, 88, 121, 123, 132, 141, 145, 150, 152, 190
Angriffspunkt der Last – 83
ausbalancierte – 138
Drehachse – 83
Ellenbogengelenk – 83
Gelenkfixierung – 83
Hub- und Stützkraft – 27
Normalstellung – 83
Sägemuskel, Ansatzfläche – 83
Schulterblatt – 83
Sesambein – 83
Stemmbewegung – 133
Vorwärtsschub – 133
Vorderhand, Auffanghebel – 33
Vorderhand, Gliederung der – 83
Vorderhand, stützende Säule – 33
Vorderlauf – 97, 143
Bewegung – 134
Bewegungsablauf – 135, 136
Muskeln – 134
Reichweite – 133
Sägemuskel – 134
Vordermittelfuß – 78, 142, 154
Formen verschiedene – 144
Vorsteher, Dr. Heinrich – 223
Vorstehhunde – 44
Vorwärtsbewegung – 32, 33, 77, 134
Vorwärtsschub – 32, 42, 71, 97, 153
Wachstum – 59
akromegaler Riese – 190, 191
Anfangsstand = 100% – 173
Anomalien chondrodystrophischer Rassen – 192
Apfelkopf – 199
Augen, Entwicklung in Abhängigkeit von Gehirngröße – 199
Augenhöhlen – 200
Barsoi – 175
Breitenwachstum – 188
Brustkorb – 175
Brustkorblänge – 172
Brustkorbumfang – 172
Brusttiefe – 172, 175, 179
Brustumfang – 175
Chondrodystrophie
bei Kopf und Wirbelsäule, vermutl. rezessiv, mehrere Faktoren – 186

noch Wachstum
nur Gliedmaßen = frühzeitige Verhärtung der Wachstumsknorpel, dominanter Faktor – 186
Conterganschädigung bei Kindern – 187
Differenz bei Wurfgeschwistern – 171
einzelne Körperabschnitte – 173, 175
Embryo – 187
Entwicklung nach Geburt – 179
Entwicklung vor der Geburt *(Tafel)* – 182
erste Phase – 175
Extremitäten – 173, 174, 175, 176, 178
Extremitäten Rassenvergleich – 178
Extremitätenskelett – 181
Extremitätenwachstum – 172
Femur *(Oberschenkel)* – 181
Fertigstellung Körperabschnitte *Reihenfolge = Schnauzenbreite, Kopfbreite, Kreuzbein, Vorderarm, Brusttiefe, Ohren, Hinterfuß, Unterschenkel, Kopflänge, Brustumfang, Oberschenkel, Schnauzenlänge, Oberarm, Brustkorb, Körperlänge, Unterarm* – 178
Gehirn und Augapfel – 200
Gelenkverbindungen – 172
Gesamtkörperlänge – 172
Gesichtsschädel und Kopfmuskulatur – 200
Größenverhältnisse – 178
Hinterextremitäten – 177
Hinterfuß – 175, 176
Hinterhand Lähmung – 190, 191
Hirn- und Gesichtsschädel – 200
Humerus *(Oberarm)* – 181
intensives Längenwachstum – 178
Knochengebilde – 188
Knochenwachstum
Diaphyse – 188
Epiphyse – 188
Kopf – 172, 175, 179
Längsnähte – 194
Quernähte – 194
Kopfbreite – 174, 175, 178, 179
Kopfentwicklung Rassenvergleich – 178
Kopflänge – 174, 175
Kopfskelett
Nähte – 189
Körperlänge – 171, 175, 178
Körperlänge nach Tagen – 171
Kreuzbein – 175, 179
Kreuzbreite – 172
Lähmungserscheinungen – 191
Längenproportionen
Extremitäten bei Geburt – 179
längsgerichtetes Knochenwachstum – 188
lineares – 182
Metacarpalia – 174
Mißbildungen – 194
Knickschwanz – 194
Schwanzwirbelsäule – 194
Mißverhältnis Gliedmaßen – 186
mopsköpfige Hunde – 199
Nähte – 188
Oberarm – 174, 175, 176, 177
Oberarm bei Geburt – 173
Oberschenkel – 174, 175, 176, 177
Oberschenkel Atrophie – 191
Ohren – 172, 174, 175
Phalangen – 174
Phase, dritte – 174
Phase, erste – 173
Phase, zweite – 174
Proportion Welpenkörper – 171
Proportionsunterschiede – 178
Rassenvergleich – 179
Proportionsverschiebung Rassenvergleich – 178
Rassenvergleich – 177
Riesenwuchs, unproportionierter *(Akromegalie)* – 189
Riesenwuchs, wohlproportionierter – 189
Rumpf – 173, 175, 179
Rumpfmaße – 173
Schädel später fertig als Gehirn – 194
Schädelentwicklung Kleinhund – 199
Schädelform
Bulldogge – 194
Windhund – 194
Zwergrassen – 194
Schnauzenbreite – 175, 176, 179
Schnauzenlänge – 172, 175, 176, 178
Schnauzenwachstum – 175
sich verlangsamender Prozess – 173
Unterarm – 172, 174, 175, 176, 177
Unterarm bei Geburt – 173
Unterschenkel – 174, 175, 176, 177
Verkürzung Kopf und Wirbelsäule – 186
Verkürzung Körperproportionen – 188
verlangsamtes – 171
Vor und nach der Geburt – 181

noch Wachstum
Vorderfuß – 172, 175, 176
Wachstums Stops – 176
Wachstumsabschnitte – 171
Wachstumsende – 172
Variationsbreite – 173
Wachstumsgeschwindigkeit – 187
Wachstumsintensität – 173, 174, 176, 179
Wachstumsknorpel – 186
Wachstumskurve – 171, 176
Wachstumsschübe – 171, 173
Wachstumsstörung Kopf – 188
Wachstumszeitraum – 173, 174
Wachtstumszunahme – 176
Wasserkopf *(Hydrocephalus)* – 199
Welpen = Körperlänge
Barsoi und Dackel im ersten Monat nur 10cm Differenz – 177
Wirbelsäule Bulldogge Mißbildungen – 194
Wurfgeschwister – 172
Zunahme des Kopfes Länge / Breite – 175
Zuwachsraten – 174
Zwerghunde – 199
Zwergrassen
Embryoschädel – 200
Hirnkapsel-Augenhöhlen – 200
Jochbögen – 200
kein geschlechtsreif gewordener Embryo – 200
Schnauzenpartie – 200
Zähne Kulissenstellung – 200
Zwergwuchs, proportionierter – 182
Wachstum, vorgeburtlich – 187
chemische Prozesse – 187
frühentwickelt:
a) Knochengewebe von Körperanhängen und Gliedmaßenskelett – 188
b) Knochenanlage und Zentren der Schädelbasis (bei Störung nur Schädel und Wirbelsäule befallen) *(Chondrodystrophie)* – 188
letale Faktoren = führen zu Tod vor oder nach Geburt *(Störung in sehr frühem Stadium)* – 187
Störung genetisch bedingt – 187
Störung im Stadium regster Entwicklung – 187
Wachstums-Entwicklungskurven – 171
Wachstums-Stops – 176
Wachstumsimpuls – 181
Wachstumsschübe – 198
Wachstumsstörung – 181
Wachstumsverlauf – 171
unterschiedlicher – 170
Wachstumsvorgänge – 170
Wachstumszentren – 182
Wadenbein *(Fibula)* – 78, 88
Wamme – 119
Warren, William Earl – 22
Warthe v. Dom – 132
Wasserkopf *(Hydrocephalus)* – 199, 201
Weise, Gisela – 170, 177
Welpen – 59, 171, 215
Welpen, Schädelform – 169
Welpenskelett – 60
Welsh Terr. – 24
Weltkrieg – 222, 224
Wendigkeit – 16, 57
Wesensmerkmale – 52, 107
Whippet – 24, 169, 192, 202, 204
White English Terr. – 24
Widerrist – 27, 37, 42, 69, 123, 145, 149, 158, 160
Widerrist bei Kraftformen – 160
Wild- und Haushund, Lebensbedingung – 57
Wildform – 169, 210
Wildformen, Ausgangspunkt heutiger Hunde – 107
Wildhund – 107, 129, 168, 169
Windhund – 17, 29, 46, 47, 48, 49, 60, 67, 74, 75, 85, 94, 105, 118, 119, 120, 121, 123, 126, 129, 137, 152, 153, 163, 168, 204, 215
Windhundkopf – 75
Windhundmerkmale – 75
Windspiel – 206
Winkelung – 16, 17, 37, 40, 43, 51, 78, 86, 89, 90, 91, 93, 95, 96, 107, 121, 122, 137, 138, 146, 147, 152, 154, 155, 162
Gebrauchshundrassen – 86
Hinterhand – 89
Kniegelenk – 86
Kniewinkel – 87
Sprunggelenk – 87
Steilgestellte Rassen – 87
Windhunde – 86
Winkelung 90° – 81, 90, 92, 97, 224
Winkelung und Längenverhältnisse der Gliedmaßen – 94
Winkelung vortäuschen – 154
Wirbel – 56, 61, 216
Wirbelbogen – 53
Wirbelkörper – 31, 53

Wirbelsäule – 29, 31, 46, 53, 61, 68, 72, 84, 87, 94, 153, 157, 162, 212
Wirbelsäule, Beweglichkeit – 69
Wirbelsäule Grundlänge – 71
Wirbelsäule, menschl. – 31
Wirbelsäule, Wölbung der – 161
Wolf – 74, 107, 165, 169, 180, 192
  Veränderungen Körperbau – 169
Wolfsspitz – 177
Wuchsform – 58, 62, 169, 202
  allgemeingültige Zusammenhänge – 202
  Anteil des Schädelgewichts am Körpergewicht – 206
  bei Hunden gleicher Rasse – 208
  bei Kreuzungstieren – 207
  Beurteilung nach Wuchsform-Kriterien – 208
  Bombenkopf – 202
  Breit(Kurz)schädel – Eurysom – 207
  Bulldogschädel – 193
  Einordnung in verschiedene Wuchsformen – 203
  Entstehen der Kopfform – 193
  Entwicklung der inneren Organe – 204
  extreme Größenunterschiede:
    Körpergröße 1.5 kg und 75 kg *(wie 1 : 50)*
    Hirngewicht 50 g und 150 g *(wie 1 : 3)* – 198
  extreme Schädelformen im Vergleich – 193
  Formveränderung und Charakterveränderung – 208
  Gesetzmäßigkeiten – 223
  Gesichtsschädel – 193
  Gewicht von Fell kurzköpfiger Rassen – 206
  Gewicht von Skelett und Extremitäten – 205
  Gewichtsverteilung bei weniger extremen Wuchsformen – 205
  Gewichtungsmerkmale – 210
  Größenordnung
    Gewichtsklassen zwischen 4kg und 22kg *(größer als zwischen Pygmäe und größten Menschen)* – 203
  Größenverschiebungen – 211
  gründliche Analyse – 210
  Grundsätzliches – 204
  Hautstruktur Langschädeltypen – 206
  Hypophyse *(bei Bulldogge doppelt so groß wie bei Windhund)* – 195
  Hypophyse, bei Kurzwuchstyp – 195
  innere Organe
    tiefgreifende Unterschiede – 207
  Innere Organe *(werden nicht stereometrisch, sondern physiologisch größer oder kleiner)* (s.a. 'Verhältnis') – 212
  Knochenstruktur – 204
  Knochenstruktur bei kurzköpfigen Rassen – 206
  Kontraste bei extremen Rassen – 205
  Kopf
    Unterschiede – 193
  Kopfvolumen
    Bulldogge – 204
    Windhund – 204
  Körpergestalt und religiöser Wert – 197
  kurzköpfige Hunde – 201
  Kurzschädeltyp
    = *deutliche Betonung der vorderen Körperregion auf Kosten der hinteren Körperregion* – 202, 204
  Kurzschädeltypen und Verkürzung aller Längenmaße von Wirbelsäule, Basilarlänge, Extremitäten – 205
  Langschädel – Leptsosom – 207
  Langschädeltyp
    = *deutliche Betonung der hinteren Körperregion auf Kosten der vorderen Körperregion* – 202, 204
  lateraler Typ – 193
  linearer Typ – 193
  Muskelentwicklung – 204
  Oberkiefer – 193
  Organe
    Übergewichtung des Kurzschädeltyps bei Hirn- und Augengröße – 207
  Proportionsgewichtung immer in der gleichen Form – 208
  Prozentualer Anteil von Vorder- und Hinterextremität an Gesamtmasse – 205
  religiöse Gesichtspunkte – 197
  Riesen – 165
  Sagen und Mythen – 197
  Schädelform – 193
  Schädelgewicht prozentual von Gesamtskelettgewicht – 205
  Schädelgewicht, relatives – 205
  Schädelnähte – 193
  Skelettgewicht des Langschädeltyps – 206
  Spaniel-Gruppe *(Tafel)* – 209
  spezifische Merkmale – 203
  spezifische Vorzüge – 203
  Super-Hinterhand – 202

noch Wuchsform
Unterscheidung nach Kopfform, da sich übrige Proportionierung des Körpers entsprechend verhält – 207
Unterschiede bei Kurzschädeltypen – 203
Verkürzungserscheinungen – 206
Verteilung der Gesamtkörpermasse bei Normal-, Kurz- und Langschädeltyp *(Tafel)* – 204
Windhundschädel – 193
Zwerge – 165
Zwergrassen – 196, 201
Augen – 197
Fetalisation – 200, 201
Hydrocephalus *(Wasserkopf)* – 201
Kopfform (nicht!) im Embryonalstadium stecken geblieben – 198
Kopfform und religiöse Gesichtspunkte – 197
Körperform und religiöse Gesichtspunkte – 197
kurzläufig – 196
Proportionen der Verkleinerung – 198
proportioniert – 196
relative Hirngröße – 201
Schoßhundform – 196
unproportioniert – 196
Vermopsung – 201
Verzwergung – 201
Zwischenkiefer – 193
Wurf Entwicklung – 170
Yorkshire – 49
Zähne – 63, 65
Abstand – 67
Backenzähne – hintere *(Molaren)* – 65
Backenzähne – vordere *(Praemolaren)* – 65
Fangzähne – 65
Kulissenstellung – 67
Schneidezähne – 65
Verhältnis zu Kieferknochen – 67
Zahnverluste bei Langschädel – 67
Zähne Kulissenstellung – 64, 200
Zahnfehler – 66
Zahnfehler bei Wildhunden und Skelettfunden – 66
Zahnfehler, Tendenz zu – 66
Zahnfehler und Zucht – 66
Zahngröße – 76
Zahnschluß – 65
Zahnveränderung, Ursachen – 67
Zahnverluste, angeborene – 66
Zangenbiß – 65
Zelle – 181
Zellteilung – 181, 198
Zentralnervensystem – 68, 104, 199
Zuchthunde – 130
Zuchttiere, Wahl der – 51
Zuchtziel – 16, 52
Zughunde – 18, 39
Zugkraft – 152
Zugochse – 39
Zugtiere – 39
Zweibeinstütze – 44
Zweitaktgang – 41
Zwergenwuchs – 124, 168, 169, 179, 182, 184, 185
Zwerghunde – 18, 199, 212
Zwergpinscher – 201
Zwergpudel – 165, 201
Zwergrassen – 165, 184, 196, 197, 198, 225
Zwischenkiefer – 193
Zwischenkieferbein – 63
Zwischenrippenraum – 29

LITERATURHINWEISE *Kleiner Auszug benutzter und weiterführender Literatur*

Adametz, Dr. L.
Neues über den disproportionierten Zwergwuchs (Achondroplasie) als rassenbildende Domestikationsmutation (1924) ZS
Brinkmann, August
Canidenstudien (1920) ZS
Bückner, Hans Jürgen
Allometrische Untersuchungen an den Vorderextremitäten adulter Caniden (1969) ZS
Carstens, Dr. Peter
Rassenvergleichende Untersuchungen am Hundeskelett (1933) ZS
Dahr, F.
Studien über Hunde aus primitiven Steinzeitkulturen in Nordeuropa oJ. Z
Dorn, Dr. F. K.
Hund und Umwelt (1957) B
Duerst, J. Ulrich
Vergleichende Untersuchungsmethoden am Skelett bei Säugern oJ. ZS
Ellenberger / Baum
Handbuch der vergleichenden Anatomie der Haustiere (1943) B
Elliott, R. P.
The New Dogsteps, (1973) B
Evans & Christensen
Miller's Anatomy of the Dog (1979) B
Henschel, E.
Längenwachstum von Humerus, Os Femoris und Tibia des Hundes (1970) ZS
Hildebrand, Milton
Symmetrical Gaits of Dogs (1968) ZS
Hollenbeck, Leon
The Dynamics of Canine Gait (1981) B
Holst, Erich v.
Zur Verhaltensphysiologie bei Tieren und Menschen (1969) B
Iljin, Dr. N. a.
Wolf-Dog Genetics (1923) ZS
Klatt, Dr. B.
Extreme Rassenkreuzungen beim Hund
Teil 1—4 (1941—1943) ZS
Klatt, Dr. B.
Wuchsform und Hypophyse (1946) ZS
Klatt, Dr. B.
Messend-anatomische Untersuchungen an gegensätzlichen Wuchsformtypen (1948) ZS
Klatt, Dr. B.
Ergebnisse extremer Rassenkreuzungen beim Hunde () ZS
Klatt, Dr. B.
Erbliche Mißbildungen der Wirbelsäule beim Hund (1939) ZS
Klatt, Dr. B.
Über den Einfluß der Gesamtgröße auf das Schädelbild (1912) ZS
Klatt, Dr. B.
Studien zum Domestikationsproblem / Untersuchungen am Hirn (1921) ZS
Klatt & Oboussier
Über die Größenbeziehungen der Caniden-Hypophyse (1948) ZS
Klatt & Oboussier
Weitere Untersuchungen zur Frage der quantitativen Verschiedenheiten gegensätzlicher Wuchsformtypen beim Hund (1951) ZS
Klatt & Vorsteher
Studien zum Domestikationsproblem II / Einfluß der Gesamtgröße auf die Zusammensetzung des Körpers (1923) ZS
Krüger, Wilhelm
Funktion und Form; Untersuchungen an dem Skelett eines mit einer beiderseitigen Kniegelenksanomalie behafteten Russischen Windhundes (1926) ZS
Löns, Rudolf
Hunde — Sport — Zucht (1921) B
Lyon, McDowell
The Dog in Action (1977) B
Nickel, Schummer, Seiferle
Lehrbuch der Anatomie der Haustiere (1977) B
Nobis, Günter
Studien an frühgeschichtlichen Hunden (1950) ZS
Oboussier, Dr. H.
Das Verhalten der Hypophyse bei Kreuzung extremer Rassetypen des Hundes (1941) ZS
Oboussier, Dr. H.
Über den Einfluß der Domestikation auf die Hypophyse (1940) ZS
Piltz, Dr. Helmut
Die postembryonale Entwicklung des Schädels zweier extremer Rassetypen des Hundes (Französ. Bulldogge und Whippet) (1950) ZS
Reinhardt, Aloys
Über die Form der Scapula bei Säugetieren (1929) ZS
Schlegel, Rudolf
Extremitäten der Caniden (1912) ZS
Schneider-Leyer, Dr. Erich
Die Hunde der Welt (1960) B
Seiferle, Dr. E.
Vom anatomischen Bau des Windhundes (1962) ZS
Seiferle, Dr. E.
Neue Hundekunde (1960) B
Sierts-Roth, Dr. Ursula
Geburts- und Aufzuchtgewichte von Rassehunden (1953) ZS
Stark, Dietrich
Der heutige Stand des Fetalisationsproblems (1961) ZS
Stockard, Charles R.
Die körperliche Grundlage der Persönlichkeit (1932) B
Stockhaus, Klaus
Zur Formenfaltigkeit von Haushundschädeln (1962) ZS
Stockhaus, Klaus
Metrische Untersuchungen an Schädeln von Wölfen und Hunden (1964) ZS
Studer, Dr. Th.
Die praehistorischen Hunde in ihrer Beziehung zu den gegenwärtig lebenden Rassen (1901) ZS
Stephanitz, Rittmeister v.
Der deutsche Schäferhund in Wort und Bild (1923) B
Strebel, Richard
Die Deutschen Hunde (1905) B
Wagner, K.
Rezente Hunderassen. Eine osteologische Untersuchung (1929) ZS
Weise, Gisela
Über das Wachstum verschiedener Haushundrassen (1966) ZS
Wegner, Dr. W.
Kleine Kynologie (1979) B
Wurmbach, Hermann
Untersuchungen zur Dynamik des Extremitätenwachstums oJ. ZS

ZS = Beitrag in wiss. Zeitschrift
B = Buchveröffentlichung

Hinweis:
In den Katalogen »tierbuch-aktuell« und »tiermedbuch-aktuell«, die im gleichen Verlag erscheinen und die Sie kostenlos anfordern können, finden Sie eine umfassende Zusammenstellung aller Sie zu diesem Thema interessierenden Bücher.
Siehe auch die Verlagsanzeigen in diesem Buch.